U0938087

北方联合出版传媒（集团）股份有限公司
春风文艺出版社
·沈阳·

图书在版编目（CIP）数据

惹不起，躲不起 / 大脸猫爱吃鱼著. —沈阳：春风文艺出版社，2013.1
ISBN 978-7-5313-4259-5

Ⅰ. ①惹… Ⅱ. ①大… Ⅲ. ①长篇小说—中国—当代 Ⅳ. ①I247.5

中国版本图书馆 CIP 数据核字（2012）第098070号

惹不起，躲不起

责任编辑 崔 丹
装帧设计 冯晓驰
责任校对 陈 杰
幅面尺寸 145mm×210mm
字 数 335千字
印 张 9
版 次 2013年1月第1版
印 次 2013年1月第1版

出版发行 北方联合出版传媒（集团）股份有限公司
春风文艺出版社
地 址 沈阳市和平区十一纬路25号
邮 编 110003
网 址 www.chinachunfeng.net
购书热线 024-23284402
印 刷 沈阳市新友印刷有限公司

ISBN 978-7-5313-4259-5 定价：23.00元

Cohtents 目录

第1章 休书 / 001

第2章 教训 / 022

第3章 小美男 / 040

第4章 坏小子 / 057

第5章 回敬一下 / 078

第6章 登门做客 / 095

第7章 拍马屁 / 116

第8章 父子俩 / 135

第9章 要出门了 / 154

第10章 随行 / 174

第11章 欺人太甚 / 194

第12章 我是女人 / 210

第13章 热闹 / 225

【第1章】休书

天大亮，阳光自窗外射进来照在墙上大红的囍字上，喜床上绣着鸳鸯的红被子乱糟糟地扔在角落，床上坐着个只着里衣迷迷糊糊刚睡醒的女子。

身在喜房又在喜床上醒来的自然就是新娘子了，可是这个新娘的表情有点呆，明显还处在状况外。

新郎官不在屋内，听到动静的丫鬟推门而入，嘴角露着幸灾乐祸的笑容，鄙夷且不耐烦地将一张写有字的纸递给还在哈欠连天眼角挂着眼屎的人。

“什么东西？”郝光光傻愣愣地接过纸一看，草草一望大概几十个字，落款处除了有签名外还有个明晃晃的官府大印，她识得的字一只手都数得过来，实在看不懂。

一点儿都没有不识字要脸红的自觉，郝光光一边抬手抓了抓乱糟糟的头发，顺便将眼屎抠去，一边不在意地抖了抖还泛着墨香的纸问着下巴扬得高高的丫鬟：“写的什么？你来念念。”

不识字居然还一点儿都不知道掩饰，不愧是从山里来的！丫鬟脸上的鄙夷更浓，眼中的不耐烦更是毫不掩饰地流露出来，退后一步哼了一声：“这是休书。连字都不识，还想当白府三少奶奶？三少爷说了未与你同房，你还是清白之身，拿着休书走人吧，三少爷心善，怕你出了白府饿死，这是一百两银子，拿了后赶紧走。”

休书？郝光光闻言差点儿被口水呛到，瞪大眼睛看着手里名为“休书”的东西嘴巴大张，她这是被休了？

昨夜新郎官没回房，她最后等不起了自己掀了盖头先行睡下，新婚之夜新郎官连喜房都不回，明摆着是不给她面子，这口气何以下咽，几番想冲出去找白小三教训他一番，只是每每在最后关头都想到了老爹的交代，不得已忍了怒火，咬牙切齿地埋头大睡。

孰料忍了一宿没有去找白小三算账，结果那混账王八蛋居然给她写了休书！早知白家人这么不给她家老头儿面子，她一定在成亲前先将白小三揍成猪头然后跑路！

丫鬟见郝光光一副“大受打击”的模样，嘴角微翘，看着别人痛苦真是人生一大享受啊！

郝光光眼角余光扫到丫鬟的表情，轻轻皱了皱眉没跟她一般见识，只是纳闷自己哪里出了差错，怎的刚嫁进门就被休了？

犹记得老爹郝大郎生前千叮咛万嘱咐说她嫁过去后要懂得收敛性情，在丈夫和公婆面前不能胡来，起码要装到怀了夫家香火后才成，否则会被休掉。

老爹临终前交代的话就仿佛是昨天刚说过一样，字字句句牢牢记在郝光光的脑海之中，为了不丢人，从她拿着当年两家互换的信物进了白家门，直至与白小三拜了堂这短短五日里，她不仅没有大声说过一句话，连走步都迈着小猫步，见到人，不管哪个歪瓜裂枣，就算脸不自在到直抽筋也强迫自己对人面露微笑。

天可怜见的，她郝光光真的是很努力很努力地往她所认知的淑女形象上靠拢的！

见郝光光发起呆来没完没了，一直被忽视的丫鬟怒了："还愣什么？快些拾掇，我可没那么多闲工夫陪你耗着。"

"这休书何人所写？"郝光光问。

"当然是三少爷。"

"何时写的？"

"方才。"

"他人在何处？为何不自己送来！"郝光光眼中怒意快速闪过。

"三少爷忙得很呢，对'闲杂人等'才不会浪费时间和精力。"丫鬟幸灾乐祸地说道。

"哼，你不说我也清楚，出去寻花问柳了吧？真可惜，他有了你这个小美人还不是照样出去花天酒地。怎么，好像没听说你那亲亲三少爷要收你入房？"郝光光以万分怜悯的眼光将丫鬟从头看到脚。

轰的一下，被戳到痛脚的丫鬟怒了："那又如何？不管三少爷与多少人相好，起码我知道他是喜欢我的！不像某些人为了进白家门花样百出，最后还不是连洞房都没入就被休！"

郝光光怜悯地瞄了眼上蹿下跳的丫鬟，她叫什么名字从来没记住过，起身拿出自己来时穿的男装穿起来，不甚在意地说："那个每天抱不同女人的下贱玩意儿也就你当香饽饽，老娘才不稀罕，还要谢谢他昨夜没来，否则老娘还怕染上什么不干净的病呢。"

"少污辱三少爷！你这个……哎哟。"丫鬟还没骂完便捂住被抽疼的半边脸痛叫，哆嗦着不可置信地指着郝光光，"你、你打我？"

穿好了衣服的郝光光探手迅速袭向丫鬟的腰间将她的腰带解下，以迅雷不及掩耳之势将嚣张过头的小丫头双手反绑在身后，踹倒不断挣扎反抗的人后双目在屋内巡视了一圈，拿过放置在床头的验证女子贞节的白绸揉成一团塞进正大喊大叫的丫鬟嘴中。

“既然你那宝贝三少爷不仁不义，那老娘就没必要再装孙子了。”郝光光眯着眼凑到眼中闪现出害怕的丫鬟面前轻语着，一把抓住踢过来的腿使劲一捏，冷哼道，“真是不长教训，现在老娘就替你爹娘教教你这个不知天高地厚的小丫头！”

郝光光不晓得什么叫作得饶人处且饶人，这个曾是白小三入幕之宾的小丫鬟自她来到白家时就一直对她冷嘲热讽的，有一次还将她的饭菜“不小心”扔到地上，当时是碍着老爹的嘱咐不敢轻举妄动，此时她还顾忌什么？

“呜呜。”见郝光光扒她裤子，丫鬟这次是真怕了，拼命扭动小蛮腰躲避着郝光光的魔手，眼中流露出乞求讨好来，无奈对方不接受她的示弱，眨眼工夫她下半身就被扒了个溜光，连亵裤都没给留。

“嘿嘿，将你扒光，白小三回来后就省事了，到时说不定你还要感谢我呢。”郝光光恶作剧地拿着刚扒下来的亵裤在脸色煞白的人眼前晃了晃。

笑眯眯地扫了眼正抖得厉害的两条美腿，郝光光忍不住赞叹出声，伸出狼爪在上面摸了两把，手感不错，怪不得白小三宠她。轻笑一下收回吃豆腐的手，拍了拍俏丫头憋得紫红的小脸说：“姑奶奶善良着呢，就小小惩罚你一下，扒光你下半身就行了，上身的衣服就暂且留着吧。”

丫鬟气得差点儿没晕厥过去，她这个样子若是被人看到还得了？未曾想到这个向来低眉顺眼连话都不敢大声说的郝光光居然是个难缠的主，她后悔为讨好三少爷争着来送休书了。

惩罚完白小三的暖床丫头，郝光光胸中怒火稍稍得以缓解，将休书和那个一百两银票小心收好，白家不愧是暴发户，白小三这么不待见她还随手一百两呢，不知这掌财的白老爷夫妇是否更大方？

郝光光带来的东西不多，收拾起来也方便。

拎着包袱，郝光光挺胸昂头迈着潇洒无比的步子在丫鬟“灼热”的目光下走出了喜房。

白府很奢华，当初刚来时郝光光眼睛都快瞪凸出来了，像个傻帽儿似的东看看西望望，想来她当时表现得太差劲儿，导致全府的人都拿着看土老帽的鄙夷眼光看她……

见郝光光拎着包袱出来，几个消息灵通的丫鬟捂嘴偷笑，目光毫不掩饰地打量郝光光。

郝光光不搭理她们，径直往白夫人的院子走去。

临近白夫人的院门时被一个婆子拦下了，膀大腰圆的身材往郝光光身前一挡朗声说道："我家夫人身子有恙，郝姑娘请回吧。"

"昨日我看她还生龙活虎的，怎的今日就出状况了？难道是做了错事没脸见人？滚一边去！"郝光光抬手一挥，圆滚滚的婆子登时就像小鸡子似的被甩到一边去了。

白夫人院里顿时冲出好几个人挡在郝光光身前，目光不善地瞪视着被休弃了还死赖着不走的……不男不女的家伙。

对，用"不男不女"这个词语来形容郝光光现在的模样一点不夸张，身材修长，一身衣料普通的米白色男装，头发简单地用发绳束在脑后，连根簪子都没用，脸上脂粉未施，眉头轻皱，大眼睛正不耐烦地看着他们，嘴角微抿，若非清楚她是与自家少爷有着婚约的郝家姑娘，众人都要以为站在眼前的其实是位俊俏小哥儿了。

"好狗不挡道。"冷飕飕的话自郝光光的嘴里吐出来，语气中带着毫不掩饰的讥讽。

被称为狗的众人大怒，正想呵斥一番时屋内传来白夫人的声音："让她进来吧。"

"哼。"主人发话，下人们不情愿地让开道。

嗤笑一声，郝光光大步流星地进了白夫人的卧房。

白夫人刚起，正穿着中衣坐在床上净手漱口，见到穿着一身粗布麻衣的男装并且大咧咧打量自己的郝光光后一愣，轻咳了下不太自然地道："光光这身打扮……真俊。"

"我们不熟，还是叫我郝姑娘吧。"郝光光眼中闪过排斥。

白夫人脸上闪过一丝尴尬，没想到郝光光说话这么不给面子。

"我是来讨个说法的！贵府这么不待见我怎的还娶我？我宁愿你们根本不承认这门亲事，哪怕强硬退了亲都好，也不想被一群无耻之人当傻子耍！"怪不得白家近几年生意越做越大结果昨日来贺喜的人却少得可怜，原来是他们早就打定主意要休她呢！

"这事确实是白家亏欠了你，实在是清儿太胡闹，居然背着我们写了休书，这事我也才刚刚听说，清儿又跑得不见踪影……"在郝光光清澈黑亮的大眼注视下白夫人显得有些心虚，眼神避开轻咳了一下道，"清儿如此作为，白家委实愧对曾对我们有恩的郝老爷，只是虽说婚姻乃父母之命媒妁之言，可最终过日子的还是小两口，若一方实在反对的话勉强在一起并非就是好事，与其误了你一生倒不如现在就……”

郝光光打断了白夫人的话，冷哼道：“照这么说我还要谢谢白小三休了我？呸，你们不想违背当初的约定勉强办了喜事，结果转眼就将休书备好了，耍猴玩儿呢吧？！”

话音刚落，一张上等红木圆椅“咔嚓”一声被郝光光徒手劈成两半，吓得白夫人和侍候在侧的丫鬟面无人色。

门外听到动静的丫头婆子立时在屋外急声询问，要闯进来时被白夫人喝止了。

白夫人后怕地拍着胸口，惊魂未定地看着面泛怒色的郝光光，一直以为她是性子温和的那种人，这五日来给人的印象就是如此，因此他们才敢如此作为，谁想这些都是假象。

“你、你想如何补偿？只要不过分我必定尽力满足你的要求。”白夫人身为女人明白被休弃了的女子处境堪怜，白家理亏在先，是以在郝光光发飙后没有唤来护卫将她扔出去。

“还是白夫人明事理些。”郝光光不想再在白家多待，见对方很上道就没再为难她，开口道，“我还有几十年可活呢，以后恐怕也没人肯再娶我，老爹不在了没人养活我，若没有足够的银子……”

白夫人打断郝光光，开口：“给你两千两作为补偿如何？”

“嘎？”郝光光傻了，她本想狮子大开口准备要一千两的，还琢磨着若对方不同意的话要如何磨才成，谁想白夫人这么大方，突然间觉得她不那么面目可憎了。

“不够？那再给你添几件首饰也无妨。”白夫人会这么好说话一半是因为愧疚，一半则是被郝光光单手劈裂椅子的勇猛吓的。

“成交！”郝光光笑眯眯地走上前，毫不脸红地伸手要钱。

白夫人吩咐身侧觉得吃亏了正嘟嘴不高兴的丫鬟去拿银票，起身拉着郝光光走到梳妆台前在自己的首饰盒里挑了三个样式较新的簪子递过去，看着郝光光喜滋滋地接过忍不住轻叹：“女儿家平时多打扮打扮，光……郝姑娘一副好相貌不要浪费了。”

收获比自己想象得多很多，郝光光心情大好，于是没觉得白夫人烦人，将每样最少值五两银子的首饰小心收好，好脾气地回道：“晓得了。”

白大人摇摇头，心想真是个天真的孩子，两千两银子就哄得她眉开眼笑的了，不知该庆幸郝光光太单纯，还是要愧疚白家欺负了这个没了爹娘的孩子。

好一会儿，丫鬟自账房处取了银票不情愿地递给郝光光，郝光光拿过银票笑得合不拢嘴，对白夫人道："放心，以后我郝光光不会再登白家门，后会无期。"

郝光光是笑着在一片怜悯和疑惑的目光注视下走出白家大门的。

没那闲工夫猜测别人的心思，郝光光只觉身心舒畅，若有人期盼她郁郁寡欢那真是抱歉，套句她家老头儿常说的话，她郝光光自幼就是个没心没肺的主，贤良女子该有的良好品德她全没有，一般女子会操心在意的事她全不在意。

换成一般女子被休怕是会一哭二闹三上吊了，郝光光则只觉得她又可以自由自在地生活，委实可喜可贺，至于其他人爱怎么看待她随便，若有人对她指指点点就当对方在放屁，反正她又不痛不痒的，被休弃一事在她眼中就跟吃坏了肚子跑几遍茅厕没什么两样，闻闻臭味又折腾几回的事而已。

郝光光带着盘缠在一家早点铺子前吃着热腾腾的馄饨和香喷喷的包子，由于白家亲事办得太过低调，而她住在白家那几日又没出过门，是以根本没人认得她。

扫了眼装着休书的包袱，想到自己被休有辱老爹脸面，不禁感到内疚，但一想到自己不用和那个见到美人就走不动道的白小三傍在一起就心情大好，两千两银票已经存进钱庄，那张一百两银票随身带着以备花用。

郝光光自出生起就住在山上，山上有几户人家，老老少少都很和气，在一起生活得很开心，郝大郎平时靠打猎养家，郝大娘缝缝补补，日子勉强还算过得去，赶上冬天不好打猎时，郝大郎就会下山从富商身上"顺"点银钱来补贴家用。

据郝大郎说，当年郝大娘生郝光光时正好赶上家里的米面都吃光了，铜钱也花光了，而且在外面忙活了一天愣是半只猎物都没见到，真是要啥啥光，于是郝大郎大脚一跺大掌一拍，就给刚出生的女娃子起名叫郝光光，以纪念这个家里什么都光光的特殊日子。

后来郝光光长大了就不信她老爹这个说辞了，坚持认为他之所以给她起这么个人听人笑的名字，完全是因为郝大郎大字不识几个，起不出好听的名字来，能起名光光，而不是光屁股、光头、光宗耀祖这等滥俗的名字已经够她阿弥陀佛的了。

郝大郎以前做什么的郝光光不知道，随着年纪的增长越发觉得自己老爹不像表面上看起来那么一无是处，不说别的，就单凭老爹“顺”人财物这本事就无人能及，管对方会不会功夫，盯得严不严实，只要郝大郎想偷就没有失手的时候，说他偷功天下第二，估计没人敢认第一。

郝光光五岁时郝大娘生病去世，郝大郎那晚喝醉了，说了一堆醉话，从那些话中郝光光拼凑出来郝大娘出身官宦之家，不仅生得美还颇有才华，追求者有如过江之鲫，最后谁也没料到她居然会爱上一个去她家偷东西的偷儿，最后还闹得不惜与家人决裂跟着他来到深山老林里过苦日子。

郝大郎醉得稀里糊涂，边说边掉眼泪，喃喃道这辈子他偷的最珍贵最让他宝贝的东西便是郝大娘，得妻如此夫复何求，这是郝大郎生平难得说出的一句像样的成语。

等郝大郎酒醒后郝光光追问娘亲是哪家的千金，怎么被他偷到山上来了的，结果什么都没问到，郝大郎头摇得跟拨浪鼓一样，坚持说她是听错了。

郝大娘走后就剩下他们父女俩相依为命，郝大郎虽然长得不出彩，外貌也就勉强称得上中等，但是身板结实、高大威猛还乐于助人，附近住户不管是闺中待嫁的姑娘家还是没了男人的小寡妇见到他都心底小鹿乱撞，只可惜再好的姑娘也入不了郝大郎的眼，这辈子他没有再娶的打算。

郝光光七岁时，郝大郎救了一对夫妻，姓白，就是白小三的爹娘，当时他们只是普通商人，还没发家，两人身上没带值钱的东西，看到郝光光聪明伶俐，模样挺讨喜，于是便决定给两家孩子定下娃娃亲，承诺以后会善待郝光光当作是报答郝大郎的救命之恩。

白老爷将身上唯一的一块儿材质普通值不了几个钱的玉佩掰成两半，一半给郝光光当信物，另外一半说给自家三儿子留着。

郝大郎见白家夫妇均长得不错，料想爹娘都长得比白菜还水灵，儿子不可能像扁豆似的干巴巴，宝贝闺女嫁过去应该不吃亏，而且总觉得白老爷绝对会有翻身的一日，与其将光光嫁给不熟悉的人家，倒不如许配给受过自己恩惠的白家，于是便应下了这门亲事。

果然不出所料，十年来白老爷生意越做越大，成了当地的富商，郝大郎为自家闺女定下这门亲事感到得意，在郝光光刚过完十六岁生辰没几日，郝大郎病倒了，将她叫到身前让她拿着那半块玉佩去白家，又嘱咐些话后闭上眼寻郝大娘去了。

郝光光哭着葬了郝大郎，在山上陪着郝大郎的灵位一个月后才下山，她知道当年郝大娘离世时伤心欲绝的郝大郎就想追着去的，只是念在当时她年纪小，于是咬牙硬撑了十年，等她长大了后终于等不及匆匆去地下寻爱妻了。

如果郝大郎知道白家因为生意做大了便看不起他这个穷亲家，将他视如明珠的宝贝女儿当傻子耍的事，不知是否会气得从棺材里跳出来扮成僵尸咬白老爷一口。

郝光光吃完早饭就开始四处转悠，走着走着就听到有人在八卦白家的事。

“听说没有，白家老三一大早就休妻了。”

“刚成亲就休妻，莫非是洞房花烛发现新娘子并非完璧？”

“不是吧，那白家也太可怜了。”

“我看不见得，昨日还听白家下人说那准少奶奶老实巴交的，怎么可能偷汉子去？八成是白家三少爷嫌弃那姑娘家穷貌丑，看她好欺负就休了。”

“既然嫌弃怎么还娶她？”

“那谁知道，有钱人家做的事就是这么莫名其妙，咱要想得明白咱也成富人了！”

“…………”

郝光光本来挺好的心情因为听到这些人的话立时变差，居然说她偷汉子！

郝光光咬咬牙瞪了那群正八卦得欢实的三姑六婆，大踏步往白小三平时最爱去的花街柳巷行去。白小三花名在外，路上随便拉几个人问就能问出他的位置，最后郝光光将目标定在了醉花楼。

去找白小三算账途中看到有书生代写家书，灵机一动，郝光光噙着意味不明的笑走过去问：“写一封家书多少钱？”

“五文钱一封，这位小哥想写多少？”半天没生意上门，见到郝光光过来书生立刻来了精神。

摸了摸袖口，估摸了下她身上的碎银子大概是一两，这是她下山时的全部家当，郝光光眼珠子转了转开口道：“在下要你写的东西比家书简单得多，是休书，写一百封。”

“一百封休书？”书生诧异地望着郝光光。

“别问那么多，我这休书你要弄清楚，是女休男！你照着休书的模子给我写，男方被休弃的理由就写……貌丑、不仁不义、不忠不孝、风流过头还有下流无耻，好了，暂且就先这么多吧。”郝光光绞尽脑汁就想出这么几个还比较文绉绉的形容词来。

书生听得嘴角直抽搐，直觉郝光光是来耍弄他玩儿的。

看出书生的排斥，郝光光柳眉一皱，上挑的眼角斜扫：“不愿写？又不是休你，你不乐意个啥！立刻写一百封出来，写完再付你五百文的辛苦钱如何？”

听到还有辛苦钱可拿，书生立刻将排斥感压下，笑呵呵地摊开白纸开始写起休书来，听郝光光的话将被休之人的名字先空出来，郝光光方才说的几个形容词一字不落地全写将进去。

落款：郝光光。

休书虽然一百字不到，但一百封写完起码得大半日时间，郝光光先付了定金，说太阳落山前过来取，然后不再耽搁，快步去往醉花楼寻白小三了。

白天青楼不开门做生意，花姑娘们都在休息，郝光光在醉花楼附近转悠来转悠去，由于形迹可疑，最后转悠得青楼打手都出来盯着她了。

“这位大哥，请问白小……白家三少爷在不在里面？”郝光光套近乎地凑上前对一脸横肉的打手笑问。

“白家三少爷在不在关你何事？哪儿来的回哪儿去。”打手不耐烦地挥手打发道。看郝光光的穿着打扮就知是没钱的主，人又瘦了巴唧的，哪里像是逛窑子的主，倒像是无赖骗子。

“怎么不关我事？我找三少爷有事啊。”郝光光眨了眨眼很诚实地回道。

郝光光很正经地回答打手的话，可是在她认为很简单的一句话听在对方耳中就成了明晃晃的挑衅。

“哟。”打手气笑了，上下打量了一番白净的郝光光，撇撇嘴轻视道，“毛还没长齐的小子也敢跟爷爷我戗声？白家三爷正和柔芙姑娘……休息，不得打扰，瞧你小子还有点胆色，本大爷今日心情好放你一马，走吧。”

“我不走，也不想跟你打架，你让我进去呗。”郝光光冲打手抱了抱拳，绕过他径直向醉花楼走去。

“臭小子敬酒不吃吃罚酒！”打手怒了，伸手向郝光光的后衣领抓去，结果抓了个空。

郝光光身手很灵活，侧身躲过袭来的魔爪后一个纵身便闯了进去。

这下醉花楼热闹了，有人一吆喝，一下子出来五六名打手迅速将郝光光围了起来。

“哪里来的臭小子，敢闯醉花楼？”老鸨听到骚乱声跑了出来。

“我不想跟你们打架，跟白三少爷说几句话就走。”郝光光不耐烦了。

老鸨人老珠黄了，不打扮根本见不得人，因为郝光光硬闯没来得及抹胭脂就出来被人看了她的“庐山真面目”，怒火顿生，喝道：“给我绑了这小子！”

打手们听令上前就去抓郝光光。

郝光光没跟他们硬碰硬，老爹交代过打架时能躲则躲，不能躲也要拿家伙去打他们，她是女子不得与男人有过多的身体接触，现在她手上除了包袱外什么都没有，于是只能躲。

拜郝大郎所赐，郝光光的轻功很好，躲过打手们的攻击几个蹦跳就奔至楼梯处，推开惨白着一张脸丑得吓人的老鸨蹿上二楼，这里房间多，刚才争吵之时她眼尖看到有几个房间有人开门探出头了，应该是睡觉的地方。

郝光光奔至一间房前毫不客气地一脚踢破了门，对里面床上缠抱成一团的男女问：“白木清不在？”

这里没有，郝光光又去踹隔壁的房门，她一个个地找，不信找不到。

在踹破了四个房门时打手们赶至，郝光光一边躲一边继续踹，被逼至最后一个房门前时，她不负众望地又踹破一道门，以为这次还找不到，谁想白小三就在这个房间里，此时正盖着被子与一名美人搂在一起诧异地望向门口的方向。

“白小三，我终于找到你了！”郝光光冲进房间，见打手们站在门口不敢进来于是松了一口气。

“你、你怎么来了？”白木清惊讶得很，使劲眨了眨眼确定没认错人，这就是与他拜过堂又被他一大早休了的人。

白木清年方二十，眉眼风流，一副桃花相，模样中等偏上，勉强称得上美男，但还够不上“大”美男的标准，只因家境富裕又会哄女子欢心，是以在未婚的男子之中他颇受欢迎。

看到白木清郝光光就有气，见桌子上有壶酒，端起来掂量了下发现还剩多半，于是拿着酒壶行至床前将剩下的酒一股脑儿地全倒在还处在发呆中的白木清脸上。

“啊。”被子里的美人惊呼出声，攥紧被子往床里缩去，惊恐地看着凶神恶煞的郝光光。

“你干什么？！”白木清被酒泼了一脸，狼狈得立刻坐起身，可是他忘了自己是光着身子的，一坐起身被子滑下来，上半身乃至半个臀部立刻暴露在了郝光光及门口围着的一群打手面前。

郝光光转开眼，从怀中掏出那半块破玉佩甩在脸色铁青的白小三身上，不惧怕他仿若要吃人的愤怒眼神鄙夷道：“卑鄙无耻的白小三，只泼了你一脸酒就恼成这样，我被你们当猴儿耍又该恼成何等模样？哼。”

“疯婆娘不拿着休书离开，跑这里发什么疯？”白木清从没觉得像现在这么丢脸过，抓过被子将臀部盖住。

床上美人和门外众打手闻言均瞪大眼睛打量起郝光光来，原来这个来醉花楼捣乱的小哥就是白三少爷昨日新过门的妻子，刚过了一夜就被休，想来是气不过来这里撒泼泄愤来了。

郝光光伸手将白小三和美人紧抓着的被子一把抢过来扔到地上，立时，两具光裸的身躯如白面馒头诱人地展露在众人面前，美人身上还印着点点红痕……

“啊啊啊。”美人惊得尖叫出声，迅速扯过粉色床帐围住身体，俏脸青一阵红一阵，瞪着郝光光的眼神气愤得恨不得一刀捅过去。

由于这边太过热闹，其他房里的恩客和美人们都穿好衣服好奇地围了过来看热闹。

郝光光见人越来越多，羞辱白小三的目的算是达成了，于是大声道：“白小三，老娘来只是告诉你我郝光光就算没了爹娘，也照样不是任人随意欺负的主！”

郝光光说完后不理会白小三的反应，转过身大摇大摆地向门口走去，在众人好奇的目光打量中走出房门，来到脸色极难看的老鸨面前抱拳语气极其诚恳地道歉：“不好意思，打搅你们休息了，我这就走，马上。”

“你一共踹破了我十二道房门，共计二十两银子！”老鸨怒瞪着捣完乱还厚脸皮笑眯眯的郝光光。

“去找白小三要，谁让他睡在最里面，我的脚踹门踹得还直疼呢。”郝光光说完后趁人不注意立刻闪人。

众人只觉“嗖”的一下有人影闪过，再定睛一看，哪里还有郝光光的身影？

醉花楼这一闹，关于白木清的八卦更多了，为此他还得了个响当当的外号——白小三。

郝光光出完气心情大好，想着那一百封休书还没写完，左右无事便奔往成衣铺买几身料子好点的衣服。狗眼看人低的家伙实在太多了，总被人拿鼻孔对着委实憋气了点儿。

以前没钱买不了好衣裳，现在手上有了银子想买什么就买什么，她不是守财奴，花钱不心疼，一下子买了四套不同颜色的男装，发带鞋帽也都买了，一共花了五两银子，很贵，但正所谓一分钱一分货，这些贵的衣裳一穿上身整个人的气质立刻就变得不一样了。

之前郝光光也只能算是个俊俏小哥，而当那身刚买来的海棠色丝绸衣衫穿上身，同色系束腰一系，脚踏白底盘云纹布靴，手里学着那些附庸风雅的公子哥儿们拿着一把山水画扇子，全身武装下来扬唇对人那么微微一笑，正是唇红齿白、玉树临风的花花美男子，比白小三要好看得多得多。

郝光光走在大街上，路上那些大姑娘小媳妇都故作娇羞地拿余光偷瞄她，郝光光素来就喜男装，再加上从小被五大三粗的郝大郎当男孩子拉扯，是以扮起男装来可以假乱真，虽然脸白了点，但出身好的少爷们皮肤都白，郝光光本身又没有几分女子特有的柔美纤弱感，她往大街上一走，所见之人没有谁看出她是女扮男装。

自醉花楼出来已经过了一个时辰，郝光光没想到白小三只是小小地被她羞辱了一下居然恼羞成怒地派人到处找她，见下人们拿着她的画像四处询问暗叫不妙，赶紧挑人少的地方行走，最后做贼似的从个小摊处买了两撇假胡子粘在脸上，又将方才新买的毡帽拿出来戴上。

换了衣衫，模样帅气了不少，气质也变了，而帽檐儿又将郝光光的脑门遮去了一大半，还多了小八字胡，只要走路微微低着头，那些个没见过郝光光几次面的家丁是不那么容易认出她来的。

“这位小哥，请问见过这个人吗？”一名家丁拿着七分像的画像问郝光光。

静静看了不甚像的画像片刻，郝光光放心了，摸着两把小胡子微微一笑，摇头低声道：“没见过。”

本尊就站在面前都没认出来，郝光光突然觉得当时在白家时一直窝在屋内鲜少出来见人也并非坏事。

太阳快落山时，郝光光牵着用二十两银子买的一匹通体雪白的高头大马来到书生的摊子。

“写好了吗？”

“写好了。”书生揉了揉酸疼的手腕，将厚厚一摞纸拿出来，指着休书里空出来的那个位置问，“这里不写上被休之……男子的名字？”

“写，谁说不写？”郝光光笑眯眯的，指着空出来的那个位置道，“你现在写吧，被休男人的名字叫白木清！”

“什么？白家三少爷？”书生惊叫出声，眼睛瞪得圆鼓鼓的好似青蛙。

“大喊大叫个什么？想把白家人引来揍你吗？”郝光光白了眼胆小如鼠的书生，催促道，“快写，不写不给钱！”

“你！怪不得白天时你特地让我空出来。”书生后悔贪图那五百文赏钱了。

“废话，若是早早告诉了你会写吗？”郝光光为自己的小聪明感到得意。

书生气得浑身直哆嗦，瞪着一脸得意的郝光光质问：“你与那郝光光有何仇怨，居然使这等下三烂手段坑害她？连在下都被你算计上了？！”

“少啰唆！”郝光光将椅子踹翻来了个下马威，眯着眼拿扇子敲着书生的肩膀，“写是不写？你不写自有人愿意写，到时钱可就不是你的了。”

“放下。”书生急急用手压住辛苦写了大半日的一百封休书，气急败坏地闭上眼咬牙，“我写！”

收回手，郝光光摸着八字胡笑了，从袖口里摸出三张小纸片，上面分别写着白、木、清三个字，得意扬扬将它们往书生眼皮底下晃了一圈：“你可别欺负我不识字故意瞎写，写错一个字就不给你钱。”

书生握笔的手立时顿住，脸僵得厉害，狠狠瞪了眼早有准备的郝光光，暗骂自己倒霉，如被人拿刀子抵着脖子般不情不愿地开始一张张写上白木清的名字。

太阳下了山，眼见天就要黑下来时书生终于写完了。

“写完了，你数数。”书生铁青着脸没好气地将一百封休书塞进郝光光手中。

“不用数了，瞧你怪可怜的，给你七两银子，谁知道那白小三会不会狗急跳墙将火撒到你头上，拿着钱有多远就走多远吧。”郝光光付了钱，拿着一百封休书扭头便走了。

老爹说过，不要为了一己私怨而坑害无辜之人，那书生是无辜的，七两银子省吃俭用的话够书生一个人生活一两年没问题。

天黑了不宜处理休书，郝光光回客栈休息了。

第二日一大早郝光光起床吃过早点就牵着马开始转悠，买了一堆各式各样的糖果和几十个包子，偷偷地将它们分给路边几名小乞丐，一人塞给他们五封休书，小声嘱咐他们专门贴在人多的地方，办得好的话剩下的包子也赏给他们。

小乞丐们狼吞虎咽地吃下两个包子后就兴奋地拿着郝光光给的休书和糨糊跑去张贴休书了。

不到半个时辰的时间，郝光光用近几十个包子、四斤糖果贿赂了十多个小乞丐在行人密集的酒楼、花楼、集市甚至还有官府张贴消息的地方统统贴上了休书，一时间休书遍地，比那些寻人启事和悬赏逃犯的告示更加引人注目。

她的这些休书没有官府印章，只有在落款处有她按的手印，严格来说不具备法律效益，不过她不管，郝光光旨在羞辱白小三出气，让全省城的人知道她郝光光休了不成气候的白小三。

为了看好戏她没立刻走，又在本地多逗留了几日。

短短五六日的时间，郝光光无论是在酒馆用饭还是在马路上瞎溜达，就连去茅厕都能听到三姑六婆七叔九伯的在谈论白小三被休的事，不用特意打听就听说白小三为了这事都不敢出门了，还加大赏银捉拿郝光光。

不仅白小三不敢出门，整个白家的人都没脸在外面晃，白老爷推了好几场酒席，白夫人不出门与手帕交们逛戏班子了，白家的少爷少奶奶们也是能不出门就不出门，白天大门紧闭，一家人全窝在家中当缩头乌龟。

郝光光出名了，她的大名可谓是无人不知无人不晓，全省城的女人就属她最风光。

目的达成，效果还出乎意料地好，郝光光不再停留，开心地骑着高头大马走了。

郝光光一路往北，有时会投宿客栈，有时运气不好就露宿林间在树底下凑合一晚，她漫无目的地一直走一直走，也不知道要走去哪里。

从来没听老爹和娘提起过山下有什么亲戚朋友，除了白家好像就没有与郝大郎夫妇有关系的人了。

银子足够，不愁会饿肚子，短时期内可以任她随意挥霍，可总这样也不是个事儿，天天骑着马瞎逛荡着实无聊透顶，得找些事情做做才行。

打定主意后郝光光开始专挑人多的地方走，见到饭馆茶楼不管累不累渴不渴都进去坐一坐，听听南来北往的人说各处八卦。

几日晃下来郝光光也有所收获，比如非常泄气地发现自己的身手非常之不咋地，就是三脚猫的功夫而已，对付无赖流氓什么的小菜，可是对上武术行家就只有歇菜的份儿。

不过她轻功不错，打人不行自保却是没问题，郝大郎曾吹牛说他教出来的闺女真跑起来，能追得上她的人全天下一只手都数得过来，所以按她家老头儿的话来说，她郝光光完全可以靠这身厉害的轻功在山底下横着走路。

事关身家性命，老头儿说的话绝对是靠谱的，是以郝光光此时可谓是天不怕地不怕，打不过怕什么？跑呗！

“公子？公子？别只顾着咬筷子啊，您要来点儿什么？”小二哥站了好一会儿都不见郝光光开口，忍不住出声提醒。

“啊？”郝光光思绪被拉回，发现筷子正牢牢地叼在嘴里，眨了眨眼赶紧将其自嘴中拿出，轻咳一声道，“上两个肉包子，一盘牛肉，一壶铁观音。”

中午吃饭人多，小店很快就坐满了人，以商人和江湖人士为主，至于有点身份的或是有钱的公子哥儿则去楼上包间，郝光光是为了听八卦才挤在热烘烘的一楼用饭。

客已满，再有人来只能拼桌了，后来有两个商人打扮的兄弟俩不得已与郝光光挤了一桌。

一张桌子能坐下四个人，那两个人坐郝光光对面，她身旁还空着一个座位。

“赶紧吃，吃完了我们还要赶路。”坐郝光光对面的年纪稍长点的男人催促道。

“知道了大哥。”被催促的那人也很急，端着热腾腾的碗不怕烫稀里呼噜地吃面条。

年纪稍长的人先一步吃完了，皱着眉头往坐满了人的饭馆扫视了一圈，咕哝着：“这些人怕是都奔着王员外的千金去的。”

“那还用说，王家千金可是省城第一美人，哪个男人不想娶她？”咽下最后一口面条的人接话道，说完后看向眉清目秀的郝光光问：“小兄弟，你也是奔王家千金去的吗？”

“什么？”正走神的郝光光抬眼望去，没听清对方的话。

年长之人打量了一眼郝光光，语气微酸地道：“小兄弟长得俊，看衣着扮相应是个有钱的公子哥儿，阁下这等才貌，红颜知己定是不少，就别与我们两兄弟争那王家千金了吧？”

郝光光这才明白他们说的是什么，这两天她听的最多便是省城第一美人要择婿，王员外据说腰缠万贯，对唯一的女儿极尽宠爱，是以这消息一放出去，方圆百里还未曾娶妻的男人立刻躁动，十之八九都像从未见过女人似的心急火燎地跑来，若能娶王美人为妻那可是祖宗烧高香，有个如花似玉的老婆那可是面子里子都有了，最让人心痒痒的便是能因为有个富岳父少奋斗个几十年。

因为郝光光本身就是雌的，于是那王小姐再美名在外也无法让她冲动起来，一脸无趣地对正敌视着她的两人道：“什么王小姐？没兴趣。”

“真的假的？那王小姐可是个国色天香的大美人！听说就连那个垄断北方大半经济的叶韬都慕名而来了，你居然没兴趣？”两兄弟的脸上都明晃晃地写着“我不信”三个大字。

“叶韬？谁啊？”郝光光刚下山没多久，她现在基本就跟个傻子一样，谁都不认识。

“你没听说过叶韬的大名？”两兄弟都惊了，像是看怪物似的看着郝光光。

郝光光奇怪了，放下茶杯眉一挑不可一世地说道：“怎么？难道那叶韬还会上天遁地不成？凭什么本少爷一定要听说过他而不是他听说过本少爷？”

“小兄弟你也太孤陋寡闻了吧，我跟你说啊这叶韬……”年轻点的男人来了精神想好好儿地给郝光光上一课，结果还没等说完就被他大哥拉起来推搡着走了。

留下莫名其妙的郝光光继续吃着还剩下一半的肉包子，吃着吃着突然察觉后脑勺发麻，转头望去不禁一愣。

只见一个五六岁的小男孩儿正笔直地站在离她一手臂远的地方，那双乌黑璀璨得有如琉璃般耀眼的眸子正不悦地瞪着她，五官精致、漂亮至极的小脸儿紧板着，红润润的嘴唇抿成一条直线，整个人笼罩在一片怒火之中。

看到正怒气奔放的美貌小男孩儿，郝光光脑中立刻闪过一个词语：怒放的鲜花。

郝光光不知自己哪里惹到了这个像是从画里走出来的漂亮小男孩，想来想去觉得他应该是饿了，将只剩一口的包子递到漂亮的小男孩嘴前，微笑道：“小家伙莫不是想吃包子了？有什么不好意思的，想吃直接跟哥哥说就是了。”

男孩儿闻言一双好看的眉毛倒竖，凤眸一瞪，后退一步，脸色阴沉地抬脚便将那一口严重羞辱了他尊严的包子踢飞，眼角微挑冷飕飕地斜睨着郝光光，以稚嫩好听的童音喝道：“放肆，哪里来的乡巴佬竟敢调戏本小爷？！”

筷子被踢飞一支，郝光光笑眯眯的脸立刻拉下来。

啪的一声将剩下的一支筷子拍在桌子上，指着傲得二五八万的小娃学着他的口气怒道：“混账，哪里来的野孩子竟敢招惹本少爷？！”

饭馆内客人很多，大部分人都在偷偷关注着小男孩儿，不仅因为他长得极俊，衣着打扮也很讲究，看来应是好人家的小公子，更奇怪的是这么小的孩子身边居然没大人跟着，也不怕被拐跑。

被骂野孩子的小男孩儿脸一黑，拿眼狠狠剜了郝光光几眼：“竟敢骂本小爷，等爹爹来了让他做了你！”

郝光光差点笑出来，一个断奶没几年的小娃娃扬言要“做掉谁”，气势虽有但声音太嫩，简直不伦不类，滑稽透顶。

“好了好了，我怕你了行不？小娃娃赶紧找你爹爹去，再自己乱跑小心被人贩子拐跑了，到时可别说哥哥没提醒你哟。”郝光光虽气但还不会小气到跟个娃娃一般见识，这孩子身上昂贵精致的衣衫上沾着点点污迹，不知是淘气独自跑出来玩的还是与大人走散了。扫了眼饭馆内众人，注意着小男孩儿的人不在少数，不知有没有人在动歪心思。

小男孩儿闻言满腔怒火瞬间消去不少，板得好比大便的臭脸缓和了一些，瞪着转回身取来干净筷子继续吃牛肉的郝光光好一会儿都不见她转回身，忍受不了被忽视这么久，拧起眉背着小手抬脚往地上跺了跺。

声音虽轻但他能确定郝光光听得到，但一直不见她转过身，终于意识到对方根本就没将自己当回事，泄气地垂下肩膀不甚情愿地一小步一小步地往前挪，在郝光光身旁的座位处停下，略带埋怨地瞄了眼终于望过来的郝光光，利落地爬上高至他腰际的椅上坐好。

小娃娃面团儿一样白净粉嫩的脸上明显写着“小爷很不高兴”，郝光光眨眨眼张口想说什么，最后又闭上嘴，摇摇头继续吃起来。

“你。”男孩儿下巴微扬，斜睨着郝光光颐指气使地道，“来给小爷叫上饭菜来。”

“自己不会叫？”郝光光翻了个白眼。

“你买给我吃！”极其理所当然的语气。

“凭什么？你又不是我儿子。”吃完饭的郝光光说完站起身就要走。

男孩儿见状不悦地伸手抓住郝光光的衣角，扬高声音道：“你惹了本小爷就得给我买饭吃。”

“什么霸王理论！照这样那你也惹了我，莫不是这一顿你来请我？”郝光光想走，结果这漂亮得不像话又转得天怒人怨的小娃娃死活不松手，她不好当着全屋子人的面来硬的。

“……我、我没钱。”语毕，一直嚣张地拿鼻孔看人的小男孩儿稍稍低了下头，翘而长的眼睫毛轻轻颤了下掩住眸中的赧然，好看的小脸看起来很是懊恼。

郝光光突然不好意思再指责他什么了，长得漂亮的娃娃天生有优势，让人不舍得对他们生气。

望着那双微微轻颤的睫毛，捕捉到他偷瞄过来又飞速移开的视线，忍不住一笑，郝光光难得地好心泛滥，很豪气地冲远处的店小二吼了一嗓子：“小二哥，将贵店的拿手好菜给我来三道，再上两个驴肉包子、一碗馄饨面，替我好好儿招待这位小公子。”

“好咧，客官您稍等。”店小二朗声应道。

“孺子可教也。”小男孩儿一扫先前的不自在，抬起头重新扬起下巴对郝光光施恩似的夸道。

“小屁孩儿奶还没断干净呢就学大人说话，不伦不类。”郝光光好笑地在他微微汗湿的头发上胡乱揉了几下，成功地将原本很安分地贴在头皮上的软发弄乱。

“你做什么？！”小男孩儿身子猛地后仰抬手捂住头发，气得一脚踹过去，可惜腿太短，踹到了郝光光的椅子但没够到人。

“哥哥还有事，没工夫陪你玩儿，小家伙与家里人怄气独自跑出来了吧？瞧你不傻应该识得回家的路，赶紧回家吧。”郝光光还想揉他头发，可惜他那两只又白又嫩的小手将头发捂得极牢，揉不到，最后在他光滑的小脸上捏了把。

“无耻之徒！不许对本小爷动手动脚。”男孩儿气得用小短手使劲儿地擦脸，仿佛脸上沾了什么不得了的脏东西。

“给你叫了饭菜，就当是哥哥调戏你的补偿吧，小家伙吃得比哥哥那顿要丰盛得多呢。”郝光光从钱袋里掏出五钱银子塞到男孩儿手中，嘱咐道，“这些钱够你三顿的了，吃完了就回家。”

把钱袋系回腰间，一抬头，发现男孩儿正一眨不眨地盯着她的钱袋看，郝光光摸了摸钱袋颇为怀念地笑道：“这是我娘给我绣的，你也觉得它好看对吧？”

男孩儿鄙夷地瞄了眼一脸得意的郝光光，那用得都褪了色的钱袋跟好看扯不上半点关系，也就上面绣的荷花还行，但有些年头了绣线掉了颜色，旧了巴唧的钱袋跟一身新衣服贴在一起简直拉低档次，不屑地嘟哝了声：“谁稀罕。”

“小娃娃慢慢吃，哥哥走了。”郝光光拿起行李，刚走出两步头发梢就被扯住了，头皮泛疼，气得转过身刚要发火就被突然扑过来的小娃娃吓了一跳，受宠若惊地低头看向正紧紧抱着她双腿眼中流露出恋恋不舍的漂亮奶娃。

“谢谢哥哥。”小男孩儿教养很好，虽然表情看起来有点不情愿，但还是道谢了。

“呵呵，乖，咱们碰上了就算是有缘，请你这漂亮小家伙吃饭哥哥很乐意。”摸了摸小男孩儿的头顶，哄他回座位后再次转身离去。

“我有名字的，我叫叶……”郝光光转身那瞬间听到他很小声地说了句什么，没听清楚，想着以后不会再见了，于是没去理会。

眯眼望着郝光光离去的背影，男孩儿捏着手中微鼓的物事，翘起好看的嘴角得意一笑，在饭馆众人的打量下迈着矜贵的步子走了出去，出门口瞥了眼牵着马渐渐走远的郝光光，轻嗤了句“让你乱说话，活该”后向相反的方向离去。

因为王员外千金择婿的事，街上人极多，郝光光不便骑马只能步行，自饭馆出来也就刚过一刻钟的时间，看到路边有卖红彤彤颗粒饱满的酸枣，酸水立刻从舌底漫延开来。

“大娘，来两斤酸枣。”郝光光拉着马走过去，看着诱人的酸枣犯馋地吧唧了下嘴巴。

“小伙子先等一等啊。”大娘生意挺好，正忙着给先来的客人收钱。

“不急不急。”语毕伸手摸向腰际准备掏钱，结果却摸了个空，郝光光心咚地一沉，惊呼，“钱袋呢？”

电光石火间，郝光光立刻想起了什么，低咒了几句，牵马不顾身后卖酸枣大娘的叫喊快步往回返。

钱袋里有二两碎银，是她未来半个月的食宿和零花，这还不是最要紧的，郝光光最恼火焦急的是那钱袋是郝大娘生前给她做的最后一个钱袋，极具纪念意义，银子没了不打紧，钱袋没了那可不行！

一路跑回去，冲进才用过饭的饭馆往里望，没找到人，急忙拉住正擦桌子的店小二问：“小二哥，那个长得很好看的五六岁小混……家伙哪儿去了你可知道？”

“他早走了，故意给我们添乱！”店小二脸色不比郝光光好看多少，招牌菜端上来结果客人不见了，若不是有其他桌也点了这些菜，他们可就白忙活了。

“知道他往哪个方向走了吗？”

“不知道！”店小二冲着郝光光直飞眼刀子。

怕再问下去会惹出麻烦，郝光光出了饭馆问附近做买卖的几位大叔大婶，照着他们所指的方向追了上去。

郝光光的偷功基本得了郝大郎的真传，只要被她瞄上的东西没有偷不到手的，可是今日她这向来以一流扒手自诩的人居然在一个奶娃娃身上栽了跟头！

郝大郎曾说过，她自小在山上长大，山上的几户人家都很和善，彼此相处间没有什么弯弯绕绕，这次郝光光独自下山，没有经历过人生百态又是个直爽性子，虽偶尔会耍点小聪明实则有点缺心眼儿，在缺乏经验之下很容易被人糊弄。

就因郝光光觉得五六岁的小孩子是安全的，被那么漂亮的一个小面团依恋感激地抱住，怕是铁汉都能立刻化成绕指柔。“美色当前”，哪里还会防范什么？现在想来那娃娃肯定就是在抱住她的那一刻动的手脚。

怪不得会盯着她钱袋看，亏她还傻帽儿似的以为他在欣赏郝大娘的绣工，这也不怪她大意，谁会想到看起来比她有钱不知多少倍的人家的孩子居然会偷她那一点银子！

这次郝光光是跌在防心低又缺乏经验上，认为天下间的小孩儿都应像山上的小狗子、小石头一样可爱天真，哪里想到才五六岁的小娃娃居然会算计人，卑鄙地向她这个对他有着“一饭之恩”的大好人下手！

自下山以来郝光光总共被打劫过三次，不下二十次被扒手盯上，结果都被她轻易解决了。只有她偷别人，根本不可能被人偷！她一直是这般固执并且坚定地认为着的，结果事实证明太过自信也不是好事，此时她那澎湃的自信心被一个小娃娃很无情地打击到了。

“兔崽子别让老娘找到你，找到了非把你屁股打个稀巴烂不可！”郝光光边找边骂着，爹娘走后她在白家吃过亏，但事后也报复了白家，何况她根本就没将被休当回事，所以确切来讲，这小娃娃是郝光光下山以来第一个给了她颜色并且深深地打击了她的人。

那孩子那么精，偷了东西一定不会在人多的地方转悠，郝光光找了一阵子没见到人，气急败坏地将马安置好后独自去人少的小街小巷碰运气了。

大概是郝大娘在天上保佑，皇天不负有心人，郝光光寻了一个时辰之后终于发现了那小娃娃的踪迹，他正从当铺里走出来。

熊熊怒火立时燃烧起来，郝光光大踏步追了上去，见他往一个小巷子里拐进去，刚要冲上去捉人，忽见一个翩翩佳公子也跟随着男孩儿往小巷行去。

见状，郝光光深吸几口气缓和了暴动的情绪，放轻脚步悄悄跟在衣着华丽的男人身后。

小巷里有拐角，当一大一小拐过弯去时郝光光尾随至拐角处听到他们正在说话，听起来他们不仅认识，关系还很好。找到人了不急于一时，于是郝光光屏住呼吸很不厚道地听起壁角来。

“可是玩够了？玩够了就跟左叔叔回去吧。”男人声音中透着几分宠溺与无奈。

“左叔叔怎么亲自来找子聪了？”叶子聪声音中含着一丝不易察觉的期待。

“无聊路过而已。”

“……左叔叔请回吧！”微冷的声音里透着几分失望。

“你这一路不停地当东西难道不是为了让我们尽快找到你？左叔叔知道你气什么，唉，你爹爹忙，还要抽出时间来担心你着实辛苦，别闹了，跟我回去。”

“骗人，爹爹忙着娶美人，才不会管子聪。”叶子聪说得很委屈。

“你说说你，整日总吹嘘自己有多聪明，实则笨得可以！”

“左叔叔胡说，子聪很聪明！”委屈被怒气取代，叶子聪维护尊严的声音很高。

“你若是聪明这个时候就不该闹脾气离家出走，应该讨你爹爹欢心才对！如此就算你爹爹给你娶了后母也不会忽略了你，若你不停地耍少爷脾气，难保他不会在生气之下被你后母钻了空子，到时看你上哪儿哭去！”男人语带怜悯苛责地说道。

“那个美人一点儿都不好，子聪不要她当后母。”

“你爹爹才不在乎这个，他正忙着娶美人。”

“左叔叔我们走吧。”叶子聪语气很急切。

“想通了？”

“想通了！”

“可还会再为了引你爹爹注意而离家出走？”

“不了！子聪要看着爹爹不要被那坏女人勾走！”

“乖，左叔叔这就带子聪回去。”

在一大一小手拉手笑着从小巷子里出来时，郝光光一个跨步挡在两人身前，双臂环胸居高临下地望着脸色立变的叶子聪，冷笑道：“本少爷也要跟你们回去，要好好儿问问那个听说正忙着娶美人的家伙是如何当的父亲，居然放儿子出去偷、东、西！”

【第2章】教训

看到突然出现的郝光光，左沉舟俊眉讶然地轻挑了下，表情虽没有太大波动，但心中却已然震惊至极，想他武功虽非一流，但能潜伏在他周身五丈之内而不被他察觉的人并不多，若非眼前这个少年自己跳出来他都不知附近有人！

压下心头波动，左沉舟垂头，看到叶子聪脸上闪过不自在，眼神一凛，惊怒道："子聪偷东西了？赶紧还回去，被你爹爹知道了有你苦头吃！"

闻言，叶子聪哆嗦了一下，爹爹最不喜他说谎，否认的话在舌尖上打个旋儿立刻咽了回去，抿了抿唇不高兴地抱怨道："才少了几两银子就死乞白赖地追过来，至于吗？那点破银子给小爷踢着玩儿都不够分量！"

"看不上眼你还偷？变态啊！"郝光光被叶子聪一副"我偷你东西是看得起你"的不可一世模样气到了，教训道，"我看你这倒霉孩子就是吃饱了撑的没事干，实在闲得慌的话就啃石头磨牙去，别出来膈应人，谁家的破孩子？简直欠揍！"

"这位公子，说话不要太过分，子聪还只是个孩子。"一般人都会护短的，左沉舟也不例外。

"如果被偷之人是你，我看你还这样认为不！"郝光光瞪了眼左沉舟，开始只顾着盯叶子聪了没注意这个男人，现在仔细一看发觉这男人长得还挺人模狗样的，看起来很温文儒雅，白净净的脸让人看着很舒服，眼神湿润又不失精明，看得出应是很会赚钱的那种人，像奸商。

"钱袋是我偷的，不许凶左叔叔！"叶子聪脸色更臭了，在身上胡乱找了一圈掏出一张银票几个碎银子还有一块玉佩，噌噌噌跑到瞪他的郝光光身前，将一路上用当东西换来的钱物一股脑儿全塞过去，没好气地道，"这些全给你够了吧？比你那寒酸的钱袋强多了哼。"

"子聪……"左沉舟痛心疾首地看着郝光光手中那些钱物，叶子聪身上每样物事都价值连城，就算当掉换来的钱也不会低于百两，偷人几两银子转眼就还人家上百倍，败家也不是这么个败法啊。

钱虽多，郝光光也心动，但却不会随便收下这些不属于她的财物，揪回要离开的叶子聪将东西又塞还了回去，握住他的胳膊要求道："看在你年幼的分儿上我可以不与你计较，只要将我的钱袋和银两还回来便可。"

叶子聪无论怎么用力手都抽不出来，愤愤地别开小脸哼道："钱袋丢了！"

“什么？！丢了？怎么丢的？”郝光光大怒，手下意识地握紧，将叶子聪嫩生生的小胳膊握疼了都不自知。

“松手！”左沉舟见状一个箭步冲上前，手指在郝光光腕上一弹顺利将叶子聪的胳膊解救出来，长臂一揽将叶子聪护在身后，冷颜道，“子聪偷了阁下的钱袋是他不对，左某代他说声对不起。钱袋丢了我们感到愧疚，可以赔给你，阁下想要多少只管开口。”

“靠！小偷做到你们这样不要脸的还真是少见！”郝光光“呸”地往地上啐了口唾沫，揉着被弹疼了的手腕，看到细白的腕上瞬间浮起的红肿，张嘴就骂，“瞧你长得一副人样，谁想这么没道德！本少爷想讨回钱袋还错了不成？！”

左沉舟太阳穴突突直跳，深吸了口气隐忍着道：“方才是过于担心小侄不得已出手重了些，对此左某道歉。只是钱袋已丢，我们只能用其他钱物偿还，若觉得子聪给的补偿不够，左某这里还有一些银两……”

郝光光揉着隐隐作痛的手腕皱眉道：“难道你觉得我是想趁机勒索你们？本少爷可是道德高尚之人！不诳不抢不嫖不赌，更不会在自己理亏时欺压受害者，也不会仗着自己有点臭钱就自以为高人一等不将别人当人看！”

谅左沉舟脾气再好，听到这意有所指的话脸色也有点挂不住了，双拳在袖子中攥得死紧，勉强压下要将郝光光扔出去的念头问：“那阁下是想我如何补偿？只要在左某能力范围内定会尽量满足。”

“满足？”郝光光按摩得手腕不那么疼后松开手，掸了掸袖子抬眼不带任何情绪地望向左沉舟，“丢的银子是不算什么，可是那钱袋乃在下亡母所留的遗物，它丢了你想要怎么补偿？”

左沉舟一愣，强忍着的怒火顿时被郝光光的一席话浇熄了。

站在左沉舟身后的叶子聪闻言眼皮颤了颤，大眼睛骨碌碌转了转，趁人不注意一手悄悄伸入怀中将空空的钱袋取出，攥紧后掩在袖口里。

殊不知，他这自以为神不知鬼不觉的举动却被一直拿眼角余光注意着他的郝光光看在眼中。

“对不起。”这次左沉舟道的歉真诚了许多。

“算了，东西又不是你偷的，本人接受你的道歉，在下还有急事，懒得再与你们计较。”

郝光光说完视线下移望向左沉舟身后的叶子聪，走过去伸出手道：“你赔我五两银子就够了。”

叶子聪没想到郝光光这么轻易就放过他们，怕今日之事被爹爹知晓，没敢耍少爷脾气，乖乖地取出一锭五两的银子递过去。

郝光光接过银子塞入袖内，蹲下身很好心地帮叶子聪将微皱的衣衫抚平，在包裹在袖子中的两只小手上各捏了一下道："多好看的小手，细皮嫩肉的，小家伙要晓得这般漂亮的手适合摸女人，摸人家的钱袋可就糟蹋了。"

摸女人……一旁的左沉舟听得嘴角直抽。

叶子聪好不容易自郝光光的魔爪中挣脱了出来，退后一步嫌弃地瞪着郝光光："本小爷凭什么听你话？"

懒得再跟一个孩子拌嘴，郝光光长臂一捞将正张牙舞爪的叶子聪抱起来塞进左沉舟的怀中，收回手的瞬间不经意在他袖口处滑过，迅速退后对着一大一小摆手道："看你道歉诚意足够，本少爷大人有大量就不跟你们一般见识了，且走吧。"

左沉舟松了口气，和颜悦色地说道："那我们就此别过，后会有期。"

"后会有期。"

两叔侄远后，郝光光也自小巷中走出，嘴角轻扬，将五两银子塞入刚刚自叶子聪手中偷回来的钱袋，摸着泛旧的绣着栩栩如生的荷花的钱袋，一直提着的心终于踏实了。

郝光光心情大好，不仅拿回了钱袋，还多得了近三两银子，最主要的是……

从袖口中摸出两张红色的巴掌大小的请帖，她不识字不知里面写的是什么，不过既然被那个男人收在袖中想必是有点用处的，"礼尚往来"偷了这两张请帖当作回敬那个弹疼她手腕的家伙！

走出小巷，叶子聪在左沉舟怀中自袖中将手伸出，摊开手看到掌心的东西时原本偷笑着的叶子聪表情顿时僵住，甩掉手中不知打哪儿来的小块花布，扭头向来的方向瞪去，小脸阴云密布，银牙紧咬，揽着左沉舟脖子的手下意识勒紧。

"怎么了？"明显察觉小家伙情绪异动的左沉舟停下脚步。

"没、没什么。"叶子聪僵着声音回道。

"别学你爹爹板脸了，难看。"左沉舟抬指抚平叶子聪皱着的眉轻笑。

"骗人，爹爹总板着脸，可是他比左叔叔好看多了！"叶子聪虽然与左沉舟亲，但与他唯一的血亲比起来就差得远了。

"你这小没良心的，左叔叔真是白疼你了。"左沉舟语气颇酸，佯装生气地在叶子聪白净的俏脸上揉了下。

“左叔叔，子聪回去后爹爹会生气吗？”越往回走叶子聪心中越是忐忑。

“现在知道怕了？当时负气跑出去时怎么没想想后果？”左沉舟睨着叶子聪打趣。

叶子聪委屈地扁着嘴，将脸埋入左沉舟颈下不说话。

“别担心了，有左叔叔在，你爹爹不会将你怎么样的。”

“当真？”

“当真。”

一大一小走进一处面积颇大、很具威严的院落，左沉舟将叶子聪交给迎上来的婆子，嘱咐她带他下去梳洗，自己则向东边的书房走去。

没有敲门，对向他恭敬行礼的侍卫点了下头后直接掀帘走了进去。

书房内一身黑衣正坐在书案后翻看账本的人见到左沉舟，放下没看完的账本，身子慵懒不失贵气地向椅背慢慢靠去，眯眼看向坐在一旁的左沉舟沉声问道：“子聪可回来了？”

“回来了，有本护法出面焉会空手而归？”左沉舟对着与叶子聪几乎是一个模子刻出来但明显大一号又冷许多的叶韬轻笑，叶韬虽是他的主子，但私底下两人就像朋友，可以随意说话，那些下属在叶韬面前无一不惧怕他的冷眼，连大声说话都不敢，唯有他敢在叶韬面前开玩笑。

“回来了就好。”叶韬点点头，没再继续问。

“喂，那可是你亲生儿子，怎么就不多关心关心？明明你才是亲爹，结果却是我更像子聪的父亲。”左沉舟对叶韬冷淡的反应感到不满。

叶韬俊眉微微一皱，像是想起了什么，在左沉舟不满的眼神注视下道：“若非被你宠坏了，子聪岂敢私自出走？如此不懂事给人添乱，一定要狠罚才行。”

“他还是小孩子，别罚太狠了吧。”左沉舟忍不住求情。

叶韬抬了抬眼皮，黑眸不带丝毫温度地瞥向左沉舟：“谁是子聪的爹？”

左沉舟闻言立即泄气，关于叶子聪的事，叶韬永远比他有决定权，转移话题谈起正事：“王员外有意与我们合作，我没答应，只说会考虑。”

“嗯，王家资金上出了问题，急需拉人合伙。”叶韬修长、骨节分明的手在书案上轻敲着，嘴角扯出一抹讽笑。

“王员外是没了主意才用自己那据说貌若天仙的女儿当饵，还放出会给女婿一半王家财产当聘礼的话，真是可笑，王家都快成了空壳子，一半财产会有多少？对了，王员外命管家送来了选婿大会的请帖，你我都有份儿。”左沉舟说完伸手向袖口中掏去，结果却掏了个空。

“找什么？”叶韬望着恨不能将自己两个袖子都翻烂的左沉舟问。

“帖子没了！”左沉舟捏着空空的袖子拧眉沉思，片刻后突然睁大眼睛大声道，“是他！”

“丢了？”

“被偷了。”语毕，左沉舟迅速站起身对叶韬道，“我去找那小子。”

“有人能从你身上偷东西？”叶韬一向沉稳平淡的声音终于露出那么一点点诧异。

左沉舟怕叶子聪的下场更可怜，没敢说实话，说那人想参加选婿大会无奈没请帖于是只能偷了，扯了句谎后被叶韬那仿若能洞察人心的视线看得浑身不自在，落荒而逃。

想参加选婿大会偷一个请帖就够了，偷两个做什么？左沉舟这谎扯得未免弱智了些，左沉舟离去后叶韬朗声道：“来人。”

“主上。”立在门外的侍卫快步走进来半跪在地。

“将狼星唤来。”狼星是一直暗中保护叶子聪的人。

不一会儿，一身暗色服装看起来没有丝毫存在感的狼星走了进来。

屋内只剩两人时，叶韬注视着单膝跪地的人吩咐道：“将子聪在外面发生的事叙述一遍。”

于是，随着狼星的叙述，叶韬终于知道他的宝贝儿子在外面做了什么。

狼星报告完后，叶韬命令道：“你也出去帮左护法寻人。”

“是。”

叶韬把玩着左手拇指上的玉扳指，眯眼寻思，能神不知鬼不觉地偷了他手下左护法的东西，如此有胆又会偷的人不会一会就未免太可惜了。

远处某一家小饭馆内，因怕左沉舟找上门，重新贴上小八字胡戴上棕色毡帽的郝光光吃着热气腾腾的炒面时突然感到一股寒意袭上身，鼻头一痒张口打了个极响的喷嚏……

郝光光从会识字的孩子口中得知请帖是王员外邀人参加选婿大会的凭证，据闻但凡有资格参与大会之人均是未成家的青年才俊，样貌不能太丑，家境富裕是必须的，年龄又必须介于十九与三十之间，人品不求多高尚，但起码要过得去。

因条件定得过高，各地赶来碰运气的人因达不到要求一下子走了不少，少部分人没立刻回去，而是留下来看热闹。

请帖都写有名号，这两张请帖分别是给叶韬和左沉舟的，是以就算郝光光拿着它们也无法参加那劳什子的选婿大会。

郝光光觉得这帖子实在没用，拿着是累赘，于是趁落脚的工夫将两个巴掌大小的帖子点火烤山鸡吃了。

郝光光从来不在一处停留过久，骑着马继续往北走，一路上总感觉有人在暗中搜查着什么人，虽然那些人都做普通模样打扮，行为很隐蔽，可她还是发现了。

郝光光没多想，在觉得自己"易容"得非常成功的情况下，大摇大摆地赶路，花去小半日时间，来到没有多少人居住的小村庄上，下马刚想找户人家讨点水喝，突然被不知从何处冒出来的男人拦住。

"这位壮士有何贵干？"郝光光莫名地看着一身暗色衣衫、模样普通到扔在人堆里就立刻找不着了的男人。

狼星平静且平凡的脸像是不懂情绪为何物似的没有丝毫表情波动，看着郝光光淡声道："主上有请，劳烦公子随鄙人走一趟。"

"你认错人了吧？"郝光光耸了耸肩，摇头说道，"我不认识什么主上。"

"未认错，阁下两日前曾在巷中与鄙教少主和左护法有过接触。"狼星淡淡地提醒郝光光。

"少主？左护法？是偷本少爷钱袋的那一大一小？！"郝光光惊呼出声，下意识地抬手摸向八字胡和并没有戴歪的毡帽。

狼星垂眸，以沉默当作默认。

"你怎么找来的？有那么容易认出来？"郝光光大感疑惑，她照过铜镜，粘上八字胡和戴了个恨不得将她半个头都遮住的大毡帽后模样变了不止一点半点，何况以防万一她又换回了以前那身旧衣服，没道理被认出来啊。

狼星没有开口，大概是郝光光求知的眼神太过浓烈，狼星被盯得实在别扭，抬手指了下郝光光身旁的白马。

"是这马泄露的行踪？"郝光光看了眼陪着她近一个月的爱马，难以置信地道，"问题怎么会出在马身上？莫非当时你就在暗中跟着那混……小娃娃，所以看过我骑过这匹马？"

狼星没有回答，以他万年不变的平静表情说道："劳烦公子随在下走一趟。"

“不去！”郝光光很生气，没想到她将自己从头到尾鼓捣了一通，恨不得连亲爹见了她都认不出来，结果却因为马露了馅儿，果真如老爹说的那样——她就是有点缺心眼儿。

这话从小到大被郝大郎当笑话似的说过无数次，每次她都不乐意听，总反驳说自己不仅不缺心眼儿还聪明得呱呱叫。她可不是说着玩的，是真的这么认为。

结果可好，此时的郝光光真有点怀疑自己其实真如郝大郎所说的那样不聪明了，居然愚蠢地认为只要模样变了就万事大吉，根本没想过马的事。

真要怪就怪这马长得颇为特殊，通身白毛，偏偏屁股处有一撮拳头大小的黑毛，当时郝光光买马时就是看中了它的与众不同，谁想就是因为这点无论她将自己怎么倒腾都没用，模样再怎么改变身形是不会变的，凭这两点有心人想寻她根本就是一寻一个准儿。

“鄙人不想动武。”

“谁管你！你家主上想见老子怎么不自己来？他儿子偷我钱袋的事还没跟他计较呢，还好意思要我去见他？你回去告诉他若想见我就八抬大轿来抬！毫无诚意的家伙，我呸。”郝光光对那未曾谋面却明显在摆谱的“主上”直觉性厌恶，儿子都那么让人抓狂了，生他养他的老子能好到哪儿去？！

因察觉到自己真有点缺心眼的郝光光心情相当不好，说话的语气自然就别想好听了。

“这可由不得你了！”主子被污辱，狼星眼中闪过不悦，身形瞬间前移，带着惩罚之意，铁爪以迅雷不及掩耳之势抓上了郝光光的肩膀。

“哎哟。”没能躲过的郝光光痛呼，疼得眼泪都流了出来，龇牙咧嘴地破口大骂，“不就偷了两张请帖吗？又没挖你祖坟，至于下手这么狠吗？娘的，你家少主还偷了老子钱袋呢，老子是否也要这么回敬他才公平？！”

“带你回去见主上。”狼星稍稍放轻力道，另一只手抓住郝光光另外一只肩膀，脚尖一点，两人蹿至空中划过一道优美的弧度落在一旁的白马上。

突然被从空中掉下来的两人骑上，正悠闲地低头吃草的马吓了一大跳，抗议地甩了甩马身，打个大响鼻强烈地表示不满。

“松开！”双臂被束缚住的郝光光挣扎几下没挣脱开大急，虽然她很少将自己当女人看，却不代表她能泰然自若地与男人有身体上的接触。

郝光光紧急之下自怀中摸出折扇，将扇柄用力向身后之人腰间最柔软的地方刺去。

狼星不便躲闪，只能空出一只手去抢扇子，结果对方是虚招，扇柄方向立变，画了一道圈向他另外一侧腰际戳去，这次是实打实的，力道不小。

狼星重新用右手抓住郝光光的肩膀，换左手去迎击，挡过一招后手没有收回，手指快速向郝光光的手腕弹去。

郝光光的手腕被弹中，又疼又麻的感觉瞬间袭来，闷哼一声迅速收回手，使了个泥鳅功自因松开一只手而有所松懈的狼星手中滑出，挣脱了束缚片刻都不敢逗留，双手在马背上一撑身体立时弹了出去，喊了句“你给我等着”后头也不回地跑了。

狼星眼中闪过一抹讶异，没承想郝光光身手不怎么样，轻功却很好，一眨眼的工夫就跑得不见踪影，回过神立刻自身上取出教中独有的信号弹往空中一抛，跳下马飞速追去。

听到响声的郝光光回头往空中瞄了眼，咬牙骂道：“老子的，居然敢通风报信！”

郝光光逃得有点辛苦，没想到那个男人看起来那么不起眼，结果追踪的本事倒是极好，让她一直引以为傲的轻功逃跑起来居然占不到多少优势，想停下来喘口气都不行。

出了镇子往行人多的集市逃去时，正飞奔着的郝光光陡然停住脚步，突然想起自己的包袱都还在马身上挂着，此时她身上只有几两碎银子，衣物鞋帽都在包袱里。

郝光光跑不下去了，气得将毡帽取下狠狠扔在地上，抬脚就要踩上去发泄，眼看即将踩中时又顿住了，实在舍不得毁掉还没戴几次的帽子，不得以收回脚在行人像看疯子似的眼神中闷闷地捡起毡帽，拍掉上面的土重新戴回头上。

“郝光光啊郝光光，你还能再倒霉点吗？就偷了帖子而已，至于被人当犯人通缉吗！”郝光光烦躁得团团转，想取回包袱和马就得回去，可那人已经放了信号，那里必定设有埋伏，回去等于自投罗网，可若不回去她那起码值三十两银子的马和包袱就全没了！

对于她这个穷惯了的人来讲三十两银子可是相当庞大的财产，宁愿挨饿受冻吃点苦头都不能将这么多银子弃了！

挣扎了好一会儿，金钱和面子郝光光没犹豫多久便毫无保留地选择了前者，苦着脸很没骨气地折回。

回到那个人迹稀少的小镇时已经过了酉时，镇上砍柴的和去远处集市采买的人陆续回来了。她的马还在，拴在树上正埋头吃着地上长的草，包袱也在它的脖子下挂着，两丈远处站着个男人，看清正望过来冲她挑眉的男人的脸郝光光就来火。

“就这么着回来了？左某还以为须得费好一番工夫才能‘请’来阁下。”左沉舟拿眼角瞄了瞄被拴着的白马，语气透着令人无法忽略的嘲弄。

“呸。”郝光光一脸鄙夷地瞪了眼左沉舟，不喜欢他说话的语气。

白马看到主人回来，立刻停下吃草，欢快地打了记响鼻，摇着肥美的大屁股甩着尾巴凑上去，拿大脑袋用力拱着郝光光的腰与她亲热。

“猜到你会为了这马和行囊回来，只是……”左沉舟用手摸着下巴疑惑地将郝光光从头看到脚，双眼又在她脸上仔细看了一会儿后道，“据狼星所言，你是死活不愿与他走，还逃得不见踪影。现在自己回来莫不是想通了？既然如此先前又何必逃得那么拼命？”

“老子愿意逃就逃，愿意回来就回来，你管得着吗？咸吃萝卜淡操心。”郝光光揉了揉爱马的头亲热完后解开马绳，跳上马背冷着脸催促道，“你家‘猪上’不是要见本少爷吗？还不滚到前面去带路！”

左沉舟闻言眼神骤然一冷，抬手阻止了隐在暗处蠢蠢欲动的暗卫，没理会郝光光的挑衅，吹了声响亮的口哨，一头通体红毛的高头大马立刻从远处跑来在左沉舟身前停下。

利落地跃上马背，左沉舟冷淡地看了郝光光一眼道：“跟紧了，中途若不老实动歪心思，后果自负！”

暗中有人埋伏，这点郝光光很清楚，她没想过要逃，为了一件错不在己方的事像狗一样狼狈地四处逃跑做什么？这次她不但不逃跑，还要光明正大地上门去会会那个自大又讨人厌的“猪上”。

一路上没人再开口，对于丢失的请帖两人都心照不宣，抄近路骑快马赶了大概一个时辰的时间终于到达了目的地。

摒退一众候着的下属，左沉舟亲自带着郝光光去了议事厅。

叶韬听到下人禀报后便来到了正厅，坐在主座上微侧身在旁边的茶几上姿态优雅娴熟地泡着茶，左沉舟带着人进来时他仿佛不知道一样，依然沉浸在泡茶的乐趣之中。

“人带来了。”左沉舟交代完便去自己的专属位子——叶韬左下首的第一个位置上坐下，闲杂人等都支了出去。

总共就三个人，两个人都坐着，郝光光自是不会亏待自己傻站着，一点儿都不见外地走到左沉舟对面的那个位置上毫不客气地坐了下来。

“你、你居然坐右护法的位置？”左沉舟吃惊地瞪着郝光光，见过不要脸的，可像郝光光这样不知“见外”为何物的不要脸之人还真没见过。

“怎么，请我来做客连个椅子都不给，还不准我自己找椅子坐了？”郝光光才不管这椅子是谁的，想坐就坐。

“左某好像不曾说过带你来是做客的吧？真会往脸上贴金。”左沉舟嗤道，双手交叉优雅地放在膝上，望着郝光光命令道，“你，要么站起来要么换个位置，坐最下面去。”

郝光光扬高下巴哼了声，直接无视掉左沉舟的话，侧头望向主座上那个像是一直都没发现他们进来的男人。

只见他一身黑衣，举手投足间皆流露出上位者的高贵气质，侧脸看起来很赏心悦目，她没念过书不知如何描述他的长相才恰当，只知此人俊美得能将人的魂儿勾去。

饶是郝光光并非花痴之人，见了这般出彩的男人也不禁愣了神，只觉得他鼻子眼睛眉毛嘴都长得要多好看就有多好看。

郝光光两眼满是惊艳，嘴巴微张，连自己是干什么来的都忘了。

泡好了茶，叶韬转过身靠在椅背上，瞟了眼正一眨不眨地直盯着他看之人，指了下被毡帽遮住了额头，就算贴着八字胡看起来也很稚嫩的郝光光问左沉舟：“这傻小子就是你说的那个偷儿？”

左沉舟摸了摸鼻子，很是没面子地点头：“正是他。”

被笑话为傻小子的郝光光立刻回神，因叶韬出众的俊脸而起的好感瞬间大失，此时此刻她最不爱听的一个字就是“傻”，谁说她傻她就跟谁急！

“哟，本少爷还以为‘猪上’是聋哑人士呢，正对比花还美的‘猪上’是个残疾这点大感痛心呢，却不想原来是场误会。‘猪上’不聋也不哑，瞧，还会骂人呢，委实健康得很啊。真是可喜可贺，可喜可贺啊，哈哈哈哈。”郝光光对着叶韬直抱拳，笑得小八字胡一颤一颤的，三颤两颤之下，小胡子禁不住她这般乐呵，“吧唧”一下掉下来一只……

郝光光因看到叶韬和左沉舟沉下来的脸色而心情大好，纠缠了她大半日的怨气突然不翼而飞。

就顾着笑话人了，哪里晓得胡子掉了，白皙的俏脸上挂着一只胡子，另外一边光秃秃的，极不对称，另一只胡子还颤巍巍地贴在郝光光的脸上，乍一看还以为上面挂了只黑色毛毛虫。

看着模样滑稽如小丑的郝光光，原本面泛怒色想要出口训斥的叶韬和左沉舟二人顿时感到无语，对视了一眼，都从彼此的眼中看到了荒谬，荒谬这个少年怎的如此不着调。

叶韬揉了揉突突直跳的太阳穴，没再看一个人乐呵得正欢的郝光光，端起茶杯浅浅啜了一口，觉得温度偏高，将茶盖挪开了一些，凑唇对着茶水慢慢地吹起来。人长得好看，做什么动作都会令人觉得赏心悦目。

左沉舟低声道了句“小人多作怪”后拿起一旁放着的颗粒饱满的紫葡萄吃起来，没一个人肯好心提醒一下郝光光她胡子掉了。

气人这种活计只在对方生气时才有成就感，若对方根本不搭理你的话那最后被气到的反倒是自己了。

郝光光不明白为何生气的两人突然就不气了，反差过大，一时间脑子有点转不过个儿来，笑了一阵子后嗓子干了，来回看了看一个喝茶一个吃水果的两个男人，忍不住吞了吞口水润了下泛干的喉咙，突然想起自己一整个下午都没喝过水了，此时渴得有点难受。

因叶韬特地交代不用给“客人”准备什么，下人只给叶韬和左沉舟备了茶点和水果等物，郝光光身旁的小几上什么都没有。

郝光光想喝水必须向主人要，有求于人她不好再嚣张，不得已抬手将一直上扬着的嘴角抹平，假装自己不曾笑过，对着叶韬好言好语道：“猪……主上大人，可否给在下来杯茶喝喝？”

“笑啊，怎么不笑了？”叶韬喝完了茶将茶杯放回茶几上，眼神不带丝毫温度地扫向郝光光，低沉的话语给人带来无形的压迫感，这是久居上位者身上特有的气息，一般人模仿不来的。

“笑完了。”郝光光一双清澈灵动的大眼睛无辜地回视着叶韬。

“哦？怎么这么快就笑完了？”

郝光光对这种被质问的感觉很不习惯，相当反感，就好像她是犯人被审问一样，压下恼火强迫自己镇定，深吸口气后回视着叶韬一脸莫名地回道：“你这人好生奇怪，笑完了就是笑完了，还需要什么理由？”

叶韬闻言没有发怒，敛眸把玩着拇指上的玉扳指，慢条斯理地说：“原来是叶某误会了，还以为你是口干了，正要唤人给你上茶，既然如此……”

“没有误会，没有误会，我是口干，就是口太干了所以笑不下去了。”郝光光闻言立刻没骨气地大方承认，她这叫能屈能伸。

左沉舟葡萄吃不下去了，无语地看着郝光光。

见没人回答她的话，郝光光眼珠子转了转最后又落回叶韬身上，嘿嘿一笑指着他身旁刚泡好茶、正不断往外冒茶水清香的紫砂茶壶道：“这个……虽说来者是客，但本人一向不好意思打搅别人过多，主上您就不用唤人特地泡茶了，在下喝这壶里的茶水便可。”

左沉舟几乎要对郝光光的“不要脸”膜拜了！那可是叶韬的专用茶具，连他和叶子聪都没那荣幸能与其同喝一个茶壶里的水！在叶韬皱起眉头发脾气之前立即开口道：“还没请教阁下尊姓大名。”

“好说，在下行不更名坐不改姓，姓郝名光光是也。”郝光光说完舔了舔干涩的嘴唇，两眼饥渴地冲着装有热茶的紫砂壶冒狼光。

“郝光光？这名字可真贴切，你神手一出，别人立马‘光光’。”左沉舟调侃道。

“多谢夸奖。”郝光光一点儿不在意被人说，稍微有点不耐烦地催促道，“二位还有什么想问的立刻问了便是，只求问完后行个方便‘招待’杯茶喝。”

“那两张请帖呢？”左沉舟问。

“啊。”郝光光一听到这个问题立刻收回紧盯茶壶的视线，尴尬地笑了笑，硬着头皮回道，“在下不识字，不知上面写了什么，于是、于是就将它们丢了。”

“丢了？我叶氏山庄的东西是可以任你随意丢的？”这次接话的人是叶韬，他原本靠着椅背的背脊立刻前倾，望向郝光光的一双俊目布满了即可冻死人的寒冰。

“叶、叶、叶氏山庄？”郝光光瞪大眼睛。

“怎么，难道还有第二个叶氏山庄？”左沉舟气闷，对郝光光的无知既是怜悯又气愤，想他们叶氏山庄号称江湖第一大山庄，不仅在江湖上地位显赫，还垄断了北方大半的经济，江湖上谁人不知谁人不晓？连官府都不敢轻易招惹他们，结果这人来到这里好一会儿了还不知道这里是哪儿!

“真是北方那个天下第一大庄？不会吧，你们不在北方好好儿待着怎么跑南方来了？”郝光光受了惊吓，她及笄后郝大郎嘱咐她以后下山有两种人不要招惹，其一便是这叶氏山庄。

这个是江湖门派，但生意遍布五湖四海，庄内能人异士无数，门徒更是不知繁几，其当家人身份有些特殊，叶韬之母乃是刑部尚书的继室，种种原因使得叶氏山庄地位稳固如磐石，朝廷就算再忌惮它的财富和势力在毫无把握的情况下亦不敢轻易妄动其分毫。

江湖中人均不敢招惹叶氏山庄的人，连官府的人遇上叶氏山庄的人都能躲则躲，是以郝大郎千叮咛万嘱咐郝光光不要招惹上。

第二种人便是官府中人，这点郝大郎交代起来时更为严肃，官家大多都是吃人不吐骨头的，惹上他们跟惹上江湖中人都没有好结果。

其中最不能惹的就是左相魏家的人，命令郝光光见到魏家人立刻躲，不能结交更不能得罪，为何如此郝大郎支吾着回答说他年轻时偷了魏家的宝贝得罪了魏家，若得知郝光光是他的女儿，魏家人定不会给郝光光好果子吃的。

郝大郎嘱咐的话郝光光一直铭记在心，也时刻注意着，结果可好，她越是躲着什么越是躲不掉！

郝光光害怕了，“噌”的一下自座位上蹦下，三步并两步来到叶韬面前，苦着脸对着他弯腰做了个大揖道：“叶大庄主、叶大主上、叶大美男子，在下有眼不识泰山，眼睛绝对是被猪油糊住了，居然胆大包天地冲撞了您，实在是欠骂，欠骂得很啊！看在在下比猪聪明不了多少的分儿上，您就大人不计小人过，随便骂个几句出出气，就别跟在下这等笨蛋一般见识了吧？”

马屁拍到这份儿上了，叶韬的脸色还不见好转，郝光光更急了，不安更甚，她不知叶氏山庄究竟有多可怕，但郝大郎特地嘱咐过，想必是很可怕。

越想心中越没底，于是什么面子里子的通通不要了，厚着脸皮将能想到的一切肉麻的话语统统都拿出来讨好道：“在下还没断奶时就听说叶庄主您的大名了，当真是大名鼎鼎啊！如那个什么的贯耳朵。多年来最大的愿望便是目睹叶庄主的风采，一直苦无机会，谁想老天怜见，居然制造了这么一个机会将在下带到了庄主面前。

“今日一见果真是风采过人！见识了叶庄主的风姿、与叶庄主说过了话、坐过叶庄主名下的椅子，在下这辈子无憾了！感谢老天爷制造的这个机会，感谢叶庄主百忙之中还抽空来召见在下这等不起眼儿的人。

“相见便是有缘，有句戏词唱得好，叫作‘有缘千里来相会’。瞧瞧，我们一个来自北方一个来自南方，却神奇地相会了！这不是有缘又是什么？如此有缘的两人适合当朋友，不适合当仇人啦，叶庄主您觉得在下说得可对呢？”

“有缘千里来相会？”叶韬嘴角微抽，神色古怪地看着正拼命讨好的郝光光，“你觉得这个词用在我们身上合适？”

“合适！再合适不过了。”郝光光重重点头。

叶韬看向抚着额正偷笑不止的左沉舟，感慨了句：“没文化真可怕。”

左沉舟闻言噗地一笑，扫了眼正一脸纳闷儿的郝光光对叶韬说道："确实如此，不明内情之人听到此话怕以为你有断袖之癖？"

"少胡说！"叶韬瞥了幸灾乐祸的人一眼警告道。

郝光光一脸莫名地来回看表情不对劲的两个男人："怎么了？可是在下哪儿说得不妥？"

"没有问题，你继续拍你的马屁吧。"左沉舟忍笑回道。

虽然她的确是在拍马屁，可被人这么直白地说出来还让她怎么拍下去？郝光光一脸黑线，压下胸中翻腾着的恼火看向叶韬有气无力地道："不管你们如何想，总之小人悔过之心是诚的，敬畏庄主的心亦是诚的，偷了帖子是小人之过，为弥补贵庄的损失小人愿潜入王员外家偷两个帖子回来，不知庄主意下如何？"

现在郝光光已经不敢提叶子聪偷她钱袋在先的事情了，就算她觉得自己理亏也不能表现出来，总之不管谁对谁错，她都要在叶韬面前使劲儿懊悔认错。

"你觉得这是你偷回请帖就能解决的吗？帖子上都写有名号，丢了就是丢了。"叶韬毫不留情地打击道。

"请庄主给小人一个赎罪的机会。"郝光光弯着腰讨好地恳求道。

"想赎罪也不是没有办法……"叶韬放慢语速，一双俊眸意味不明地看着战战兢兢的郝光光。

"请庄主明言。"郝光光一听有戏，精神一振，做起揖来更带劲儿了。

"这个等叶某想好了再说。"叶韬说完后打了个响指，唤来人指着郝光光命令道，"将这位小哥带去偏院，命人尽快收拾间屋子出来。"

"是。"下人领命带着郝光光出去了。

两人走后，左沉舟望向像是在算计着什么的叶韬，轻笑淡讽地道："只是一个名不见经传的二愣子而已，就算偷功尚可，也不至于让你亲自召见吧？什么时候外人想见一面都没得见的庄主这么闲了？"

"我只是想瞧瞧能从一向自诩机敏过人的左护法身上偷东西的人有何过人之处而已，如今一见……不过尔尔。"叶韬将了一军回去。

"你。"被既不聪明又没原则的郝光光偷了东西一事对左沉舟来说是相当大的打击。

"你们都能'有缘千里来相会'了，我只是被偷个帖子而已，有什么大不了的。"左沉舟一想起这个就想笑。

叶韬扫了眼门口的方向，似笑非笑地看向左沉舟："王家小姐你也见过了，那般天人之貌配你也不算委屈了你，不如……”

“打住！”左沉舟吓得立刻跳起来，神色略微慌张地对表情有几分认真的叶韬说道，“主上您英明，不会罔顾属下的意愿强行婚配的。”

只有在这种时刻左沉舟才会称自己为属下，不敢和叶韬没大没小。

“不愿娶啊……”叶韬冲着左沉舟笑，笑得后者头皮直发麻。

“属下保证绝不再提那小子说的那句话！”左沉舟懊悔不已。

“那外面……”

“属下不仅不会在主上面前提这事，更不会对其他人提半句！”为了不被逼婚，他愿意妥协。

“好吧，我对自己人向来宽容，你不想，我不会勉强。”叶韬大度地对左沉舟微笑，自称又恢复成了“我”，说明他的气已经消了。

好看得能令女人心醉神迷的微笑看在左沉舟眼中就跟狐狸要偷鸡吃一样奸诈又可恶，只是就算心中鄙夷叶韬的卑鄙，表面上还要做出感恩戴德的模样对其抱拳赞一句：“主上英明。”

两人“尽释前嫌”后坐在一起商量正事，天色渐晚时左沉舟起身离去，在经过厅门时回头问：“你打算如何处置那小子？”

“已经很久没有人敢对我不敬了，我自然要好好儿‘招待’他。”叶韬半眯着眼阴沉沉地说道。

见状左沉舟突然同情起郝光光来了。

郝光光随着下人去了偏院，一路上看到她的人无不露出怪异表情，就在不知第几个人看着她抿嘴笑后终于忍不住了，问在前面带路的随从：“这位大哥，能否告知为何他们看到小弟后表情那么怪异？”

带路之人不苟言笑，话极少，冷淡地回句：“自己照下镜子。”

“照镜子？”郝光光闻言赶紧自包袱中取出巴掌大小的铜镜来，这一照差点气着她。

镜中之人小八字胡掉了一只，剩下的一只就一半粘在脸上，另一半随着她走动还一颤一颤的，再加上她因来到陌生环境眼睛瞪得溜圆，于是给人的感觉就像是一潜入敌军内部的虾兵蟹将，还是鬼鬼祟祟的嘴角长颗超大“媒婆痣”的那种。

闷声不响地将剩下的一只胡子摘下，郝光光对叶韬和左沉舟看了她半晌笑话却不提醒她的恶劣行为敢怒不敢言。

怪不得刚才在议事厅时那两人神色怪怪的，原来是在看她笑话！

偏院是下人随从们居住的地方，院落房屋的构造和屋内摆设比起正院来差很多，远不及那么富丽大气，但在郝光光看来仍然很好了，能及得上普通客栈的中上等房。

叶氏山庄有钱，就算这里并非“主窝”只是别院，依然很讲究，下人们的住处比其他地方的下人好了一倍不止。

郝光光被带到一间比较宽敞能住下三个人的屋子，该有的摆设全有，她能想得到叶韬让她住在下人的院落是想羞辱她，但他不知她从来就不是有钱人，荒郊野岭都住过，说句实话这里比她生活了十六年的家还要好些。

没有任何不满，郝光光老老实实地接受了这个安排，当有人将茶水和晚饭端上来时她更是满意了，茶是普通的陈茶，饭菜也是一般的素菜，就算如此对她这个又渴又饿的人来说根本不算什么了。

郝光光只要不出这个院子想做什么都没人管，院子里的人都各做各的事，没人理她，但只要她出门那些个视她如无物的人便立刻过来“请”她回屋子。

次日一早郝光光是被下人叫醒的，睡得迷迷糊糊的她只来得及匆匆穿戴完毕又简单梳洗了下便被带出了屋子，据说是少主要见她，闻言还带着几分困意的郝光光立刻清醒了，叶子聪要见她准没好事！

叶子聪住在东院，与叶韬和左沉舟住在同一个院子，郝光光走进是下人们居住的两倍大的院落，眼睛瞄了瞄没看到叶韬和左沉舟，心下为之一松。

叶子聪的房间是个大套间，卧室在里间。

刚走进外间，浓浓的食物香气便扑鼻而来，确切地说应该是糕点的香气。

那张方形红木桌上摆放的早餐其实很简单，就是一屉牛肉汤包、一碗粟米粥外加一小碗咸菜，只是糕点却有近十小碟，摆满了整张桌子。

叶子聪正一身华衣，姿态优雅地一口包子一口点心地独自享用着满桌子的餐点。

看到郝光光进来，叶子聪摆了摆手对屋内的下人说道：“你们先下去。”

“是。”布菜的丫鬟和领郝光光进来的下人都出去了。

郝光光的双眼在看到桌上面香气四溢的吃食后很没出息地挪不开了，对着满桌子花花绿绿的糕点猛咽口水，芙蓉糕、豆沙糕、椰子盏、鸳鸯卷、果酱金糕……还有几个没见过叫不出名字来的，本来不怎么饿的，结果一见这阵仗肚子里的馋虫立刻泛滥成灾。

叶子聪眼角余光瞄到了郝光光的馋样，嘴角得意地上扬，本来木然的俏脸儿立刻变得生机勃勃起来，拿起郝光光正眼冒狼光盯得正紧的金泥酥饼看了眼，放在唇边用舌头舔了两口：“真是好吃啊！”

这段时间叶子聪是被禁足的，且三餐的伙食比起以往要寡淡许多，左沉舟怕十来天下来小孩子受不了，于是便命人在瓜果点心上多下点心思，每日都要或做或买最少二十道上等点心给叶子聪吃，对此叶韬是默许的。

在一边馋得口水直冒的郝光光闻言立刻明白过来这小家伙是在馋她！她一个大人岂能被小不点儿馋了去！

郝光光收起一脸馋样，正了正表情，挺直腰板儿居高临下地睨着小金童似的叶子聪鄙夷地撇嘴道：“幼稚。”

“你说什么？”左子聪小脸儿微恼，上挑的眼角斜瞪过来，“小爷心情好想邀你一同品尝美食，既然你不稀罕那就算了，小爷自己吃。”

郝光光闻言立刻气得手直哆嗦，真不愧是父子俩，说出的话都是一个调调。

叶子聪慢条斯理地继续吃起来，可怜越来越饿的郝光光却只能站在一边干看着，看得到吃不着的感觉很痛苦。

想着小孩子都是需要哄的，叶子聪无非是想她求他，只是个小孩子，自己何必跟他一般见识呢？既然他想听好话，那她就假装顺从一下呗，小娃娃自小没娘也怪可怜的。

想通后郝光光原本皱着的一张脸立时舒展开来，大大方方地在叶子聪身旁坐下态度很温和地哄着闹脾气的叶子聪：“子聪宝贝别气了，我刚说的不是你。”

叶子聪鸡皮疙瘩瞬间冒出一片来，密密麻麻地布满全身，嫌弃地往后挪去，瞟着郝光光：“不是说小爷那在说谁？我爹爹吗？”

郝光光倒吸一口气，吓得连连摆手大声道：“没有没有，子聪不要乱猜。”

“你好像很怕我爹爹啊？”叶子聪在鄙视郝光光胆小的同时又隐隐有着几分以父为荣的骄傲。

“怕，当然怕。”郝光光不嫌丢人，诚实地直点头。

“为何怕？”

“叶庄主能力超群，威震四方，我自然怕。”郝光光见小家伙一脸得意的模样，想着将他哄高兴了应该会变得好说话，摸了摸正疯狂抗议着的肚子，故作清高地指指满满一桌子的餐点婉转地问，“这么多你一个人吃得完吗？”快请我帮你吃点儿吧……

“你很想吃吗？”叶子聪向着满桌子的糕点扬了扬下巴。

“想吃，不过主要是怕子聪宝贝吃不完浪费了。”郝光光故作深沉地道。

“哦——”叶子聪拉长了音恍然大悟道。

“就是这样。”郝光光一脸赞许地冲叶子聪微笑。

“真好，这个我吃不下你帮我吃掉吧，免得浪费掉。”叶子聪笑眯眯地将刚咬了两口，因被舔过而沾着华丽丽口水的金泥酥饼塞入了郝光光手中。

【第3章】小美男

大概是处在禁足期的叶子聪太过无聊，总之在第一次成功气倒郝光光后，接下来的两日每顿饭他必将郝光光唤来。

想吃？可以，吃他咬过吃过的吧！

郝光光虽自幼在山上长大，生活颇为俭朴，因没过过娇贵日子是以很多事都没那么多计较，比如睡在简陋的房屋，穿洗得褪了色的衣服等等都无妨，唯独受不了吃人口水，即便那些果子很诱人。

“这个蜜饯红果很好吃，你不尝一口？”叶子聪吃得眉开眼笑，不忘“让”一下郝光光。

此时方桌旁只有一个凳子，就是他坐着的这把，原本有的凳子都撤了出去，没椅子可坐只能站着的郝光光听而不闻，屏着呼吸不去闻食物的香气，眼睛看看这看看那唯独不去看桌上的东西，怕看了会移不开视线。

小小孩子明明没有多少食量，每次吃得也不多，偏偏就是一顿饭下来绝对要超半个时辰。

“小人身份低微，不敢妄图与少主您同享食物。”郝光光咬着牙将话一个字一个字地往外蹦，这满桌的好东西不让她看到没什么，看到了也不打紧，偏就有人故意在她饿肚子时一个劲儿地夸这好吃那个好酥脆可口的，纯粹找抽！

“随便你，这么多东西偏没你想吃的，真不知你都喜欢吃什么。”叶子聪小大人儿似的摇头直叹，仿佛郝光光是天下第一挑食的人。

那副摇头晃脑“数落小辈”的可恶模样令郝光光想抓狂，好在她已经被折腾得懒得给予任何回应了。

人饿得久了往往会饿过头，就算没有，在目睹叶子聪享受地吃这么一桌子美食后，回去面对差了无数档次的残羹冷炙还怎么有胃口？！

半个时辰过去，叶子聪快吃完了，郝光光被馋得面泛菜色。想着终于快熬到头时叶韬突然掀帘而进。

由于事先未经由下人禀报，他的突然出现令屋内两人均大感意外，连忙压下惊讶纷纷对之行礼问好。

“爹爹。”叶子聪滑下椅子规规矩矩地站好，小脸儿上满是敬畏和孺慕之情，哪还有折腾郝光光时那可恶欠揍的模样。

郝光光在叶子聪身后垂首站立，恨不能挖个坑将自己埋起来，连续几日没见过叶韬，突然见到她有点不适应。

叶韬一身锦缎黑袍，衣摆及袖口处绣着藏青色云纹，墨色长发用一根上等碧玉簪高高绾在脑后，脚踏一双镶嵌了无数米珠的宝蓝云如意纹短靴，整个人散发着华贵气质，单单往那一站就会给人一种上位者惯有的慑人风范。

与叶子聪极为相似却略胜一筹的漂亮凤眼在头快缩到胸前的郝光光身上轻轻一扫，最后落在正仰着头眼含崇拜望着他的叶子聪脸上，眉头轻皱低斥道："下人们说你每日用饭的时间加起来就近两个时辰，如此还想写得完一百遍悔过书？莫要以为这两日我不在你就能偷懒了，这几日你都未完成任务，日后统统补上，都补齐了才准出房门！"

叶子聪打了记哆嗦，立刻低下头，闷声道："爹爹别生气，子聪知道错了。"

叶韬还想再训斥几句，只是看到儿子低着头又委屈又害怕的模样到嘴边的话又咽了回去，黑眸盯着叶子聪低垂的头顶看了一会儿后威胁道："禁足期过了后会有新的教习先生来，若再将先生气跑就不只是禁足禁口腹欲那么简单了！"

叶韬最后瞥了眼睫毛微颤的叶子聪，沉着脸抛下两个大气都不敢喘一口的人甩袖背手出了房间。

叶韬离开后郝光光呼出一大口气，拍了拍因紧张而狂跳的心口，暗自庆幸着对方将她当成了大白菜视而不见。

叶子聪还维持着原先的动作，仿佛入定了般。

"少、少主？"郝光光见站在前头的小人儿一直不动弹，不怕死地上前在他后背上轻轻一捅、再捅……

"你做什么？！"叶子聪倏地转过身，通红泛着水汽的双眼凝聚着风暴瞪向郝光光。

郝光光吓了一跳，讪笑着道："小人还以为少主你睡着了。"

"哪有人站着睡觉的？无知！"在父亲那受了委屈的叶子聪铆足劲儿像个炮筒子似的冲郝光光发脾气。

"有，我老爹就会站着睡觉！"郝光光不服地反驳道。

叶子聪狠狠剜了几眼敢顶撞他的郝光光，翻腾的怒火在眼角余光扫到郝光光腰间挂着的旧钱袋时忽地消失了，垂眸偷偷艳羡地瞄着曾被他偷走的钱袋，不甚自在地问："你、你爹爹凶不凶？"

被人问起老爹的事，郝光光顿时两眼放光，忘了自己阶下囚的身份，对着"主子"口若悬河地夸起郝大郎的各种好来。

“我爹爹啊是个大好人，不仅对我和我娘好，对邻居也很好，爹爹虽然粗心，但很少让我饿着冻着，连句重话都舍不得对我说一句，还经常在我喊无聊时抱着我下山去好玩的地方哄我……”

因为回忆郝光光抛开了身上的枷锁，当叶子聪只是普通的路人，所以她不再自称“小人”，最初在叶子聪极力掩饰的羡慕眼神下她是一脸骄傲且喜悦地谈论着郝大郎，只是说着说着笑容渐渐消失了，眼中不由得泛起水雾来。

郝大郎刚过世两个月，与他相依为命多年的郝光光自是难过不舍，可是知道郝大郎死后就与郝大娘相聚了，对他来说是好事。就为了这点她才很少去想他已死的事，怕自己忍不住哭起来令在天上团聚的爹娘担心。

下山这一个月来，郝光光就没与人谈过心，每次都是深夜偷偷思念郝大郎，现在对着叶子聪说起亡父的好，一直压抑在心底的难过与思念立时决堤，眼泪不受控制“哗”的一下流了下来。

“你、你怎么哭了？”叶子聪忘了自己之前还差点儿要哭的事，讶然地望着说哭就哭的郝光光。

“我想、想我老爹了。”郝光光不知道自己怎么就失态地当着叶子聪的面掉泪了，连忙用手擦眼泪，无奈眼泪像是断了线的珠子似的根本就擦不完。

“想他就回家看他啊。”叶子聪一脸莫名地说道。

“他……不在了。”说完后面那极难出口的三个字，郝光光再也忍不住低下头跑了出去。

叶子聪呆呆地望着奔出去的郝光光，出奇地没有觉得自己被无视了而发脾气，反而神奇地觉得这样的郝光光好像不那么可恨了……

不顾他人打量的目光，郝光光回房锁上房门趴在床上尽兴地大哭了一场，哭得昏天暗地，最后导致双目红肿嗓子干哑，等终于将压抑在胸中的悲痛与怀念发泄出去后，她的一张脸已经恐怖得见不得人了。

晚上用饭时叶子聪反常地没命人来唤郝光光，如此正合她意，顶着一双比金鱼好不了多少的又肿又红的眼，没什么胃口地扒拉了几口饭菜就睡下了。

大哭过后的郝光光身心俱疲，睡得极沉。

眼睛因没有及时用冰块等物消肿，第二日清晨一起来郝光光便觉得眼睛极其酸涩，一照镜子发现眼睛似乎更肿了，眼中泛有一点点红丝，昨日绝对是她有史以来哭得最厉害的一次，所以过了一宿眼睛都没好。

“主上要你过去。”郝光光刚洗漱完，就被一名随从带去见叶韬。

叶韬起得较早，已经用过饭，正拿着一封信件在看，郝光光进来时正好看完，信纸被修长大手攥成一团，一运功立时化为碎末。

郝光光看得两眼发直，按说这一手功夫不算多高深，但她不会，所以就觉得会的人了不起。

“你，回去换身衣裳好好儿装扮一番，巳时随我出门。”叶韬望着眼睛能媲美金鱼的郝光光忍不住直皱眉。

“哦、哦。”郝光光愣愣地点头应道，一时有点反应不过来。

“记着，我们去了王家后你自称是我远房表弟，最近刚投奔过来的。”

“小人明白。”郝光光下意识地点头哈腰。

“嗯？”叶韬暗含威胁的双目立时瞟过来。

郝光光这时脑子突然灵光了，立刻会意，挺直腰板大声道：“表弟明白！”

“嗯，还有一点你必须记住。”叶韬一脸严肃地沉声说道。

“庄……表哥请说。”郝光光集中精神听命。

“王家千金芳名远播，正所谓好色误事，你若有幸得见切记不得出丑，可记下了？”

“表哥放心，那王家千金就算美得有如天仙下凡表弟也不会动心的！”这点郝光光自信十足，让她对女人动心比要叶韬跪在地上舔她脚指头还不可能。

叶韬嗤笑，不以为然地道：“希望你能说到做到。”

“一定能做到！”郝光光再次挺直腰板儿，双目泛光地直视着叶韬，对于去王家一事她是抱着期待的，想着自己这几日表现良好，又被他儿子欺负得辛苦，说不定他老人家一高兴自王家回来后就放她走了呢。

叶韬看了眼郝光光红肿的双眼微微皱眉，对一旁的下人道：“带他下去梳洗，拿冰块儿给他敷眼。”

郝光光回去的路上心情一直激动着，因自幼生活的环境所致，思想一向不复杂的她总觉得做错了事，在对方处罚完消了气后就没事了，是以她认为叶韬带她去王家办完事后就会让她走了。

因马上就解脱了而喜悦非常的郝光光，若知道了叶韬要她打扮得英俊潇洒地去王家的目的，怕是会立刻哭出来……

叶韬的到来令王家上下很重视，年过五旬体型发福的王员外更是挺着吃得溜圆的大肚子笑面佛似的亲自出来迎接。

能让向来自视甚高的王员外亲自出门迎接的贵客并不多，财大势大的叶韬自然是家中财政出了问题的王员外着重巴结讨好的对象。

“叶庄主大驾光临，真是令敝舍蓬荜生辉啊。”王员外冲着步下马车的叶韬抱拳说道。

王员外身后站着他的几个儿子还有管家，纷纷与叶韬和他带来的人问好，彼此客套了一番后一起进门向待客的正厅行去。

路上很多人都在不着边际地打量郝光光，对于这个突然冒出来的自称是叶韬远房表弟的俊秀男子感到好奇。

郝光光与叶韬同乘一辆马车，紧随其后下了马车，她穿着一身合身的新衣，从里到外都是绫罗绸缎，比她先前在成衣铺里买的衣服不知要好上多少倍。

迈着悠闲从容的步伐跟在叶韬身侧，郝光光穿着一件雅致洁净的白色衣袍，腰系玉带，头上别着一支好看的上等羊脂玉发簪，手持一把象牙折扇，端的是一个富家公子哥儿的打扮，潇洒俊雅，一双杏眼含笑，目光纯净，秀眉微扬，唇红齿白的模样让人看了就忍不住心生好感。

所谓人靠衣裳马靠鞍，郝光光这身打扮站在身穿冰蓝上好丝绸、五官深刻如雕刻出来般俊美的叶韬身旁并不逊色多少，根本不会成为被人忽视的陪衬。

一个俊得凌人，一个秀得雅致，一冷淡一温和，两人站在一起的画面竟是出奇地和谐养眼。

“郝兄弟可是南方人士？”王员外的长子在巴结讨好叶韬无果后，顶着身后弟弟们嗤笑的目光暗恼地改向与郝光光说话，企图缓解一下尴尬。

“嗯，在下生在南方。”郝光光点头应道，晓得对方的尴尬，她好心地将语气放得很平和。

她的身高在女人中算是高挑的，比普通闺阁中女子要高出半个头，只是站在高大的叶韬身边身材便显得矮小了许多，比他矮多半头。

身材比一般女子显高令她穿起男装得以以假乱真，生长在南方的男子比起北方男人来本就秀气瘦小些，而且南方水土养人，很多男子的脸都很白净，而郝光光在山上长大，自小随性惯了，半点淑女气质都无，穿男装比穿女装还要自在习惯得多。

声音清脆，缺了几分温婉柔和，是以只要说话时稍稍压低一下嗓音，听起来就像是处于变声期的少年一般，又因鲜少与人有过多接触，是以郝光光自下山以来倒无人怀疑她的性别。

“郝兄弟不愧是叶庄主的表弟，今日一见但觉风采过人，羡煞吾等啊！”王大公子边说边拿眼角瞟叶韬，这句话明着是夸郝光光，实则暗捧叶韬。

原本被夸得想谦虚几句的郝光光辨过味儿来后瞬间就什么想法都没了，自进门以来听来的赞美都是看着叶韬的面子，若没有叶韬是她“表哥”这层关系存在，估计都没人愿意多看她一眼。

“还有两日便是小女的选夫大会，到时叶庄主和左护法一定要来捧场啊。”几人入座客套了一番后，王员外看着叶韬提起了正事。

郝光光闻言不由得缩了缩脖子，偷偷瞄了叶韬一眼，帖子都没了还怎么参加呢？

叶韬拿眼角扫了某个心虚得不行的人一眼，嘴角淡淡一扬道：“令爱才貌无双，慕名而来者不计其数，叶某亦不例外。王员外放心，叶某那日定来赴会。”

“如此甚好，甚好。”王员外闻言满意地直咧嘴，笑得肚子上的肥肉一颤一颤的。

将王员外和他四个儿子掩饰得并不高明的得意尽收于眼底，叶韬借由吃茶的动作垂眸掩住眼中的讥讽。

“听闻后日新科武状元也会来？”喝了口味道不甚满意的茶，叶韬轻轻皱了皱眉，放下茶杯问道。

被问及此事，王员外大为得意，毫不掩饰眼中的喜悦，好在没被得意冲昏头脑，知道目前有事有求于叶韬，于是带着奉承回答道：“叶庄主消息果然灵通，魏状元昨日命人递来名帖，称后日会抽空过来瞧瞧。”

“没想到选婿大会引来这么多的青年才俊，怕到时王员外得选花了眼。”

“哪里哪里，其实论才智谋略又有谁能及得过叶庄主之万一？”王员外一反先前的拘谨，以着丈人看女婿的眼光看着叶韬。

叶韬笑笑，望了眼坐得笔直一点不敢乱动的郝光光对王员外道：“不知那日叶某可否将表弟一起带来？”

“无妨，叶庄主的表弟又不是外人。”王员外答应得很痛快，“爱屋及乌”之下望向郝光光的眼神也是和善的。

“还不快向王员外道谢。”叶韬对正一脸状况外的郝光光命令道。

郝光光闻言连忙对着王员外感激地抱拳：“多谢王员外。”

该客套的话都说完了，有些事不宜当众提，看了眼敛眸喝茶的叶韬，王员外连忙给长子使了记眼色。

王大公子会意，起身颇为热情地对郝光光说道：“在下前些时日购了只八哥，聪明得紧，郝兄弟要不要随在下一起去看看？”

郝光光目带询问地看向叶韬，见他点头应允后站起身回道：“那就有劳王兄了。”

于是郝光光被王家四位公子带着出去了，王员外与叶韬随后去了书房谈事。

王家很大，院落多，郝光光随着四兄弟七绕八绕的，凉亭假山经过好几处，走了有一阵子终于来到一处种满月季花的小花园里，不远处有个湖，这里的景色不错，王家四兄弟带着郝光光去一旁的亭子歇脚，坐在亭内不仅可以赏花还能赏湖。

“去将八哥带来。”众人刚一落座，王大便命下人去提八哥。

“郝兄弟与叶家有何渊源？”老二沉不住气，见郝光光年纪小看起来又不像是有心眼儿的，于是也不怕唐突直接将疑问问出。

这点另外三人也想知道，趁叶韬不在，正好可以好好儿询问一番。

“郝家与叶家是远房亲戚，先祖母与在下表哥的祖父是表兄妹，两家因离得过远鲜少有联系，在下不幸家道中落，走投无路之下便来投奔表哥。”郝光光将来时叶韬教给她的说辞原封不动地背了一遍。

“哦，原来如此。”闻言，四兄弟失望地互望了一眼，原来郝光光是个无家可归的穷光蛋。

知道郝光光没靠山，四兄弟便歇了要结交的心思，将精力放在套话上，询问的话题全围绕在叶韬身上打转，结果郝光光愣头愣脑的，一问三不知，而且知道得居然比他们还要少。

最后很神奇地角色逆转，成了郝光光不停地追问起他们关于叶韬的事，气得几人直跳脚。

王家兄弟算是明白了，这郝光光一点用处都无，四人笑得都有些勉强，家世不好便不需结交，关于叶韬的事他这个刚来投奔没几日的人什么都不知道，这不行那也不行，传个话总行了吧？

于是四兄弟改变了策略，为了借由郝光光之口传递他们妹妹的各种好，开始你一言我一语地夸起妹妹来，将她夸得天上有地上无，美若天仙、多才多艺、性子又好，总之就是好得半点缺点没有，全天下没有能比得过他们妹妹的女人！

郝光光最爱听人吹牛了，因为郝大郎在世时一高兴就常拉着她吹牛，看着面前“口水与沙尘齐飞”吹得天花乱坠、风云为之变色的四人，就仿佛郝大郎活了过来在对她吹当年他的英雄事迹一般。

郝光光眼睛睁得溜圆，聆听得兴致甚浓，眼中的喜悦像是要溢出来，真真是个能令吹牛者虚荣心得到极大的满足的最佳听众。

王家四兄弟见听众这般捧场，心中怨念稍减，吹起来更加带劲儿了。

不知过了多久，话说得过多四人都口干舌燥起来，停下来捧着茶水猛喝。

提上来有一会儿的八哥见主人们不说了，终于轮到它表现了，于是抖动了几下黑亮的羽毛，仰头口齿不甚清楚地嚷嚷道："妹妹美，妹妹美。"

八哥很聪明，简单的一句话听得次数多了自然而然就学会了，而方才它听得最多的一句话就是"妹妹美"。

郝光光被口齿不清、语调怪异的八哥逗得前仰后合，一边轻轻戳鸟笼子逗鸟一边对四兄弟说道："在下不明白，令妹就算再美，难道那些青年才俊就没见过美人了？怎的四面八方的男人都巴巴地跑来参加选婿大会呢？"

"这你就不知道了吧？舍妹才貌与家世均为上乘这自是不用说的，那些位高权重之人见过的美人虽然不少，但她们手中可没有练武之人梦寐以求的'甲子草'，再美又有何用？那武状元大概便是听说了舍妹手中有'甲子草'……"吹牛吹得都快忘了自己是谁的王家老四得意扬扬地将"内幕"曝了出来。

"老四！"老大铁青着脸瞪过去，将刚一说完就后悔了的老四吓得一激灵。

参加选婿大会的人并非全是冲着他们妹妹的家世和美貌而来，主要是为了什么大家都心知肚明，虽是如此，但这般被自家人当笑话似的抖搂出来也未免太丢人了些。

"甲子草是什么？"郝光光奇怪地问。

"没什么。"老大明显不想谈，为防郝光光再问他立刻转移了话题，说起武状元的事。

连本年度最具盛名的新科武状元都要来，不管他是出于何种原因都令王家上下感到荣耀！

四兄弟提起武状元又来劲儿了，拿出刚刚夸他们妹妹的劲头夸起他来，仿佛武状元已经是他们王家人了一样与有荣焉。

郝光光对武状元是谁并无太大兴趣，一边听着一边逗八哥玩儿，他们说什么她没太注意听，只是耳朵很敏感地抓住了几个字眼，"魏"和"左相"。

"你们说的武状元姓什么？"郝光光猛地抬头。

"姓魏。"老大像看怪物似的看着郝光光，忍不住抱怨道，"你怎的什么都不知道？叶庄主的事不清楚，新科武状元的事也不知道，你究竟都知道些什么？”

郝光光不理会对方的鄙视，提着心紧张地追问道：“武状元与左相一家是何关系？”

不仅老大，另外三个也纷纷对郝光光鄙视起来，老三摇头道：“若非你长得细皮嫩肉的，又衣着光鲜，我们都要以为你是哪个犄角旮旯里长大的土包子了。”

她本来就是山上来的，被看成是土包子又如何？郝光光根本不在意，执意要得到答案，但对方很不合作，一个个都懒得回答这么“无知”的问题。

问不出答案，郝光光泄气了，想着一会儿问别人去，心底逐渐涌出不安来，应该没那么巧吧？揣着心事双手无意识地捧起茶杯喝起茶来。

谁想就在这时老大突然开口了，叹道：“真难想象你居然会与叶庄主是表兄弟，你……算了，就告诉你吧，新科武状元就是左相左大人的嫡长孙。”

姓魏……左相嫡长孙……

郝光光像是见鬼了一样眼睛瞪得溜圆，郝大郎生前千叮咛万嘱咐的话还很清晰地记在心头。

忽地，脑中闪过在正厅里叶韬说的那句后日要带她一起来的话。

“噗”的一下，含在嘴里没来得及下咽的茶水全喷了出去，正好喷在面前与她大眼瞪小眼的八哥身上。

被浇了一身茶的八哥傻住了，呆了呆，随后猛烈地扑腾着湿淋淋的翅膀，将羽毛上的茶珠子抖落得四处乱飞，亭内五人无一幸免。

没察觉到自己惹了祸的八哥抖完了羽毛后利落地转过身，面向正黑着脸拿袖子擦脸上茶珠子的王家老大，委屈地张开嘴叽叽喳喳地用鸟语告起状来。

从王家出来时，郝光光手里多了个鸟笼子，笼子里有只蔫头耷脑被主人抛弃了的八哥。

郝光光的心情没比八哥好哪里去，来时神清气爽，回去时委靡不振，直到上了马车眉头都没舒展开，苦着一张脸想说什么又不敢说，典型受气媳妇儿的可怜样。

马车很宽敞，两人一人一边都能离得很远，郝光光前后情绪反差过大，叶韬想忽视都难，打量了几眼脸皱得快成花卷的郝光光，又瞟了眼无力地趴在鸟笼里用翅膀盖住脑袋假装鸵鸟的八哥，一人一鸟无精打采的状态出奇像。

“做什么跟要死了一样？”叶韬不悦道。

郝光光垮着脸要哭不哭地看向叶韬，咬了咬牙壮起胆子问："表哥是想要我做什么？什么时候能放我离开？"

叶韬闻言眼一冷："你这是在与谁说话？"

郝光光不由得瑟缩了一下，脸重新皱起来，暗叹自己倒霉透顶，只是偷个帖子而已，结果害得自己跟个下人似的毫无人身自由，这种龟孙子似的生活何时是个头啊！

马车稳稳地向前行驶，郝光光暗自恼火了一路，最后实在憋得不行，望向正合着眼小憩的男人，舔了舔因紧张而显干涩的嘴唇小心翼翼地以商量的语气问："表、表哥，能否求您一件事？"

"讲。"

"后日我不去王家成吗？"声音有点小，是怕激怒了某人。

叶韬这次倒是没生气，没点头也没摇头，淡淡地道："理由。"

"我、我怕遇到某些人。"郝光光支支吾吾地道。

"哦？那日会有你认识的人？"不能怪叶韬看不起人，实在是郝光光这样的……纯真之人不像有这等本事能与大人物有所牵扯，这么想时他倒是忽略了不是"小人物"的自己。

"有。"郝光光不想具体说出来，低下头看向还没从被主人抛弃的打击中缓过神来的八哥。

"有不想见的到时躲着便是，有你'表哥'在，谁敢寻你不痛快？"叶韬如此说等于承诺那日会当郝光光的靠山，另一个含义便是提醒郝光光不要再有异议。

"我还是……"

"嗯？"叶韬不悦地皱起俊挺的眉，居然有人怀疑他的能力！

长时间被压迫的人总会有点反抗情绪的，被狼盯上时眼看又会碰到食人虎，左右都危险，倒不如破罐子破摔，是死是活好歹给个痛快。

如此一想郝光光的勇气顿时恢复了大半，挺直腰板儿不惧地望向重新闭上眼的叶韬，不怕死地大声抗议："我不去！就偷了你两个帖子又没杀人放火，凭什么将我当奴隶使唤？！"

马车外的随从与侍卫闻言无不为郝光光捏把冷汗，上个敢这么对主上说话的人尸体都不知进了哪只飞禽走兽的嘴里。

叶韬倏地睁开眼，浓黑如墨的双眼宛如冰刀般冷冷地射向在强装镇定实则在害怕得心直颤的郝光光："你觉得自己有资格与叶某谈条件？"

“我、我是人，不是奴隶！”郝光光被叶韬的眼神吓到，下意识地别开眼，随后又强迫自己鼓起勇气与他对视，掩在袖口中的双手因紧张攥得死紧。

叶韬微微诧异地挑了挑眉，在被郝光光惹怒的同时又因她超人的勇气感到些微欣赏，压下被忤逆的怒火淡声道：“你需得还我一样东西当作补偿，只要你能做到我自会放你离开。”

“还什么东西？”郝光光一听离开有戏眉头松开稍许。

“这个回去再谈。”叶韬说完闭起眼，拒绝再谈的意思甚为明显。

郝光光不满地白了叶韬一眼，她不知自己要“还”什么才行，总之直觉告诉她这个要还的东西没那么轻易弄到手。

“将这只八哥带回去给子聪。”叶韬看了眼有些怕他的小八哥开口说道。

郝光光愤怒地抬眼：“这是送给我的！”

“若你不是叶某‘表弟’，他会送你东西？”

“那也是你要我帮你做事，你有求我在先！”郝光光脱口便将不满说了出去，一说就后悔了，立刻缩起脖子，学着刚刚八哥的动作当自己不存在。

叶韬眼里逐渐涌起风暴，沉声喝道：“停车。”

“主上。”马车立刻停住。

“将‘表少爷’扔下去。”

“是。”

“不要，我自己滚下去。”郝光光躲开随从伸过来的粗厚大掌，提着鸟笼跳下马车。

“八哥留下，你自己走回去。”

话音一落，鸟笼立刻被抢下放进了马车内，郝光光气得瞪向抢八哥的随从。

叶韬无视浑身怒气的郝光光，冲着马车外暗卫在的方向说了句：“狼星、狼月跟着，‘表少爷’若敢有异动……打昏拖走！”

“是。”众人看不到的方向传来两个人应答的声音。

郝光光心中刚涌起的窃喜立刻被一桶冷水浇灭。

“走。”叶韬放下车帘。

没多会儿，马车便迅速驶离了视线。

这里离别庄还有一段很长的距离，郝光光欲哭无泪，暗怪自己怎么就沉不住气瞎顶什么嘴？这下好了，放着舒服宽敞的马车不坐要徒步走回去。

“王八蛋、黑心鬼、死变态、臭屎沟……”郝光光一边走一边咒骂，路上的行人见状以为遇到了疯子，纷纷躲着她走。

骂得正欢时左边屁股突然被一颗小石子击中，疼得郝光光立刻跳起来，回过头破口大骂："哪个瞎眼睛的浑蛋敢偷袭小爷?！"

瞪着眼在四周均莫名其妙看着她的行人中搜寻了一圈，最后郝光光确定打她的人是听不得她骂叶韬的狼星、狼月之一，忍不住揉了揉被打得麻痛的屁股，一边揉一边龇牙咧嘴地直呼。

大街上揉屁股的举动太下作，路人纷纷露出鄙夷的神情。

郝光光感觉到了来自四面八方的注目，不情愿地放下手，暗骂对方下手真狠，那里疼得她走路都难受。

忍着继续揉屁股的举动，郝光光一脚深一脚浅地慢慢往前走，走得稍微快点屁股处就尖锐地疼。

"祖奶奶的，主子欺负人，奴才也欺负人，躲在暗处下黑手的王八蛋、狗奴才，小心偷袭手上会长脓包！"郝光光不敢当着叶韬的面骂，不代表她也不敢骂欺负她的其他人。

啪的一下，郝光光另外一边屁股也被石子击中。

"哎哟。"郝光光趔趄了一下，这次偷袭之人是下了狠力，她疼得眼泪都冒出来了，死死咬住牙忍住再度破口大骂的冲动。

虎落平阳被狗欺！想她郝光光在山上时可是众星捧月的宝贝疙瘩，来到这里就成了任人欺凌的可怜虫！

一瘸一拐的，郝光光走得比两岁孩童还慢，等她终于回到别庄时天已经黑了。

本来以为这一路就够憋屈的了，谁想这还不是最过分的，回房后没扒拉几口饭，肿痛的屁股还没来得及上药便被叶韬叫了去。

听到叶韬交代她后日要做的事后，气得差点晕过去，瞪着悠闲自在的叶韬，理智顿失，不怕死的勇气又回来了，愤怒嚷道："要我娶王家小姐?！滚回被窝做你的春秋大梦去吧！"

从来没有人敢在叶韬面前这么无礼过！威严被践踏，尤其还当着刚办事归来的左沉舟的面，无异于火上浇油。

叶韬原本平静的俊脸顿时罩了一层寒霜，黑眸微眯，用比寒冬腊月还要冷上三分的声音极其缓慢地说道："你说什么?"

被那双如被激怒的老虎般危险的眼睛一扫，郝光光只觉一股寒气陡地从脚底板蹿至脑瓜顶，双腿不自觉地发起抖来，但怕归怕，怒却更甚。

“要我娶王家小姐？！滚回被窝做你的春秋大梦去吧！”郝光光强压下害怕一字不差地重复了一遍，用比叶韬更为恼怒的眼神与其对视，双拳悄悄背至身后攥紧，双腿紧贴在一起以防颤抖得太明显泄了底儿。

“很好，很好。”叶韬嘴角一扯，突然笑了。

郝光光头皮直发麻，他这个时候笑比发火还恐怖。

“来人，将‘表少爷’押去地牢，没我的允许不许给饭给水！”叶韬冷冷地望着惊惧交加的郝光光对外命令道。

语毕，立刻便有两名侍卫自外面走进，二话不说一边一个扯住郝光光的肩膀就往外拉。

“放手！”郝光光不愿意被男人碰触到身体，使了个泥鳅功自没防备的两人手中挣脱开来，退开几步怒视叶韬大声道，“我不能娶妻，我是女……”

“带下去！”叶韬打断了郝光光的话。

两名侍卫这下不敢再松懈，很有默契地从两个方向冲上前将郝光光制住，一个用力地抓住郝光光的双手手腕，一个掏出手铐咔嚓一声将她两只手铐在了一起，这下除非是会那只存在于传说中的缩骨功，否则别想逃脱。

“你们这是做什么？我又不是犯人！”郝光光用力晃着纹丝不动锁在她手腕上的东西，此时光用“恼火”一词已不能足以形容她此时暴烈狂怒的心情，抬脚便向铐住她双手的侍卫胯下踹去。

侍卫侧身躲过攻击，退后一步道：“到了地牢自会给你打开。”

“姓叶的，我根本就无法娶妻，因为我本身就是个……”郝光光还没说完便被侍卫用充满了汗臭味的手帕塞住嘴拖了出去。

手铐是铁的，侍卫因怕郝光光再说出不敬的话气到叶韬，是以拉扯的力道极大。

郝光光的一双手腕被磨破了皮，屁股上的疼还没消去，腕上又添新伤，郝光光怎么说也是自小被郝大郎捧在手心里长大的，短短时间内接连“受伤”，细皮嫩肉的她疼得眼泪都冒出来了。

“呜呜呜。”郝光光控诉地瞪着拖着她的两人，帕子上的汗臭味布满了整个口腔，被硬拉着快走的郝光光胃部翻腾得厉害，最后忍不住低头吐起来，正好秽物将臭帕子顶了出来。

“你！”手帕的主人见帕子上面布满了白白黄黄的黏稠物顿时黑了脸，松开手退离一步斥道，“多事。”

吐完了舒服了许多，郝光光把嘴里残留的酸臭物啐掉后瞪向两名侍卫，将在叶韬面前一直没机会说的话说了出来："我是女人，没法子娶妻！"

居然连自己"不是男人"这种荒废离谱的话都敢说，两人纷纷摇头，鄙夷地看着认真到不行的郝光光，为达目的连脸都不要了，有够无耻！再下去是不是该说自己连"人"都不是了？

"真当自己是块宝啊？要财没财要势没势的臭小子哪家好姑娘愿意跟你？主上开恩帮你娶富家千金那是你祖上积德！别一副自己受了多大污辱的模样，难看！"手帕被"毁"的侍卫刻薄地说道。

"你们不信？"郝光光瞪大眼睛，看看这个又看看那个，神情颇受打击。

"鬼才信你。"两人不耐烦地瞪了还想继续"骗人"的郝光光一眼，扯着手铐一端继续向地牢走去。

"喂，我真的是女人，不信你喊个丫头过来给我验明正身！"

郝光光眼中极正常也最具效用的方法听在别人耳中立刻就变了味儿，侍卫脸色更臭了，怒道："有'需要'就去花楼找小姐，少辱了叶氏山庄的姑娘们！"

"你、你、你这只蠢驴！"郝光光气得话都说不利落了，她看起来像是发情的人吗？

这次两名侍卫都抿紧了嘴不再理会郝光光，将咒骂不休的郝光光一路带去了位于宅子最后面的地牢。

头顶上的方砖重新盖上后，地牢里立即漆黑一片。

郝光光站在潮湿且泛着阵阵恶臭的地牢里，翻腾的怒火久久不休。

"为了一根草逼迫人娶妻就是'施恩'，不接受就是'不识抬举'，什么世道！我一介女流娶什么妻？有本事姓叶的你去嫁个男人试试！"郝光光抬头冲上面吼道，一脚将爬到脚背上又肥又大的老鼠踢飞出去，这一踢屁股上立刻如针扎似的疼起来。

赶紧自怀中摸出一小瓶药酒，打开瓶盖儿给臀部和手腕抹起药来。

上完药，眼睛逐渐适应了黑暗，隐隐看到角落处有一堆泛潮的草，上面有件不知被哪个倒霉鬼丢下的沾了血的脏外衫。

郝光光四处打量了下，这一看可好，还没消去的怒火腾地又蹿高了好几丈。

不下十只的肥大老鼠正在各处"溜达"，走着走着突然顿住，随后四处逃窜。

只见一条茶杯口粗大的黑蛇突然出现，吐着芯子蜿蜒着向它眼中肥美的食物快速爬去……

“逼郝光光去娶王家千金是否有点说不过去？”一日过去，叶韬的脸色不那么阴沉时左沉舟过来寻他提起此事。

“怎么，难道你想娶？”叶韬抬眼看向左沉舟。

“你就别吓我了。”左沉舟苦笑，因为他们都不想娶，所以叶韬才将脑筋动到长得俊俏、稍一打扮就像是好人家出身的郝光光身上。

匆匆几次碰面，左沉舟觉得郝光光是个有点矛盾的人，说她没文化吧但却并不显粗俗愚鄙，偶然的一个表情转变或举手投足间居然会流露出一星半点的贵气。敢一而再地顶撞惹怒叶韬，如此作为明明是胆大的表现，但偏偏一恐吓他便立刻窝囊得浑身直颤。

大概便是郝光光不同于寻常野夫的干净气质令叶韬将主意打到了他身上，不得不说叶韬还真是将人压榨得彻底，连人家的终身大事都算计上了。

“收起你的同情心。”叶韬沉声警告道。

左沉舟自然不会傻到为了一个无关紧要的人与叶韬起争执，换了个问题问：“听下人说他在地牢里滴水未进，既然要带他参加明日的大会，就早点将他放出来吧，你也不想明日带着个脸色泛青的‘鬼’去吓人吧？”

叶韬闻言看了眼外面还未完全落山的太阳，冷哼道：“不急，总得让他长点记性。”

“那郝光光唯一还能拿得出手的就只有那张还算不难看的脸，若是不小心睡着了被老鼠咬得破了相，又或是被蛇咬伤了那可如何是……”说得正欢的左沉舟被叶韬瞪得摸了摸鼻子，不敢再说下去了。

“破了相也要娶，那王员外要的只是足够周转家族危机的银子，最后女儿嫁谁还得他这个当老子的说了算。总之那甲子草我们势在必得，子聪的未来可就在这根草上！”叶韬望着左沉舟一脸严肃地说道。

左沉舟闻言点头，为了叶子聪，那点点的愧疚又算得了什么？

甲子草百年难得一见，乃练武之人梦寐以求的宝物，可以增加一甲子的内力，叶韬这么迫切地想得到它无非是为了头脑很聪明但却非练武之材的叶子聪。

叶子聪练功进展极慢，普通人练一日就会的招式他要练上三四日都未必能学会，并非他笨，而是筋骨欠佳的问题，若有了甲子草就算不能立刻拥有一甲子的内力，但起码能改善一下他的练功体质。

天色大黑之时叶韬才不紧不慢地命人去带郝光光。

已超过十二个时辰没吃过一口饭未喝过一口水的郝光光被带出来时走路是飘的，脸发青眼发直，一身新衣已经皱得不成样子，头发杂乱，跟鬼一样吓人。

那条黑蛇已被她弄死，但老鼠太多她杀不完，怕睡着了被老鼠咬，根本不敢闭眼，防了一夜的老鼠现在又饿又渴还困，别说骂人了，大口喘气她都嫌累得慌。

回房后闻到香喷喷的饭菜味道，郝光光发直的双眼立刻灵活了起来，扑到桌子旁开始大口吃喝起来，这一餐居然不是粗茶淡饭，两肉两素还有新蒸出来的白米饭，好吃得令她好几次都噎到了。

知道因为明日自己有“任务”，所以叶韬才格外开恩地“赏”饿了一天一夜的她一顿好饭。

吃饱喝足后又洗了个舒舒服服的澡，累极了的郝光光困得眼睛再也睁不开倒在床上就睡，将寻叶韬说自己是女人的事给忘了。

天亮时郝光光被叫醒，送衣服来的是个娇俏丫鬟。

拿过衣服郝光光拉住要离开的丫鬟道：“你别走，我这就脱衣服，你看看我是男是……”

“你、你……啊……流氓啊！”见郝光光解衣服，小丫鬟吓得大叫着跑了出去。

郝光光脱衣服的动作僵住，她真的看起来很像处在发情期的人吗？怎么一个个地都往歪了想。

“主上已经在催了，你还有心情调戏丫鬟？”那日将郝光光拖去地牢的侍卫大步走进来铁青着脸训斥。

郝光光懒得理人，立刻背过身抓起新衣服走去屏风后，愤愤地将衣服穿上。

人真是倒霉起来做什么都不顺，她又不是长得五大三粗的，怎么就没人相信她是女人呢？难道是平日里她表现得太男人了？根本不可能，她顶多就像个比较文雅瘦弱的少年而已，能有多少男人味？

被带到正门门口，叶韬已经等在马车上了，郝光光闷着一张脸在随行之人的注目下上了马车。

“到了王家一直跟着我，要听我指令，不得乱跑。”叶韬像是没发现郝光光难看的脸色，淡声交代着。

“我是女人，你要我怎么娶妻？”郝光光刻意挺了挺胸，今早她特地将束胸解开，此时正处秋季，穿的衣服不算多，这样一挺胸那一对微微的隆起便映入了叶韬的眼帘。

叶韬眉头微皱，盯了会儿郝光光胸前鼓起的位置，突然伸手探去："你这里塞了什么东西？"

"啊……流氓啊！"郝光光尖叫着环住胸侧身躲开叶韬的手，惊恐地看着认为她在耍花样的叶韬，"我真的是女人，我有胸，虽然不大但它是存在的。对了，还有一点可以证明，我没有喉结！"

郝光光灵光一闪，突然想起验证性别的最快速的方法并非是脱光了衣服而是喉结，怎么先前就没想到呢？害她白吃了一天一夜地牢之苦。

看着郝光光拉下来的衣领下平平的没有喉结存在的纤细脖颈，叶韬的脸立刻僵住。

以为叶韬还是不相信，郝光光抬手将束发取下，一头乌黑长发瞬间散落开来，抬起瞬间显得柔美了许多的俏脸焦急地望过去问道："这下你总该信了吧？"

【第4章】坏小子

王家门前挤满了人，整条街不是人就是马车，稍宽敞点的马车想通过还要先疏散人群。

持了帖子被邀请的人便可直接进门，因人多为防出事故是以各个参选者的随从侍卫都不得入内。

至于堵在门外久久不散的人都是没被邀请的，众人有的是想一睹众参赛者的风采，更多的是来凑热闹的。

叶韬和左沉舟的帖子没了，幸好守门之人认出他们来，于是便直接让他们进门了。

因王员外两日前便已开了金口，是以郝光光也跟着进门了。

叶韬三人被管家带去众参选者暂时歇脚的花厅，郝光光不敢与叶韬并排而行，只得走在他与左沉舟后面。

不仅仅是叶韬，左沉舟和随行的侍卫都已知晓她是女人的事实。

不知叶韬是怎么想的，知道她是女人后阴沉着脸让她回房重新打扮成男子模样，依然不改初衷要她随行，只是不再与她同车，赶她去乘左沉舟的马车，至于左沉舟则被叶韬叫了去，大概是一起商量突然出了“意外”该怎么办。

“叶庄主、左护法、郝公子请坐下稍候片刻，我家老爷马上便到。”管家将叶韬三人带到新建好的能容下几百人的花厅内，唤来丫鬟侍候着。

里面已经来了五六十人，都三三两两地围在一张八仙桌旁说着话，个别人是独自坐着。

郝光光扫了一眼，这些人年龄都大概二十多岁的样子，穿着打扮均非富即贵，因本身不是有钱便是有势，是以每个人脸上都或多或少带了几分傲气，模样倒是都还不错，有几个甚至还挺帅气的，但与她面前的两个男人相比还是差了点。

“叶庄主、左护法。”三人刚落座没多会儿，便有人热情地上前打招呼了。

叶韬一直敛眸品茶，没理会前来之人。左沉舟性格温和也较善谈好热闹些，于是站起身跟渐渐围过来的人客套起来。

众人见叶韬没有说话的意愿，只得歇了要讨好的意思，暗道叶韬果然如传言所说的那样自视甚高不喜与人打交道。

郝光光看着被围在众人中间谈笑风生的左沉舟，不禁感慨怪不得叶韬让他负责生意上的事，这种人天生就适合做这个，而那个听闻性子阴沉冷酷的右护法则负责帮派间的事，两护法各司一职，地位同等，因无利益冲突两人倒是没起过冲突。

叶韬身上就像罩了层寒霜，郝光光根本不敢与他说话，直觉他此时恶劣的心情与她有关。

明明她才是受害者是最无辜的那个，结果却好像她做了天大的恶事一样，变态之人的想法果然不是她这等正常人能领会得了的，可叹啊可叹！

郝光光故作老成地感叹时又有人来了，当那个身穿白衣手执折扇风流倜傥的男子出现时，毫无心理准备之下手中的茶杯哐当一声掉在了桌子上，郝光光瞪大眼睛像是见了鬼似的看着悠然走近的男人，居然是……

“白兄弟也来了，真是人生何处不相逢啊。”其中一人见到来者笑着出声招呼道。

“原来是李兄，别来无恙啊。”白木清走上前抱拳道，看到好几个人都围在一张桌旁说笑着，好奇地望过去笑问，“谈什么呢这般热闹？”

郝光光猛地一激灵，迅速低下头打开折扇遮住脸。

发觉到郝光光的异样，叶韬扫了眼躲在扇子后心虚不敢露脸的人，若有所思地望向刚刚进来的白木清。

做生意的人没有不认识左沉舟的，作为垄断北方大半生意的第一山庄的左护法，南来北往的大小生意均由他掌管，各地的做大买卖的人都见过他，白家作为近几年新起的暴发户自然也与叶氏山庄的人有过几次接触。

白木清见到左沉舟眼睛一亮，抱拳行礼道：“左兄也在，多日不见，左兄越发精神了。”

“哪里哪里，白兄弟才是日益风采逼人了。”左沉舟淡笑着回礼道。

白木清察觉到有人在打量他，转眼正好与一个身穿黑衣神情冷淡的男人对上视线，不由得一愣，只觉如此隐含着霸气、喜穿黑衣又俊得出奇的人物与传闻中的某人极为相似，看了眼站在一旁与他人说着话的左沉舟，愈加肯定自己的猜测，试探地道：“莫非这位便是大名鼎鼎的叶庄主？”

眼角余光见郝光光头埋得更低了，叶韬眸中掠过一丝疑惑，对本不想理会的白木清淡淡点了下头，随后冷淡地移开视线。

叶韬排斥的表现甚为明显，但白木清才不在意，激动地道：“白某今日有幸得见叶庄主真是不虚此行，叶庄主本人比白某想象得还要威严贵气！”

躲在扇子后的郝光光听到白木清拍马屁的话忍不住直撇嘴，鄙夷地直翻白眼。

没被叶韬的无视影响，白木清依然友善讨好地笑着，突然注意到叶韬身旁还有一个人，因对方拿扇子挡住脸感到疑惑，不由得开口问道："这位小哥可是与叶庄主一道而来？请问如何称呼？"

对于郝光光的身份，没离去的那几个人亦同样好奇，纷纷停下交谈望过去等答案。

左沉舟见众人都好奇，望向不知因何不肯露出脸来的郝光光无奈介绍道："这位是叶庄主的远房表弟，姓郝名……"

"啊！"郝光光噌的一下站起身，露出脸来对着众人僵笑道，"在下姓郝名……英俊。"

"好英俊？真是好、好名字。"几个人看在叶韬的面子上昧心夸赞道。

对于郝光光突然改了名字的奇怪行为叶韬和左沉舟均保持沉默。

白木清的表情立时僵住，牢牢盯住郝光光不太自在的脸道："郝兄弟看起来好面善。"

"是、是吗？在下长了一张大众脸。"郝光光摸了摸下巴呵呵笑道。

"郝兄弟说笑了，模样这般出色若还被称为大众脸，那天下间还有美男美女的存在吗？"白木清双眼紧盯着郝光光的脸，不放过任何一个表情。

"哪里哪里，白兄真会说笑。"郝光光挺起胸目光毫不闪躲地望向一副探究模样的白木清，任他打量，强迫自己脸上不要露出心虚胆怯来。

她现在是"郝英俊"，是叶韬的"表弟"，而非没有表哥的"郝光光"，她此时一身锦衣玉带，比以前要好看并且精神多了，何况天下间长得相像之人不在少数，总共就没见过她几次面的白小三就算怀疑又能怎么样。

就在白木清还想追问什么之时，管家的声音自花厅门口的方向传来："各位公子请上坐，我家老爷和小姐马上便到。"

白木清又仔细打量了郝光光几眼，怀着疑惑与身旁的几人一同回了自己的座位。

郝光光心情一松，呼了口气坐回位子上，这一放松顿时感觉到背后的衣衫汗湿了一片。

奇怪，见到白小三有什么好心虚的？郝光光不禁懊恼，就算被认出来也没什么大不了，顶多是为怕麻烦离得远远的，她刚刚的举动纯属自然反应，不是理智能控制得了的。

"你认识他？"叶韬对郝光光说出自从得知她是女人后的第一句话。

“不认识！”郝光光脑子还没反应过来呢，嘴巴已经先选好了答案。

否定得太快明显是心虚的表现，叶韬本就称不上好的脸色因郝光光的不诚实顿时变得阴沉，不悦地皱起眉：“你骗人都已成了习惯。”

深觉人格被污辱了的郝光光不高兴地抿起嘴，低声抗议道：“我从来没说过自己是男人，是你们见我一副男装打扮就自动将我视为男人，这可怪不得我。”

左沉舟听不进去了，提醒道：“你一直自称‘在下’、‘本少爷’、‘小爷’，试问哪个女子会这么说？”

郝光光闻言自觉理亏，眼神有点闪躲地耍起无赖：“那是你们笨，怪得了谁？光凭衣着和自称就断定一个人的性别不觉太肤浅吗？难道左护法你某日突然心血来潮打扮成女人的模样并且自称‘小女子’就真是女人了？可笑至极。”

左沉舟被顶得脸青一阵红一阵的，反驳不上来，气得瞪向毫无反思之意的郝光光冷哼：“唯女子与小人难养也，古人诚不欺我！”

“你也很难‘养’，我们彼此彼此。”郝光光无惧地将“养”字拉长了音，这样便成了她是“女子”，而左成舟则是那个与她“平起平坐”的“小人”。

郝光光不怕左沉舟，敢与他顶嘴，若换成叶韬，她也只敢在怒极的情况下放肆。

叶韬冷冷扫了眼正小人得志的郝光光，薄唇轻扯：“是你自己招认还是由我命人查出来？”

郝光光怒极，不怕死地瞪过去磨牙道：“我已经没有利用价值了，帖子没了并未影响到你们什么，就算这点令庄主您心情不快，那我这几日在贵府所经受的种种也算‘赎罪’了吧？为何还扣着我不放？！”

叶韬不习惯被人质问，眉心隐忍地跳动着，眼中冷光一闪：“你隐瞒真相误了大事，还当自己能安然离开？”

闻言，郝光光那时不时会罢工的勇气突地不知自哪个角落里蹿了出来，抬手啪地用力拍向桌子，大声道：“叶韬，我要去衙门告你囚禁！”

哗的一下，基本来齐了的参选者齐刷刷地望过来，眼中布满惊愕。

叶韬下颌紧绷，俊脸顿时呈现山雨欲来风满楼之势，寒冰似的眸冷冷望向有如吃了熊心豹子胆的郝光光，若非此时在王员外家需以大局为重，他绝对会给她点颜色看看，让她明白什么叫害怕！

花厅内气氛变得有点异常，众人纷纷停下交谈关注着叶韬那一桌，都很好奇郝光光那句“囚禁”所指何为。

左沉舟刚与郝光光拌过嘴，是以任由叶韬去吓唬脸色开始发白的郝光光，没有要说情的意思。

叶韬的表情太过吓人，郝光光那来得快去得更快的勇气不知又跑回哪个角落睡大觉了，逞完口舌之快后很没种地缩起脖子不敢看叶韬，她一点儿都不怀疑若此时情况允许的话叶韬绝对会掐死她。

“囚禁？这法子好，这可是你提醒的。”叶韬眯起眼吐出极冷的一句话，因恼怒更具威严的俊脸无人敢正视。

“大哥、大爷、大神仙，您就当小人是被狗咬抽风了吧！千万别跟小人一般见识，您肚子大，能撑下各种船，多撑个被疯狗咬了的小人不妨事吧？”郝光光讨好地望着表情阴冷的叶韬，比起被叶韬带回去“囚禁”，她宁愿自己真的被狗咬。

叶韬皱眉，垂眸不悦地望向被郝光光攥住的袖口，冷声道：“拿开！”

郝光光吓得立刻松开手，讪笑着抓了抓头皮。

就在这时，门外突然传来王员外激动喜悦的声音：“魏状元大驾光临，小民有失远迎，失敬失敬。”

“哪里哪里，王员外不必客气。”一道爽朗的声音接着响起。

“魏状元您先请。”王员外语带恭敬地请魏状元进了花厅。

花厅内众人均听说过魏状元的大名，有幸见过的人却不多，是以闻名遐迩的武状元一走进来，众人的视线立刻从叶韬的身上移开转而望向来人，均想第一时间目睹武状元卓越风采。

不同于睁大眼睛巴巴地看向来人的众参选者，郝光光一听到王员外说“魏状元”三个字，被叶韬吓得缩了一半的脖子顿时全缩起来，故技重施地慌忙举起扇子再次将脸遮住。

人有时会有种想当然的怪异行为，诸如“掩耳盗铃”，此时的郝光光便是如此，下意识地将脸遮起来以为对方就看不到她，殊不知越是遮得严实便越是告诉对方：“我心中有鬼。”

郝光光很想听从郝大郎的交代见到魏家人能躲多远便躲多远，但此时有叶韬在她哪儿都躲不了，将脸贴在扇子后不停地念经：“看不见我，看不见我……”

满厅的人都在注意着门口的方向，偏偏有个人像是“见不得人”似的举着把扇子牢牢挡住脸，如此怪异之举使得魏哲刚一进门便在众多青年才俊之中一眼注意到了郝光光……

参赛者有几名官家子弟，家世和官位都不是很高，是以魏哲的到来令众人很惊讶，不说魏哲乃左相长孙这一高贵身份，就单他以武状元身份被皇帝钦点为御前侍卫这一点便已令许多人大为艳羡了。

魏哲下个月正式成为御前侍卫，这段时间很忙，能抽空赶来此处足见他对此次大会的重视。

因左相已过花甲之龄，有告老还乡之意，几个儿子不是早亡便是纨绔子弟难成大器，好在病故的长子死前生了个自幼便聪明绝顶的魏哲。

长孙虽然出色但喜武不喜文，令重文轻武的左相极不认同，无奈魏哲自小便有自己的想法，强加管束只会引起反效果，为此左相不知急白了多少头发，随着魏哲年龄的增长，固执程度亦随之增加，左相更是长吁短叹，上了年纪的人为了能多活几年，只得放宽心妥协了。

魏哲被安排在最前面那一排位子上坐下，离叶韬比较近。

郝光光偷偷拿眼角瞄坐她斜前方隔着一张桌子的魏哲，他身着一身青衣，身材笔直，肩膀宽厚有力，从她的角度只能看到他的侧脸，是健康的小麦色肤色，鼻梁高而挺。

虽只是一个侧身加侧脸，但仅仅是这些便很明显地给人感觉器宇轩昂，是成大事的料。

正打量间，忽地魏哲转过头，一双眼与郝光光正偷偷打量的视线对上。

剑眉斜飞，目光清朗，高鼻方唇，下颌方正，整个人看起来十分俊朗有神，配上他高大的身材及出众的气质，使其无论走到哪里都是人们关注的焦点。

郝光光脸色忽青忽白，僵硬地别开眼放下折扇，感觉到投注在她身上打量的目光顿时如坐针毡，就在她紧张得不知如何是好时，那道锐利含疑的视线转往王员外身上投去。

松了口气，郝光光抬起轻颤的手擦起冷汗来。

王员外站在前面大声说了几句客套话，然后便是介绍这次大会的相关规则等事。

规则并不复杂，只是最开始由王家千金出场弹首曲子算是感谢大家百忙之中来参加这次大会，其后便是参选者与王小姐的单独会面时间，因选夫是一生的大事，是以王员外让女儿自己来挑选比较心仪的人。

因参赛者众多，时间有限，每人只有一盏茶的时间，若能在这段时间内给王小姐留下好印象，就会被请去湖边凉亭处准备下一轮的比试，反之则不能再继续参赛，留下看热闹或是立刻离开都凭自愿。

“你认识他？”左沉舟疑惑地问着因魏哲在附近坐下而更显紧张的郝光光，若与白木清那样的人认识还没什么奇怪，可魏哲是天之骄子，不是一般凡夫俗子能结识得了的。

“不认识。”郝光光回答得毫无压力，这次她是真没说谎。

“那你刚刚那是什么反应？”左沉舟质问道，叶韬冷淡的双眼同样存疑地扫向明明天不热却频频擦汗的郝光光。

“他是兵，我是贼，见到他下意识地害怕有何奇怪？不信你们去问他。”郝光光翻了个白眼。

看了眼脸色仍未好转的叶韬，左沉舟幸灾乐祸地警告道：“最好你没有说谎，否则有你好受的！”

经历过心惊胆战还接二连三被威胁的郝光光发脾气了，狠狠瞪了眼左沉舟冷哼：“随便，谁怕你！”

突然传来热烈的鼓掌声吓了郝光光一跳，往前一看，只见一名身段婀娜头罩白纱的妙龄女子款款走到台前，身后跟着个抱着古琴的丫鬟。

原来是美人来了，怪不得身后那一众人会这般激动，这才像是发情呢！郝光光腹诽着，两眼却放光地盯着一举一动无不美丽动人的王小姐。

美啊！怪不得名气那么大，虽说看不到罩在面纱后的容颜，但光这个娇柔的身姿、温婉的气质便足以让人移不开视线。

左右扫了下，发现叶韬、左沉舟还有刚进来的魏哲都在定定地看着台上。

一群好色之徒！郝光光心中暗骂。

“小女子这厢献丑了。”柔柔软软的嗓音像是一只手在挠着人的心窝似的，又麻又痒。

语毕，婉转连绵的琴音响起，厅内众人因她而起的赞叹惊讶声顿时消失，均安静地听起悠扬悦耳的琴声来。

从众人脸上陶醉的神情便能看出王小姐的琴艺出众，站在一旁正观察着众青年才俊反应的王员外为此大为得意，对着正沉浸在琴声中的女儿投去满意的一瞥。

琴声如诉，有如清澈的小溪在缓缓流淌，又像温婉女子在轻柔低诉，期待中透着点点胆怯，喜悦中又带了丝忧愁，时快时慢、时而低婉、时而轻快的琴音很好地将一名闺阁女子渴望遇到良人又恐不被命运垂青的小女儿复杂心思表达出来。

王小姐琴艺出众，又因一身白衣衬托得整个人清新脱俗，此等含义的琴声若被一般女子弹起兴许会被人指责孟浪不知羞耻，但在此时特殊场景之下，被清新如百合的王家千金来弹则只会令闻者心生怜惜。

“弹得不及我娘亲好。”两个男人的神思被高超的琴艺及美妙的琴音吸引之时突然被郝光光一句话拉回了神智。

叶韬和左沉舟均不悦地瞄了眼明显不懂琴技的郝光光，随后又听起曲子来。

“我是说真的，我娘亲弹得比她好多了！”郝光光咬牙再次强调。

“闭嘴！”叶韬冷眼低斥，成功令还想强调的郝光光闭了嘴。

一曲琴音结束，如痴如醉的一众听客好一会儿才回过神，纷纷鼓起掌来，或真或假的赞叹声此起彼伏，恨不能将王小姐的身姿和才艺都夸到天上去。

王小姐姿态优雅地站起身，对着赞不绝口的众人弯了弯腰表示感谢。

得意得直笑的王员外眼睛不着痕迹地在他看重的几人脸上扫过，最后定在睖睁着神思不知飞到何处的魏哲脸上，不解地眨了眨一对小眼睛，挺着发福的身材走近轻弯下腰有礼地问：“魏状元可是觉得小女所弹的曲子不入耳？”

魏哲回过神来，因回忆而显柔和的双眼立刻变得清冷起来，开口道：“王员外谦虚了，令爱琴艺卓绝，是魏某十几年来所遇之人中琴艺最为出色的一位。”

闻言，王员外放心了，松了口气道：“大人过奖了，小女琴艺虽说不差，但大人您身份不凡，名门闺秀所见自不在少数，比起那些自幼便被名师教导的官家小姐，小女如何能比。”

“王员外才是谦虚了，魏某所言非虚，一个人的琴艺如何师傅的造诣高低尚在其次，自身的悟性与才能方为首要，魏某所识之人中唯一能胜过令爱的便是病故多年的姑母了。”魏哲提起姑母眼中再次流露出怀念。

“原来方才大人想起令姑母才……恕小民愚昧误解了大人。”王员外道歉。

“无妨。”魏哲摆了摆手，表示不想再谈。

王员外会意，转身走回台前道：“小女一会儿便在隔壁亭子内恭候各位，按座位排序，由于人数众多，王某一时想不出好法子，位子靠后的贵客们请勿急躁，等待期间各位若嫌无聊可随意转转，快轮到时再回来便是。”

众人都是抱着各自的目的来参加这次选婿大会的，就算不满也不会表露出来。

王小姐下台要往外走时出了个小意外，被抱琴的丫鬟不小心撞到踉跄了下，惊呼一声勉强稳定住身形，人虽没摔倒头上的面纱却掉落下来，顿时一张精致的芙蓉面暴露在众人面前。

郝光光当初听王家四兄弟吹嘘他们的妹妹多美时，虽然听得带劲儿，但内心其实是抱着“肯定夸张了”这个想法的，谁想现在突然见到王美人的脸才发觉原来那四兄弟没有乱说话，他们的妹妹确实是美得不像话，这么多青年才俊不远万里来到这里，兴许为了甲子草和王家一半财产的人很多，但仅仅是奔着这张美脸来的亦不会在少数。

白皙的鹅蛋脸，小巧精致的五官，因惊吓而显慌乱的一双眼眸亮如星辰，整个人都美得像是从画中走出来的一样，场中的雄性们大多都被迷得忘了呼吸，傻傻地睁着一双狼眼猛瞧。

王小姐匆匆将面纱重新罩回脸上，顾不得保持礼仪，低头快步走了出去。

做错事吓得脸色发白的丫鬟瞄了眼瞪视过来的王员外，不敢耽搁抱着琴紧跟在自家主子的身后跑了出去。

“小丫头毛手毛脚，让诸位笑话了。”王员外脸色微赧地向众人抱拳。

一干被美人迷去心魂的男人自是回礼说尽好话，什么“令爱美名名副其实”，什么“名不虚传”，什么“此美只应天上有”之类的让人听了就起鸡皮疙瘩的话语。

“是很漂亮，但比起我娘亲来还差那么一点。”郝光光望着王小姐离开的方向抚着下巴感叹道。

左沉舟看了眼一直提起娘亲的郝光光，很不给面子地讽刺道：“你娘既然才貌均在王家美人之上应该名气更响才对，怎的十几年来不曾听说哪名才貌双全的女人有个女儿叫郝光光？母亲这么出色当女儿的自不会差才对，为何你不会弹琴还连字都不认识？”

左沉舟明显没将郝光光的话当真，一旁的叶韬没说什么，但表情一看便知想法与左沉舟无异。

“是我娘亲去世得早，没有来得及教导我弹琴识字而已！”郝光光不满地白了左沉舟一眼，继续道，“还有我长得更像老爹些，老爹常遗憾我只遗传了娘亲三分之一的美貌，否则我定会是远近闻名的大美人。”

仅三分之一的美貌就已经样貌不俗，若郝光光未说谎，那比她貌美三倍的女子得美成什么样？怕是比芳名远扬的王小姐还要美得多，称其为天下第一美女都不过分。

叶韬与左沉舟因被郝光光骗过，是以对她的话都是抱着怀疑的，没人当真。

“还有，并非所有人都喜欢张扬，我娘不喜麻烦，平时只弹琴给我与老爹听，虽然那时我年纪小听不出好坏来，但娘亲一弹琴总会有鸟儿落下来在院子里绕着她飞。你们说，能吸引得鸟儿与琴音一起起舞的琴技是否非一般人可比？”郝光光因为不悦声音稍稍大了点，引得耳力甚好快走到门口的魏哲猛地转头望过来。

探究的视线令本还想侃侃而谈的郝光光立刻闭住嘴，惊得抓起折扇再次挡在脸前。

“做什么？你‘又’做贼了？”左沉舟耻笑着心虚地躲避魏哲视线的郝光光。

落在她身上的视线移开，压力消失后郝光光才放下折扇，见魏哲已经离开，后怕地拍了拍胸口。

因坐在前排，没多久叶韬和左沉舟便先后被请去隔壁亭子，郝光光刚想起身出去走走谁想也被下人带去见王小姐了。

会面很简单，王小姐戴着面纱打量来人，问几个有关家世人品的问题，最后给了张纸和笔让对方写上自己的名字。

郝光光样貌还比较令王小姐满意，只是家世方面不行，尤其在郝光光“抓”着毛笔在纸上胡乱画了个圈称自己不会写字时王小姐大感失望，想要立刻让其出局，但碍于他是叶韬表弟，不看僧面看佛面，强忍着不满将画着三个圆圈的纸张放到了“已过”那沓纸上。

郝光光临走时回头对着垂眸脸色不佳的王小姐咧嘴笑，真心赞道：“王小姐人美琴艺又好，在下佩服。”

不带目的性的单纯赞美令王小姐脸色回暖几分，对郝光光点了下头淡声道：“多谢郝公子夸奖。”

郝光光被下人引去湖边的凉亭处，见到魏哲和叶韬等人时才后知后觉自己居然“过关”了！

迟疑着慢下脚步不想过去，最后郝光光干脆停下脚步转身就要离开，忽地，一人自头顶掠过落至身前牢牢挡住去路，此人正是魏哲。

魏哲站在郝光光面前，双眼若有所思地盯着两眼四处乱瞄企图逃跑的人。

郝光光不明白这个人怎么这样看她，难道真如她所猜的那样看出她偷过东西？如此一想头皮立时发麻，缩起脖子低下头苦恼地求道："魏大人，小民不曾做过伤天害理之事，您千万别将小民送去衙门问审啊。"

一边说一边思索着如何着脱身的郝光光冷不防下巴被一只有力的手捏住提了起来，来不及闪躲的视线立刻对着魏哲目露精光的双眼，摇晃了下头没有挣脱开，只感觉那只大手像铁钳一样牢牢地固定在她的下巴上，怎么都挣脱不开。

郝光光的勇气又不知跑到哪里去偷懒了，两腿很没出息地打起冷战来。

在郝光光害怕得张开口想呼救之时，魏哲疑惑不解的声音突然在耳旁响起："阁下好生眼熟，我们见过吗？"

"魏大人，请问您可以放开敝庄表少爷吗？"左沉舟的声音突然自魏哲身后传来。

魏哲眉头微微皱了皱，朝脸发白睫毛颤个不停的郝光光看了片刻，最后不情愿地松开手，转过身对迎面走来的左沉舟抱拳道："抱歉，魏某唐突了。"

郝光光一得自由两步蹿至左沉舟身后，毛着腰不敢看魏哲，她的腿还在颤着，心跳得厉害，老爹最不愿她与魏家人接触，恨不能揪着她的耳朵命令她见到魏家人就躲，别说是说话了，眼神都不要接触最好。

结果今日这情况，眼神接触了不知多少次，还说了话……

"这位兄台是叶庄主的表弟？怎的没听说过叶庄主还有表弟？"魏哲双眼含疑，他记忆力颇佳，若是见过之人不可能一点儿印象都无，这个叶韬表弟他确定没有见过，只是那股子熟悉感又从何而来？

"表少爷是不久前才投奔而来，所知之人不多，魏大人未有耳闻亦不足为奇。"左沉舟语气客套且疏离地解释道。

"原来如此，是魏某鲁莽惊扰到了贵庄表少爷，魏某致歉。"魏哲家教良好，虽家世显赫自身又前途无量，但却不会仗势欺人，口碑极好。

"魏大人言重了。"左沉舟淡笑有礼地说完后转身扯着鸵鸟一样的人向亭中走去。

郝光光没有挣扎，乖乖地跟着走。

亭子很大，过关人数不多，处在其中一点儿不显拥挤，因有着共同目标，就算偶尔凑在一起说话彼此间热情也不大，最后都自觉无趣三三两两地各自寻了地方坐下，一边喝茶一边耐心等待。

郝光光不敢再乱跑，安静地坐在叶韬和左沉舟身边。

临近晌午，有下人来报信说初试马上结束，请众人稍候片刻，王员外很快便会过来招待众过关者去用午饭。

过关者甚少，亭内一共不到十个人，参选者有一百出头，也就是说平均十个人中才有一个比较合王小姐的意，初试便刷下去那么多人，接下来的考验不知是否会更残酷。

下人刚走，便又有一位新的过关者走了过来，此人不是别人，正是白小三。

因魏哲的存在一直提着心吊着胆的郝光光立时变得更苦恼了，尤其白小三走过来时那打量的眼光一点儿都不比魏哲含蓄多少，若非有个冷面叶韬在，她一点儿都不怀疑白小三会立刻冲上来揪着她的衣领质问她到底是不是那个被休了的郝光光。

“哟，白三少爷也过关了，真令肖某吃惊。”亭内一名等得有点不耐烦的风流男子站起身，怀有恶意地笑道。

看清是谁后白木清脸色也变得冷淡起来，冷讽：“连肖大少爷都过了关，白某又岂有不过之理？”

亭内众人听这两人言语间一来一回的便知他们之间有过节，因来自不同的地方，是以都不清楚这两人到底有何过节，只知他们是同乡。

“这话说得可真自大呢。也对，白三少爷确实有被肖某自叹不如之处，刚被过门一日不到的妻子‘休弃’不久，闹得满城皆知，如此还被王员外看中，不得不说白三少爷好手段啊。”

“你！”白木清脸立时黑了，怒目反讽，“少污辱人，谁不知你因得不到醉花楼花魁的芳心而记恨于我！”

原来是桃色纠纷，亭内众人不由得轻笑，纷纷摇头，就算再有矛盾，想削对方脸面也得先看看场合才对。

“谁污蔑你？你被休的事可是传遍大街小巷，不巧，为了留个纪念，肖某还特意保存了一张，今日正好带了来。”说完，便从怀中拿出一张折叠整齐的纸。

白木清表情立时僵住，瞪着对方手中那封“休书”眼中直冒火，冲上前就要抢。

肖大少爷正防着呢，一闪身躲过，扬了扬休书得意地道：“怎么，恼羞成怒了？就算你毁了它又如何？当时看过休书的人不计其数，有本事你将所有看过休书的人都灭掉。”

“你、你别欺人太甚！”

郝光光瞪着那张被肖大少爷晃来晃去的休书，更加坐立难安起来，若没记错，休书上可是写着她的大名……

“你动来动去的做什么？”左沉舟看着像是屁股长疮的郝光光直皱眉头，短短半日内频频出状况。

“没、没、没什么。”郝光光两眼紧紧盯着肖大少爷手上的休书摇着头回道。

“白木清，为人不忠不孝不仁不义……”就在肖大少爷高举休书大声念起来时，白小三大吼一声，疯了般扑过去抢休书。

两个男人一抢一躲，很快便打成一团，那张本来保存得很好的休书立时被扯成两半。

“销毁了证据就当这事不存在了吗？！”肖大少爷气红了眼，将还剩一半的休书揉成一团用力扔了出去，纸团弹在柱子，不巧正好弹至叶韬的脚前。

“啊。”郝光光见状迅速俯身捡起纸团，做贼似的左右瞄了几眼，此时她与白小三目的一致，看着不远处的湖眼睛一亮，站起身想装作若无其事地走过去时，一时不防，手中的纸团突然被叶韬抢走。

“你做什么？”郝光光大惊，顾不得害怕抓住叶韬的手腕就去抢。

叶韬见郝光光紧张的程度丝毫不亚于白木清，疑惑心起，挥臂格开郝光光的手快速将揉成团的纸舒展开，这是后半部分，纸一摊开落款处上的明晃晃的三个字登时映入眼帘，只见那按有手印的地方清清楚楚地写着一个人的名字：郝光光。

猜到其中有猫儿腻，却没想到居然是这个！叶韬沉静的脸顿时错愕起来，狐疑的目光转向正忐忑不安地看着他的郝光光：“郝……光光？”

“谁、谁是郝光光？”感觉到不远处白小三突然投射过来的目光，郝光光下意识地夹紧双腿挺胸抬头回视叶韬装傻充愣。

看着心虚得眼珠子左右直飘的郝光光，又扫了眼紧盯着郝光光看的白木清，叶韬向来聪明的头脑瞬间清明起来。

为何郝光光看到白木清就想躲，为何她想毁去休书，而此时她明明便是休书上落款处按了手印的郝光光，但却偏不想在白木清面前承认，种种都有了解释，没想到他们曾经是夫妻！

但既然是夫妻，怎么白木清认不出郝光光来？叶韬疑惑不解。

白木清一脸羞耻地大步走过来，对叶韬道：“叶庄主可否将这半截纸送予在下？这都是郝光光那恶妇不满被休请人整在下的，让诸位见笑了。”

被称为“恶妇”的郝光光大怒，霍地一下瞪过去，伸出手用力将他推开鄙夷道：“就你这副疯子似的模样也敢站在我表哥面前丢人现眼？滚一边去！”

差点儿被推了一跟头的白木清在几道嘲笑的目光中狼狈地整理起仪容来，叶韬的表弟也不是他能得罪的，只得忍着气和和气气地对郝光光道：“郝兄弟说的是。”

“郝光光？你是说休了你……呃——被你休了的女人名叫郝光光？”左沉舟惊讶的目光来回在白木清和郝光光脸上徘徊。

“正是。”白木清脸上热辣辣的，低着头礼貌地回道，“话说起来那个粗俗无礼屡次羞辱下人又不知尊敬长辈的恶妇人与贵庄表少爷还很像呢，若非知道那郝光光已无亲人在世，在下还要认错人呢。”

闻言，叶韬和左沉舟眼中均有异光闪过，意味深长地扫了眼气得眼皮子直抽筋的郝光光。

“白家可真够义气，知道那可怜的女子已无亲人还那般对人家，刚娶过门一日不到便休了，这不是纯粹将人往绝路上逼吗？”肖大少爷将歪了的发簪扶正后冷笑着走过来道。

“白家的家务事还轮不到你一个外人来管！”白木清怒道。

“我是没权利管白家的家务事，但却有权利可怜一下那个被白三少爷你要弄了的女子。”

两人吵闹，旁人因不熟都不来劝架，只当热闹看，眼看场面又要失控时王员外匆匆赶来，身旁跟着最后一名过了初试的男子。

“抱歉让诸位久等了，时候已不早想必大家都饿了，请随王某去用饭吧。”王员外眉开眼笑地带着十名“富家子弟”去用饭了。

离开时，叶韬细细打量了下郝光光，如此稚嫩稍显青涩的人怎么看都不像是已婚妇人。

休夫，这种事也只有她这等想一出是一出的人做得出来。

“回去后给我从实招来。”经过郝光光身边时，叶韬压低声音警告道。

郝光光气闷地抿起唇，不情不愿地跟在他们身后。

今天绝对是不宜出行的一天，瞧这接二连三发生的破事，有够倒霉的，叶韬绝对是个扫把星，自从遇见他时起就没遇到过什么好事！

见郝光光正往叶韬后背射眼刀子，左沉舟轻笑一声，幸灾乐祸地低声说道：“本来你只是弄丢了两个帖子，根本不算什么大事，可偏偏你隐瞒的事太多，尤其这次误了主上的大事，这下你想安然走怕是更不可能了。”

不等郝光光反驳，左沉舟说完便立刻快走几步跟上叶韬的步伐。

“无耻！”郝光光低咒，做着鬼脸嘀嘀咕咕地骂着叶韬时眼角余光突然扫到魏哲在看她，猛地一激灵，闭上嘴慌里慌张地小跑着跟上队伍，打定主意不离叶韬左右了。

被刷下的九十多名男子亦被留下来一同用饭，因人数众多，饭厅挤不下，是以所有人都在宽敞的亭子里用饭。

食物很丰盛，王员外的四个儿子一直在各桌敬酒，场面好不热闹。

被选出的十个人有个共同的特点便是家境富有，且对家里的财政大权有一定的掌控力，像个别普通的官家子弟不是家底不丰就是没法子一下自家中拿走大笔的钱，是以这些人都没能过关。

王员外对魏哲和叶韬格外地热情，在场众人都明白这两人竞争力最大。

谁想峰回路转，最后这两名竞争力最大的人居然同时间弃权退出了竞选。

王员外富态的圆脸震惊得都快扭曲了，难以接受地看着魏哲问：“为何突然弃权？”

魏哲淡淡地回道：“魏某的婚事没有自主权，抱歉。”

这点王员外懂，急忙说道：“魏大人身份高贵，小民不敢有高攀之心，以小女的身份自不配成为正室，但成为侧室还是可以的，魏大人您看看……”

魏哲歉意地摇了摇头，称自己只是来看看热闹，并没有争美的打算。

那你还去参加初试！王员外腹诽着，僵着脸不敢再勉强。

这个劝不通又去劝另外一个，结果叶韬脸色太冷，王员外被冻得不敢多说，无奈之下便去说服脾气温和许多的左沉舟，只是很遗憾，将甲子草都搬了出来都没用，王员外委实想不通叶韬怎么会突然改变主意，明明事先他对甲子草是势在必得的。

郝光光也没想到叶韬和左沉舟就这样放弃了这次大会，能立刻就走令她心情稍稍好转。

左沉舟与王员外还有众参赛者客套了几番后，便与叶韬和郝光光一同离开了王家，他们没有留下来看热闹，因有事要问郝光光，是以叶韬允她与他们二人同乘一辆马车。

马车载着三人渐渐驶离，离开王家有两里地后左沉舟问坐对面的叶韬：“已经决定了？”

“嗯，除此没别的法子了。”语毕，叶韬冷冷瞟了眼正一脸无辜的郝光光。

左沉舟扫了眼不明所以的郝光光再次叹气，以他们叶氏山庄的名气，本不想使强盗手段落人话柄，只是现在没办法了。

“没想到魏状元也退出了，本来他的胜算最大，以王老头儿对他的奉承样怕是将独女送去做妾都甘愿，纳个妾就能得到甲子草只赚不亏，再说这个妾还很美。”左沉舟手指点着下巴不解道。

“怕是他抱着与我们一样的想法呢。”叶韬冷笑。

“也只有这样了，只是若他也如此，那我们的阻力可不小。”

“无妨，很久没遇到对手了，正好会他一会。”叶韬露出势在必得的浅笑。

“连武状元都如此打算，我们还怕什么？”左沉舟想到叶子聪的未来，心中那股子犹豫立即消失。

郝光光瞪着眼睛看看这个又望望那个，不确定地问：“你们根本不是放弃了那棵破草，是想去偷去抢对不对？”

叶韬难得地对郝光光投去赞赏的一瞥。

“看来你也没蠢到无药可救，既然你娶不了王家千金我们只能出此下策，甲子草藏在哪里只有王小姐一人知晓，连王员外都不清楚，唯一能问出下落并且得到它的只有她的新婚夫婿。我们不好对个女流之辈下手，只得等甲子草换了主人后再想办法。”左沉舟难得好心地对受了一天惊吓的郝光光详细解释了番，倒也不怕她泄露什么，确切地说应该是不认为她有那个能耐和胆子。

“啧啧。”郝光光拿眼角斜着叶韬和左沉舟，脸上的鄙夷越来越浓，终于逮到把柄小人得志地大肆嘲讽起来，“居然想去偷、东、西！自己都这德行了，还对我偷了你们帖子一事死揪着不放，见过霸道无耻的，却没见过像你们这般无耻得理直气壮的，真是可悲！可叹！今日本少……本姑奶奶可算见识到了什么叫作脸皮厚！”

左沉舟无语抚额，暗叹这郝光光脑子根本就是缺根弦，怎么就不知道长记性呢？怕是真到被叶韬掐死那日才会真正觉悟吧。

片刻后，郝光光再次倒霉地被扔在大街上，欲哭无泪地望着豪华舒适的马车在视线中渐行渐远。

这次叶韬留下三名轻功身手均一流的暗卫看着她，就算她逃跑功夫再厉害也甭想逃脱。

“天黑前给我自己走回去，否则将你的那匹白马宰了烤熟喂狗！”想到叶韬刚刚留下的这句威胁的话，郝光光愤愤地从路边捡了几片落叶分别绑在两脚上，然后像是跟地面有仇似的用力跺着脚，将“叶”踩得稀巴烂后方稍稍解气地大步往回走……

郝光光紧赶慢赶的好容易在天黑前回去了，她的那匹性命受到威胁的小白马总算保住了小命。

经过这次选婿大会“郝英俊”是叶韬表弟的事传了出去，为了不让叶韬的名声变得太过无情吝啬，左沉舟自作主张让下人收拾出个好一点的屋子来给郝光光住，对此叶韬懒得管。

内部消息传得很快，郝光光是女人这件事这里的人都知道了，只是嘴巴严没有向外透露。

没有“囚禁”，待遇反而变好了，郝光光受宠若惊。

不怪她没出息，换谁被压迫欺负了好几日，本以为这种“虐待”还要连本带利继续下去之时突然阳光灿烂了，那种兴奋的心情是难以言喻的。

郝光光某些时候是比较容易知足的人，这点与郝大郎大咧咧的性子很像，被欺负时会很愤怒，不管对方是什么人都敢叫一下板，过后也不会跟自己过不去整日记恨着谁谁谁，总之她的气是来得快消得也快。

“你家主子怎的突然转性了？莫非是良心发现不好意思再欺压弱小了？”郝光光茶足饭饱之后摸着鼓溜溜的肚子满足长叹，一双好看的杏眼半眯成月牙状，嘴角微翘，整个人慵懒满足得就像只晒着太阳刚午睡醒来的猫，先前走得两腿泛酸脚底板磨得生疼的事早忘一边去了。

一旁收拾碗筷的小丫鬟哪里敢道叶韬的不是，闷声不吭地低着头加快手上动作，唯恐郝光光再说些什么出来，端着盘子碗匆匆走了出去。

“啧啧，胆子真小，瞧这脸吓得都白了。也是，世上像我这般勇敢的女子毕竟不多。”郝光光吃饱喝足高兴了，也学起郝大郎来自我吹嘘一番乐呵呵，忘了她曾几次三番地在叶韬和魏哲面前吓得腿直发颤的丢人事。

因吃得太撑想出去遛遛食，一走起来脚底板又开始微微泛疼，都是她跺脚踩“叶”踩得太投入太过用力，结果害得两脚吃了苦头。

正犹豫着要不要返回去歇着时，一名丫鬟走了过来说少主要她过去。

白天刚被大的折腾完，此时天刚黑就要换成小的来折腾了。

这对父子什么时候才能放过她？有句话说惹不起我躲得起还不行吗？可是就郝光光此时的情况来说，分明是连躲都躲不起的。

一走进屋，郝光光闻到了浓浓的药味，感到纳闷，看到脸通红倚靠在床头精神不是很好的叶子聪时方明白是他生病了，这病来得突然，早上刚出去时他还好好的。

“都下去吧。”叶子聪让屋内侍候着的下人都出去。

郝光光站在床前看着一副病态的叶子聪，感觉很不习惯，很难想象那么盛气凌人的娃娃也有虚弱无力的时候。

叶子聪用狐疑的目光上下打量起郝光光来，最后难以接受地问：“你真的是女人？”

“当然是女人。”郝光光挺了挺她那未发育完全的“小馒头”，企图让叶子聪看到她是有弧线的。

叶子聪精致的小脸立时皱在一起，不讲理地质问道：“谁让你是女人的？！”

郝光光一听怒了，瞪着眼反问：“谁让你是男娃娃的？！”

被顶撞的叶子聪气闷猛地咳嗽起来，小脸儿涨得更红了。

郝光光见状忘了生气，赶紧上前给他拍背顺气，等他咳嗽稍止时又倒了一杯温开水喂给他喝下去。

这些举动做起来极为自然，郝光光为此找了个理由，那就是这叶子聪长得太好看了，这么漂亮的小娃娃咳嗽得厉害她无法做到无动于衷。

见郝光光眼中的担忧不似作假，给他顺气的手柔软又温热，不同于同样柔软却带着惊慌讨好的丫头婆子，这种感觉是微妙的，叶子聪睖睁地看着一会儿摸他额头试温一会儿给他掖被子的那只纤细的手。

“怎么了？不会病傻了吧？”郝光光试探地拍了拍突然发起呆来的叶子聪的脸蛋，手上传来的异于常人的温度告知她这个孩子是染了风寒，不仅咳嗽还浑身发热。

“你才傻了！谁准你对小爷动手动脚的？滚开。”叶子聪恼羞成怒地拍掉在他脸上作怪的手，微微泛有依赖享受的眼神立时清明起来。

“你这死孩子，不识好人心，咳死你得了！”郝光光哼了声退开几步，暗暗警告自己眼前这个娃娃跟别的娃娃不一样，绝对不能同情不能心软！

每次吃瘪后她都这般警告自己，但一出状况立刻就忘干净了，就像是吃过亏后还一次又一次地激怒叶韬一样，根本不长记性。

“要你管，你先回答我你是否也存有不良心思？”叶子聪眼带敌意地盯着郝光光。

“什么不良心思？”郝光光眨眨眼，怀疑叶子聪有点烧糊涂了。

叶子聪抿抿因刚喝过药异常红润的小嘴，显然没料到郝光光这么不上道，居然有听没有懂，闭了闭眼，为防郝光光太笨再听不懂，便将话问得极其直白：“你是否也像其他女人那样想当我继母？！”

郝光光两眼瞬间瞪得有如铜铃大，像见鬼了似的指着自己：“我？当你继……母？”

郝光光的表情实在是打击人，叶子聪懊恼地皱了皱两条酷似叶韬的眉，哼了一声将头扭向床内侧眼不见为净。

“哈哈哈哈，太、太可笑了！”郝光光很不给面子地放声大笑，笑得前仰后合眼泪都流出来了。

突然感觉到房内气氛产生了微妙的变化，叶子聪心有所感地转头望去，小脸表情微变。

“当你继母？你那个爹可是个变态，大变态！扣着我不放还反复虐待我，若非我是女人，恐怕就要被逼着拜堂成亲了！你说他这人跟土匪头子有什么两样？！小娃娃你放心，你那爹不管有多少女子爱慕，我郝光光反正是不屑一顾的，又不是嫌日子过得太无聊需找个变态刺激一下，有机会的话本姑奶奶有多远就躲多远！再者说你若是可爱点、听话点就罢了，偏偏一点儿都不乖，当你继母不是平白找罪受吗？我看啊，以后谁当你继母谁倒霉，那个女人绝对是霉星附体冲撞了哪路神仙，否则还不如掉河里直接淹死来得爽快！”

郝光光也不想这么激动，实在是容不得被人污蔑，诬赖她杀人放火都不及这个来得污辱人！

“你、你……”叶子聪脸发白地望着郝光光的身后。

正处于“亢奋”之中的郝光光未察觉到异常，双臂环胸无畏地看着脸色难看至极的叶子聪，以一副“士可杀不可辱”的神情高傲地道：“你什么？居然怀疑我对你那变态爹有非分之想，简直太……”

“太什么？”一道略微压抑的低沉声音接道。

“当然是太污……不对，是太、太抬举小女子了！小女子无才无貌无家世，平凡到不能再平凡了，连对庄主有非分之想都是污辱高贵的您。”郝光光缩着脖子慢吞吞地转过身，讨好地对笔直站在她身后不知多久了的叶韬谄媚地笑道。

“是吗？”叶韬挑了挑眉。

“是！怎么不是！”

“方才叶某听到的好像不是这样……”

郝光光闻言正笑着的嘴角突然颤抖了下，被叶韬冰冷的视线冻得有如置身冰窖之中，使劲儿眨了眨眼，用不需要装就已经显得很傻的眼神巴巴回视着："您老应该是听错了。"

"爹爹。"不甘心被冷落的叶子聪突然低声唤道。

叶韬终于将视线自心虚的郝光光脸上移开，抬脚向叶子聪走去，在郝光光刚松口气时突然道："去门外等着。"

郝光光恨恨地冲叶韬的后背猛射了两记眼刀子，恼火地转身出去了，自我安慰道："我正好不想跟你在一处待着呢。"

背着手站在门口假装赏月的郝光光隐约听到屋内叶韬语气严肃地说什么再敢要脾气将自己弄病了就狠狠地罚，然后便是叶子聪又怕又委屈地说着以后不敢了之类的话。

静默片刻，又听到叶韬说什么这次没想过娶妻，若是真想娶的话就算叶子聪使苦肉计令自己病得再厉害都无用，警告他不许为达目的使小性子或是玩心眼，将自己弄得病恹恹的对不起他死去的娘云云。

郝光光恍然大悟，原来叶子聪突然生病是因为不想叶韬成亲故意将自己弄病，摇了摇头，暗自感叹叶子聪太过任性胡闹。

没过多久，叶韬出来了，拿眼角扫了眼正百无聊赖的郝光光，示意她跟上。

来到书房，叶韬走至书案后在椅上坐下，看着敢怒不敢言的郝光光道："能自左护法身上偷走帖子，想必偷功了得。"

无法自语气中听出这句话到底是夸赞还是嘲讽，郝光光不知如何接口好，只得讪笑道："运气使然。"

"不必谦虚。"叶韬意味深长地看着正隐隐提防着的郝光光，想到刚刚在叶子聪房内听到的话，眼神骤然一冷，"你既然这么会偷，到时甲子草便由你去偷如何？"

郝光光皱眉，反感地拒绝道："人家又没招我惹我，为何去偷人家东西？"

"你偷走了属于叶氏山庄的东西，去偷个东西回来就当是扯平了。若成功我便不再为难于你，直接放你离开。"叶韬语气平淡，好像说的是无关紧要的话。

"放我离开？"郝光光眼珠子转了转，渴望自由的心开始蠢蠢欲动。

一直不着痕迹地观察着郝光光表情的叶韬嘴角微扬，颔了下首："对，只要甲子草到手便立刻放你离开，不仅如此还会奉上五千两银子当作酬劳。"

犹豫顿减，郝光光目光炯炯：“此话当真？”

“当真。”

“若不偷会如何？”

“那就坐实你白天说的话将你囚禁。”

“……”有够无耻！

“考虑得如何？这笔买卖我们各取所需，那个娶到王小姐的男人不懂武，甲子草对他来说毫无用处。”看出郝光光正被可笑的良善牵制着，叶韬适时地“开解”了下。

最后一抹犹豫完全消失，郝光光大义凛然地挺起胸道：“成交！”

叶韬的脸色缓和了一点，抬了抬眼皮道：“好了，现在你可以说说与魏哲和白家老三的事了。”

“我凭什么说？”郝光光看不惯叶韬高高在上的命令嘴脸，狠狠斜他一眼。

“来人啊，将‘表少爷’押去地牢……”

“别、别，我说还不行吗？！”

“嗯，那就快点，我时间不多。”

时、间、不、多，快死了的人才爱说“时间不多”这四个字呢！

【第 5 章】回敬一下

甲子草这种宝贝何以被王小姐得到众说纷纭，有人说是从她过世的娘手里得到的，有人说是从江湖郎中手中骗来的，兴许是为了吊足众人胃口又或是想大肆渲染甲子草的神秘之处，总之其具体来处因知情人嘴巴甚严，目前尚无一个确切的答案。

不过这甲子草是怎么来的众人倒不甚关心，他们关心的是如何将其据为己有。

之所以无人怀疑这则消息的可靠性，是因为传出消息之人正是德高望重且有起死回生之能的神医百里晨。

百里晨是在给王员外的老母治顽疾时无意中发现的甲子草，这种稀奇之物他在古书中见过。

很多人都被百里晨救治过，对其很是尊重，据说就连当年本已无生还希望的叶韬生母现刑部尚书之妻云氏都是在他手中起死回生的。

百里晨凭其出神入化的医术在官家、江湖和百姓间都极具威望，是以当甲子草出现的消息一经传出，五湖四海的青年才俊便全部慕名而来。

“小八哥啊，你说说是不是德行不好的人都很好命呢？”郝光光坐在屋内逗弄着正在鸟笼里吃食的小八哥。

八哥埋头苦吃，没理会一脸困扰相的郝光光。

“你说像白小三那样的人究竟是走了什么狗屎运能娶到王家千金？”郝光光托着下巴，眉毛都快皱成八字形了，想不通为何在肖大将白小三的“底儿”都掀了后还能成为王员外的乘龙快婿。

小八哥大概是受不了一直聒噪的郝光光，稍稍抬起一下头说了句：“不好，不好。”然后埋头继续吃起来。

“你也想不通是吧？白小三品行不端，根本配不上人家王美人啊！”郝光光自从早晨听说了最后中选之人是白小三后就一直处在百思不得其解之中，白小三有很多青楼的红粉知己和通房，此等“牛粪”就算被点成黄金也是臭的，哪里配得上没有与任何男子传过暧昧的王美人呢？

“喂，你一个人在絮絮叨叨什么？”终于解了禁足令的叶子聪心情颇好地大摇大摆地走进郝光光的房中。

郝光光强忍着不耐语气平和地回道：“在逗鸟玩。”

“我听你在说什么白小三！”被敷衍了的叶子聪不悦地嘟起嘴。

小八哥见到叶子聪浑身毛立刻竖起来，三蹦两跳地逃到最角落紧贴着鸟笼提防地看着叶子聪。

“臭鸟！”叶子聪顽皮地抄起鸟笼用力摇晃起来，被摇得晕头转向的小八哥摔得东倒西歪惨叫连连。

“别摇了。”郝光光迅速将鸟笼抢过，举高不让叶子聪碰到。

八哥趴在底板上犯着晕，摇摇晃晃地爬起身一个不稳直直摔倒。

“哈哈，看它这呆样儿多好玩。”叶子聪被像是喝醉了酒似的狼狈八哥逗得眉开眼笑，“啪啪”鼓起掌来。

“没爱心的家伙，你爹让我将八哥‘割爱’给你不是让你折磨它的。”郝光光不满地瞪着一脸恶作剧的叶子聪，因马上就能离开这里，“奴性”顿消，面对叶韬和叶子聪时不再战战兢兢了。

“你怎知爹爹不是要我折磨它？”叶子聪以一副“你有我懂爹爹吗”的不屑表情反问。

郝光光哑口无言，哼了一声：“既然你不喜欢这只八哥，也同意将它还给我了，那没我这个主人的允许你不得欺负它。”

“小气。”叶子聪嘟哝了一句，眼珠子在屋内转了一圈状似无意地问，“左叔叔说你很快就要离开了？”

郝光光两眼顿时放光，愉快地点头：“对啊。”

叶子聪眼尾上翘，质疑道：“离开让你这么开心？”

“当然！不用在这里被你们欺负利用，我为何不开心？”郝光光重新将鸟笼子放回桌上，安抚着受了惊吓的八哥。

“不识好歹，多少人想进来还没机会呢。”叶子聪对有人如此嫌弃叶氏山庄这一点儿感到不高兴。

“谁爱来谁来，都不关本少爷的事。”

“你是女人。”

“小小娃娃管我是男是女做什么？真操心。”郝光光捏了捏叶子聪的脸蛋。

叶子聪拍掉狼爪，瞄了几眼郝光光又看了几眼鸟笼子，在小八哥又要发起抖来时抿了抿小嘴别别扭扭地说道：“要不你随我们回庄里去做我的书童吧？”

郝光光闻言“噗”的一声笑了，拍了拍叶子聪的肩膀摇头轻笑：“你应该找与你差不多大的孩子当书童才对。”

叶子聪懊恼，小脸微皱，商量似的问："那就当我房里的大丫鬟？让你管着几个丫鬟如何？"

"这么不想让我走啊，莫非是舍不得我？"郝光光凑近叶子聪眯起一双杏眼，如偷腥的猫似的得意非常，再次伸出狼爪摸向滑溜溜的小脸蛋儿逗弄着，"瞧你这别扭的，直接说不想我走就成了，非要拐弯抹角。"

"你少恶心人了！"叶子聪腾地自椅上跳下，小脸不知是羞的还是气的通红一片，用力搓起胳膊上的鸡皮疙瘩来。

"瞧你这脸红的，被我说中不好意思了吧？哈哈。"郝光光很不给面子地大笑起来。

"你赶紧走吧，我受不了你了！"叶子聪气得大吼，白了郝光光几眼转身跑出房门。

"真是让人又气又怜的小娃娃啊。"郝光光止住笑意感叹着，她感觉到叶子聪对她的态度变了，虽然每次见面依然针锋相对，但那股子敌意与排斥淡了很多。

又过了几日，王家与白家联姻的日子近了，叶韬说在白家接亲的路上他们找准时机下手。

因晓得想得到甲子草的人不只他们一方，叶韬对此很重视，到时他与左沉舟都会过去，他们负责将人引开，郝光光则去接近王家千金偷甲子草，不出意外的话，这等重要的东西应该是随身带着，这也是为何叶韬会将主意打到是女人的郝光光身上。

入夜，郝光光穿好为她量身定做的夜行衣，与叶韬、左沉舟三人施展轻功向王家白天刚离开的送嫁队伍追去。

有暗卫专门监视着送亲队伍，随时向叶韬通风报信，为防夜长梦多，叶韬他们的打算是先下手为强，争取今晚便将东西弄到手。

送亲队伍中途马匹出了点状况，天黑前没能赶至前面城镇的客栈，是以众人便寻了个相对安静的树林里打算凑合一晚。

由于带着甲子草和几马车丰厚的嫁妆，安全性令人担忧，随行的人都打起了十二万分的精神，夜里几十个人分成两部分轮流守护着几辆马车。

叶韬三人赶至时时间刚过子时，正是人身体最疲累困乏的时刻，三人白天特意补过眠此时正精神，非那些赶了一天路的送亲大汉们可比。

隐在暗处的暗卫出现低声禀报说王小姐和丫鬟去了树林深处小解，时间已经过了一刻钟还没见回来。

郝光光望过去，只见有些人已经着急了，称要去寻去树林里的主仆，另外一部分人则反对，说人家大姑娘脸皮薄，哪能让他们这些粗人去找，猜着可能是吃烤野鸡吃坏了肚子一会儿就回来了。

王小姐不在他们不便现身，三人隐在暗处静待时机。

又过了半刻钟还不见人回来，这下子众人急了，带头之人道："阿二、阿三随我进去找找。"

三个大汉举着火把去树林深处寻人了，因为骚动正睡着的另一半人也起身担忧起来。

"有人来了。"叶韬突然出声轻道，黑眸锐利地望向东南面的树林处。

左沉舟望过去，细听了片刻神情也变得谨慎起来，与叶韬对视一眼，交换了相同的信息：有高手来了。

郝光光耳力不及两人好，听不出什么来，但也跟着屏住呼吸不敢出声。

这时其中一个大汉匆匆赶了回来，焦急大喊："大事不妙，里面不知是哪个杀千刀的摆了阵法，小姐肯定是困在里面出不来了！"

"什么？这可怎么办？"众人骚动起来。

趁着混乱，叶韬向左沉舟使了记眼色，然后悄悄向隐在东南角的那名"高手"靠近。

左沉舟轻拉了下郝光光的袖口示意她跟在他身后，两人一前一后向王小姐消失的地方潜去。

场中有人提议说多过去几个人看看，但因为怕马车被抢，多数人不敢离开，于是便推选了三个人过去查看。

左沉舟带着郝光光跳上树，在三名大汉走过来时跳至他们身后三记手刀劈昏了他们。

见解决完了人，郝光光跳下树，落地时没有发出任何声响，赢来左沉舟赞叹一瞥。

"什么人？！"远处传来打斗声，送亲的大汉们纷纷抄起家伙围住马车严阵以待。

左沉舟没理会，带着郝光光继续向着前方亮光行去，如法炮制将守在阵法入口处的两人劈昏后，举着火把研究起用高大的树木围起来的阵法来，这些树个个粗壮，由此可见这阵法设立得有些年头了。

"怎么不走了？"郝光光站在左沉舟身边疑惑地问。

"这是阵法，没摸清门路时进去不是找死吗？"左沉舟瞪了郝光光一眼。

“怎么会找死？这阵法很简单啊。”郝光光仔细打量了几眼阵法莫名其妙地回道。

“简单？此时不是吹牛的时候！”若非还有用得到郝光光的地方，他真想将她也劈昏了。

眼前的阵法会令人昏头，会让人觉得这些树会动，没多会儿方位便会变幻，一旦陷入阵中，除非懂得破解之法，否则在这来回变幻的方位中别想脱身。

“我没吹牛，这阵法我见过，我进去找王小姐，你不敢进来就在这儿守着吧。”郝光光说完抬脚便进了阵中，一走进阵法立变，整个人像是凭空消失了一样，令想拉她回来的左沉舟都寻不着人。

左进二、右进三、左转进三……郝光光默念着小时候郝大郎教给她的口诀，熟练地穿梭在不停变幻方位的阵法中，眼神清明丝毫不被眼前的景象所惑。

大概半盏的时间，郝光光听到有女子的声音在喊救命，停在原地仔细辨认了下方位，确认后小心地顺着口诀一点点寻找着。

“王小姐？”很快郝光光便寻到了人，穿着大红嫁衣的王小姐正狼狈地坐在地上抹泪。

“你是何人？”见到一身黑衣打扮的郝光光，本就吓着了的王美人更紧张了。

“别管我是谁，我是来救你的。”郝光光走过去伸出手要拉她起来，结果被避开了。

“男女授受不亲。”王小姐避开郝光光的手，自己站起来目光清冷地问，“公子可是能走出这里？”

“我能走进来自然也能走出去，听说你丫鬟也进来了，她在哪里？”郝光光问。

“失散了。”

“随我去找她。”郝光光好心地提议道。

听到郝光光说能走出去，王小姐一直提着的心终于放下了，跟在郝光光身后去寻人。

“不行，幻象太厉害，这么走你肯定会跟丢，拉着我的手。”郝光光再次伸出手去，见对方宁愿跟丢也不想失了名节，叹了口气放柔声音道，“我是女人，为方便行事扮了男装而已，不信你看看我脖子，没有喉结的。”

见郝光光真的没有喉结，身形比起正常男人来又显得瘦小许多，王美人终于放松了戒备伸出手握住郝光光的手道：“有劳这位……姑娘了。”

没多久便找到了哭得嗓子都哑了的丫鬟，郝光光一手一个带着两人出阵。

因为轻易找到了走失的丫鬟，王美人信了郝光光的能耐，感激地道：“多谢姑娘救命之恩，如此大恩大德不知何以为报……”

郝光光一点儿没客气，直接将目的挑明：“要答谢并不难，将甲子草送给我便可。”

“小姐，不要！”丫鬟闻言大声叫道。

“干什么？我救了你们两条命拿棵草换很过分吗？”郝光光怒目质问道。

王美人低着头没立刻回答，攥着手好一会儿才松开，点点头道：“好，只要你将我们带出阵，甲子草便给你。”

“小姐……”

“一言为定。”郝光光咧嘴笑了，没想到得到的这般容易，高兴地拉着两人往外走。

出了阵时并没有见到左沉舟，郝光光有点纳闷，但却没工夫管这个，伸手至王美人面前道：“甲子草拿来吧。”

王美人慢吞吞地有点不情愿地伸手入怀，取出用干净手帕包裹着的甲子草。

“小姐，这是说好给姑爷的。”丫鬟哭丧着脸急得直跺脚。

“姑爷又不会武，给他有何用？”王美人冷声回道，深吸一口气很宝贝地将手中的东西放入郝光光手中，“这便是甲子草，当作酬谢姑娘的救命之恩。”

郝光光接过，想打开手帕看一下人人都抢的东西究竟是何模样，一双纤柔美丽的手突然伸过来握住她的手阻止了。

“香儿先回去，我有话要对这位姑娘说。”王美人命令道。

“哦。”香儿不情不愿地离开了。

香儿走远后，王美人突然绽出一抹奇异的笑，美丽勾人的水眸对上郝光光疑惑的双眼，用柔得可以称之为诡异的声音道：“今日算恩人你倒霉，抱歉了。”

一股冷意突然蹿至全身，郝光光直觉不妙，用力甩开王美人的柔荑拔腿就跑，高喊着：“来人啊！”

一道劲风自身后袭来，郝光光躲开了大半掌风，但右肩不幸被掌风扫到，身体平衡受了影响趔趄了下，只这片刻耽搁身后的人便追上，凌厉掌风再次袭来重重击上郝光光的后背。

一口鲜血喷出，钻心的疼痛自后背袭来，郝光光重重摔倒在地，眩晕感渐浓。

谁会想到这么柔柔美美的王家千金会功夫呢，谁又会想到她会狠毒到要置救命恩人于死地呢?

“为什么……”郝光光嘴里流着血虚弱地问道。

“不为什么，是你倒霉，正愁逃走寻不到好时机呢，你就傻乎乎地送上门来了。待会儿将你扔进阵法中用火烧死，我便穿上你的衣服逃走，过不了多久王西月被烧死的消息就会传出去，这样我就不用被家人利用摆布嫁给那个白家败类了。”王西月边说边迅速扯下郝光光的衣服穿上，随后将自己的外衣脱下给不停翻白眼要昏过去的郝光光套上，兴许是愧疚感作祟，想让郝光光死了能当个明白鬼。

“不舍得我的丫鬟当替死鬼，路上又见不到身形相似的女人，就只好委屈你了，谁让你不安好心要打甲子草的主意呢！”换好了彼此的衣服后王西月俯视着气弱游丝的郝光光，温柔地笑道，“看在你救过我一命的份儿上，我便好心地让你在死前见识一下甲子草的真正模样吧。”

扔掉被手帕裹着的“甲子草”，王西月自身上拿出真正的甲子草在郝光光眼前晃了晃道：“这个才是，这下你可以瞑目了。”

将巴掌大小嫩黄色的甲子草收回去，王西月扯起郝光光的胳膊向几步远的阵法处走去，刚迈出一步，身后突然传来一道男人的声音：“郝光光？”

王西月娇躯一震，松开手就要逃，结果郝光光好巧不巧地突然在这时昏倒，一不小心被她扣住腰压倒在地。

“滚开！”听着走近的脚步声王西月大急，用力推开重重趴在她胸前的郝光光，纵身消失在黑夜中。

叶韬与左沉舟赶至，见到满脸血昏倒在地的郝光光时脸色大变，奔过去惊问：“发生什么事了？”

郝光光无力地睁开双眼，目无焦距地“看着”两人，听出了他们的声音，知道自己不用死了，心下顿松，费尽力气抬起手将袖口中刚刚“昏倒”时自王西月身上扒下来的甲子草露了出来，堪若蚊声虚弱地说道：“偷……了……走……”

她是想说：甲子草已偷到，我可以走了。

昏昏沉沉的，五脏肺腑都跟要移位了一样，连喘一口气都难受得快要窒息，那王西月掌法狠厉，下手极重，若功力再强些，郝光光肯定一掌便毙命了。

郝光光置身在暖融融的屋内，身上盖了三层厚实柔软的锦被，但依然冷得浑身直打战。

又疼又冷连番折腾，令本就伤得极重的身体更加难过起来，脸色苍白嘴唇发紫，自回来被施过针后她便时醒时昏迷，就算醒着眼睛也无力睁开，只能隐约感觉到屋内有人在低声说话，具体说了什么她无暇顾及。

“没想到伤得居然这般重。”坐在外间的左沉舟在听完庄内大夫的回报后大为诧异，若有所思地道，“背后留有青紫色掌印，伤者又浑身发冷，这应该是玄阴掌，此等阴寒的掌法只有极阳的内力能克制住它，庆幸那人功力还没练到家，否则我们带回来的恐怕就是一具冻僵的尸体了。”

“那个人身形明显是女子，刚刚又有传闻说王小姐失踪了，难道伤了郝光光的就是王小姐？”叶韬手指在桌上轻扣着，语气中带了丝不确定。

“那个丫鬟称她家小姐失踪前与一个身穿黑衣打甲子草主意的女子在一起，指的就是郝光光！我们的人一直在跟踪着送亲队伍，路上没有其他可疑女子出现过，由此可见伤人者是王小姐的可能性极大。”左沉舟一点点地分析着。

“事实究竟如何也只得等她醒后才能知道了。”叶韬抬手轻轻在左肩处揉了揉，此处被蒙面之人打了一掌，他有神功护体虽无大碍，但短时间内左臂是别想再运功了。

“郝光光现在性命虽然无忧，但苦头怕是……她身子骨不及你我，不知能不能熬得过这几日的折磨啊。”左沉舟拿眼角扫着叶韬一脸夸张地叹息着。

“你想说什么？”叶韬俊目中闪过不耐。

“没想说什么，就是觉得人家一个女人为了偷甲子草连命都差点儿丢了，而身为间接祸首的我们若不尽心去救治良心上说不过去，你觉得呢？”

叶韬眉头轻蹙：“我受伤了。”

“呵呵。”左沉舟摇头轻笑，看着沉着脸无动于衷的叶韬道，“受伤不是理由吧？依我看，你是怕碰了她的身体要负起责任来。”左沉舟了然地说道，郝光光中的阴寒掌气只有练就一身刚阳内力的叶韬能化解。

叶韬拿眼角扫了左沉舟一眼，没开口，摆明了不想继续这个话题。

左沉舟因拿回了甲了草，且确定它是真货后心情不错，假装没看懂叶韬的脸色好心提议："其实你可以偷偷为她运功疗伤，只要你不说谁知道？化去她身上的阴寒之气，你我的良心也能好过一些是不是？最差的打算，收了她做妾便是，你又不缺养一个妾的那点银子。"

"说够了没！"叶韬瞪过去。

"我这不是好心在给你出主意吗？"左沉舟闭起嘴不说了。

叶韬压下恼火换了个话题沉声道："甲子草已到手，我们不日便动身离开，魏哲没拿到甲子草不会轻易放弃，你近日出门还需小心点儿行事。"

"他伤得不比你轻，何况他还有'武状元'的名誉要顾及，行事不敢过于张扬，无须太过顾忌。"

叶韬想了想也觉得是这个理，眉头稍缓道："明日便将甲子草煎了给子聪服下吧。"

"相关药材差不多买齐了，明日能行。"

这时，一名丫鬟突然自里屋出来焦急地道："庄主，不好了，郝姑娘她、她好像没气了。"

"什么？"叶韬和左沉舟立刻站起身。

"刚刚大夫不是说没性命之忧了吗？"左沉舟严肃地问道。

"奴婢也不清楚……"丫鬟脸色有些苍白。

"我进去看看。"叶韬皱着眉大跨步向里屋行去。

左沉舟诧异地扬了扬眉，眼中闪过一抹促狭，抬手阻止了要跟上去的丫鬟道："随我出去，庄主出来之前你不用进去了。"

叶韬走向泛着浓浓药味的床边，喂的药大半都浪费了，虽然丫鬟已经清理干净，但苦涩的药味尚残留在屋内未及散去，药味犹以床附近最浓。

郝光光一动不动地趴在床上，身上罩着厚厚的被子，苍白且死气沉沉的小脸面冲外枕着瓷枕，眼睛紧闭，那安静的模样真跟死了差不多。

伸出手指贴近郝光光鼻孔停住，拧起眉细细感觉，一股淡到极易被忽略的温热游荡在指尖。

心下稍松，叶韬犹豫了下，将手伸进被子里将手搭在郝光光细腕处的脉搏上，虽然没有研究过医术，但就以练武之人对脉搏有的那么一点点了解，立刻便知此时脉搏紊乱无章法的郝光光情况非常不妙。

不敢再耽搁，叶韬脱鞋上床，将床幔解开放下，闭了闭眼深吸一口气后抬手将郝光光身上的被子全部揭开。

顿时，盈白如玉的肌肤映入眼底，只是光滑细腻的美背上有一道刺目的青紫色掌印，掌印张牙舞爪地印在一片乳白之上，突兀得仿佛上等美玉上镶着一只苍蝇般破坏美感。

没了被子保暖，郝光光的身子几不可见地瑟缩了下，随后又静止不动。

叶韬盘腿坐在床上，右臂将正在生死线间徘徊着的郝光光揽起置于身前，屏着呼吸强迫自己不被女子的体香所惑，左臂由于受了伤正缠着绷带，是以只能一只手臂忙活，这样极为麻烦，尤其郝光光正昏迷着，身子软得跟棉花似的立不住。

待好容易将她身体一侧用瓷枕和被子固定住后，他已经累得满头大汗了。

郝光光身中阴毒掌伤，伤及肺腑，为了能更好地运功为她驱除寒毒且不易走火入魔，最好最安全的方法便是掌心直接贴在她的裸背上输入真气。

叶韬将大掌抵住郝光光滑腻柔软的肌肤，闭上眼默念了几句静心咒，开始将自己浑厚纯阳真气一点点地输入郝光光体内，引导着真气顺着她体内经脉缓慢游走，将在四处肆虐着的寒毒逐一化解。

起先郝光光脸色苍白如纸，一炷香过后脸色渐渐恢复了血色，原本微弱到几乎没有的呼吸变得明显起来，只是依然没有醒过来的迹象，垂着头身体无力地靠在背后那只大掌上。

叶韬额头渗出汗珠，脸上显现出疲惫之色，一刻不敢停地操控着真气，直至将郝光光体内最后一丝寒毒逼出体外后方止。

前一晚与魏哲过招已经损耗了叶韬一部分功力，此时又为郝光光治伤耗损精力更多，导致此时疲惫不堪，急需回房打坐调理内息。

现在两人的脸色对调，郝光光的脸色变得红润了，叶韬的则苍白一片。

“噗”的一下，郝光光喷出一大口黑血来，身后因失去叶韬大掌的支撑，柔软娇躯无力地向后倒去，直接倒入叶韬泛有檀木气息的怀抱中。

叶韬身体猛地僵住，别开眼，扯过放置在床头的衣服胡乱罩在郝光光身上，随后将无醒转迹象的人放回床内，匆忙间动作稍显粗鲁。

郝光光因胳膊被攥疼了皱起眉头嘤咛了一声，惊得叶韬立刻松开手，刻意忽略此时两人暧昧的氛围，拉起被子就往她身上盖。

重新趴在床上躺着的郝光光左臂冲外，叶韬拉回被子间眼角余光突然扫到一点朱红，不自觉地望过去，只见她皓如白雪的左臂上明晃晃地印着一枚象征女子贞节的守宫砂……

郝光光不再泛冷，屋内新添的两个火炉搬出了房间，寒毒已清但肺腑被伤到，一时半会儿身体无法恢复如初，遂又昏昏沉沉地在床上躺了两日，这一次是她有史以来伤得最重的一次，差点儿就进鬼门关了。

弥留之际，郝光光见到老爹和美丽的娘来接她了，终于见到思念着的亲人，被折磨得痛不欲生的郝光光毫不犹豫地做出了选择，向一脸亲切的父母走去，眼看就要远离伤痛与爹娘团聚了，结果一股大力突然出现，愣是将她扯了回去。

挣扎间，郝光光看到慈祥的爹娘笑着对她挥了挥手道别，随后消失不见，急得她又喊又哭。

“爹……娘……”昏睡着的郝光光梦呓着，眼角挂着泪，消瘦了一圈的俏脸儿因点点泪渍居然显出一股我见犹怜之意，若非受了重伤，此等情景怕是根本不会自向来不知娇柔为何物的郝光光脸上看到。

叶韬看着睡梦中哭得伤心的郝光光，眉头轻拧：“赶快醒来！我们马上动身离开，若你一直这副半死不活的模样，休怪我无情！”

仿佛感觉到了威胁，未自噩梦中醒转过来的郝光光哆嗦了一下，眼泪稍止。

“爹爹，她怕了。”叶子聪指着不再说梦话的郝光光惊奇地说道。

“别在这里待得太久，你还要回房喝药。”叶韬淡声交代道。

“子聪知道。”叶子聪因为服用了甲子草，过于年轻的身体有点难以承受甲子草霸道的能量，是以每日都要喝两次药，并且有人以内力相辅助，以便能快速安全地将其能量容纳吸收。

叶韬看了郝光光一眼后转身离去。

得了自由的叶子聪忽闪着大眼轻轻凑近郝光光床前，盯着她紧闭的双眼道：“喂，你怎么还不醒？”

郝光光没回应。

“再不醒八哥的毛就要被我剥光了！”叶子聪学着刚刚叶韬的语气威胁道。

睫毛动了动，被干扰了睡眠的郝光光脸上涌现出一丝不耐烦来。

叶子聪眉一扬，板着小脸儿气呼呼地道：“敢嫌我烦？你等着！”说完后匆匆跑出去。

终于清净了，郝光光松开眉头再次沉睡，只是没睡多会儿，那恼人的声音又来了，这次不仅有小孩子，居然还多了只鸟。

“你倒是醒不醒呢？”叶子聪提着鸟笼蹲在郝光光床前问，嘴角扬起一抹恶作剧的笑，眯着眼扫向瑟缩成一团正可怜巴巴地望着他的八哥。

“饶命，饶命。”八哥吓得大声求饶。

“这话还是喊给你那只睡猪主子听吧。”语毕，叶子聪双手抓着鸟笼恶劣地开始上下左右大力摇晃起来，摇得命快丢了半条的小八哥凄厉地叫起来。

叶子聪的笑声和小八哥的尖叫声夹杂在一起，吵得郝光光头昏脑涨，抗议地摇了几下头，声音不但没停反倒有变本加厉趋势，终于禁不住吵睁开眼醒转过来。

“醒了？”叶子聪露出得逞的笑来，好心地放过被折磨得趴在笼里站不起来的八哥，将鸟笼子放在床头。

郝光光昨日清晨才苏醒，但因身体虚弱，除了吃药与吃饭时偶尔醒来片刻，大多时间都是昏迷着的。

“你……”郝光光嗓子很干，声音发出得有些艰难。

“来人啊，她醒了。”叶子聪冲外喊道。

守在门外的丫鬟闻言立刻走进，体贴地将桌上一直准备着的温开水端起喂郝光光喝下。

“小姐先别睡，奴婢这就去端些饭菜来。”丫鬟语气恭敬得出奇，只是一直处在发呆中的郝光光没有察觉到异样。

“嗯。”郝光光轻轻点了下头，睡得太久猛然醒来，神情有些恍恍惚惚的。

“你这模样真呆真丑。”叶子聪嫌弃地看着一脸呆相的郝光光。

“主人……救命。”小八哥哆嗦着小身体可怜巴巴地望着郝光光。

郝光光寻声望去，见到像刚打完架似的八哥眼神终于清明了一些，不高兴地瞪向叶子聪抱怨：“你又欺负我的八哥。”

“就你这副鬼样子还想保护八哥？连自己都保护不了。”叶子聪撇嘴道。

郝光光只着一件白色中衣，头发披散着，脸色憔悴双眼红肿，因肺腑还未休养好，连动一下都要小心翼翼的，完全一副弱不禁风的病态样子。

“也不想想我是为了给谁偷甲子草弄的！”郝光光连说话都不得大声，会扯疼胸腔。

叶子聪闻言收起嚣张样儿，别扭地轻哼：“说得好听，还不是因为自己想离开才那么不要命的？”

郝光光气得瞪大眼看着叶子聪：“真是一只小白眼狼！”

被说得不高兴的叶子聪瞪向郝光光，看到她红肿着的双眼、泛白的嘴唇，到嘴边的难听话打了个旋变成了：“瞧着你还挺有精神，我寻爹爹过来。”

郝光光一时有些反应不过来，正思索着时突然听到八哥叫：“主人、主人。”

“怎么了？”郝光光抬手想去提鸟笼，无奈全身无力，只得作罢。

“我病了、病了。”小八哥想爬起来，但脚打战头犯晕，一爬就倒。

“别急，过会儿再爬起来吧。”郝光光沉闷的心情因为八哥终于好转了一点点。

八哥听不懂，只知道自己爬不起来，扑腾着翅膀哇哇叫：“救命，救命！”

“什么东西这么吵？”叶韬大步走进，冷淡的视线射向八哥沉声道。

八哥吓得立刻闭嘴，趴回鸟笼里垂下头装死。

“你、你怎么进来了？”见到走进来的叶韬，郝光光咬着牙慢慢躺下身子缩回被子中，防备地望着走近的男人。

叶韬打量了会儿郝光光，见其精神不错，于是在软榻上坐下问：“那夜究竟是怎么回事？”

问及当日的事，郝光光表情顿时严肃起来，这两日都昏昏沉沉的，睡着的时间比醒着的时候多，无暇细想，此时记忆被叶韬问的话立即带回了差点儿令她命丧黄泉的那夜。

郝光光打起精神将自与左沉舟分开后发生的事简略叙述了一遍，越往后越气愤，说到后来气喘吁吁，一句话要分两次甚至三次才能说完，好容易将该说的都说完后捂住胸口难受地咳嗽起来。

叶韬难得好心地站起身倒了杯水端过来，扶起背后汗湿一片的郝光光将水喂进她嘴里。

被叶韬“侍候”着的郝光光水喝得一惊一乍的，喝完水被对方称不上轻柔的动作扶着躺回床上时眼睛犹不可置信地瞪得溜圆，像是见了鬼般看着叶韬。

被看得眉头紧皱的叶韬手轻轻一抛，将茶杯稳稳抛回桌上，避开郝光光惊魂未定的视线继续问：“你确定伤你之人是王小姐本人？”

“不是她还能是谁？那蛇蝎女人就算化成灰我都认得她！”喝了水郝光光说话不那么费力了。

叶韬得到了答案便不再问，换了个问题问：“你何以会破解‘迷魂阵’？”

“什么迷魂阵？”

“就是困住王小姐的那个阵法！”叶韬强忍着不耐解释道。

“那个啊，我老爹教的。”

“你爹为何会破解迷魂阵？他是何方高人？”比起王小姐的事，叶韬与左沉舟对这件事更为好奇。

“我爹只是个普通百姓。”郝光光皱眉道。

叶韬仔细打量着郝光光的表情，见其并非有意隐瞒，狐疑地皱起眉。

郝光光说了太多话，情绪又起起伏伏的，早累了，疲乏地闭起眼喃喃道：“我困了。”

该问的都已问完，没有再待下去的必要，叶韬起身离开，走出几步时突然道：“几日后随我一同回北方，我收你做妾。”

快被周公拉走的郝光光吓得困意尽失，结结巴巴地问：“你、你说什么？”

已走至门口的叶韬回过头淡淡看了眼吓得魂都要飞了的郝光光，眸底颜色渐沉，什么也没说转身便出了门。

“肯定是听错了。”郝光光睁大眼瞪着床幔喃喃自语着。

小八哥这时终于将头抬了起来，望向郝光光抖了抖羽毛带着惧意地道：“吓死了、吓死了。”

郝光光侧过头望向被一大一小两父子吓得还在发着抖的八哥，同病相怜地道：“我也吓死了。”

叶韬出去时有下人禀报说白木清又来了。

叶韬听完属下的回报，俊眸微眯：“去‘告诉’他这里没有他‘前妻’，一次解决，我不想再有闲杂人等前来胡说八道！”

“是。”

傍晚，白木清被不明人士袭击打至重伤的消息散播开来。

谁打的白木清，到底是怎么回事无人知晓，白木清自己什么都不说，众人只知几日后他休养好了身体便像是躲着什么可怕的人或事般急匆匆离开了。

面对一个又一个态度前后大转变的下人们时，郝光光暗叹霉运之神再次给她“走后门儿”了。

以前很少露面，有多远就避多远的丫头婆子们现在总爱往她面前凑，嘘寒问暖外加拍马屁。

“原来你还当不了我继母，只是一个小小的姨娘而已啊。”

想起先前叶子聪半怜悯半嘲笑的话语，郝光光就气得青筋暴跳，撑着刚恢复一点儿还不能走太远的病弱身体愤愤地向叶韬的书房走去。

不怎么长的一段路，郝光光愣是走得气喘吁吁，走进书房时都没顾得上看叶韬，寻了个离门口最近的软榻立刻坐上去。

这副要死不活的样子都是拜屋内这个男人所赐，郝光光喘完待气顺了些后怒目瞪过去，拿眼刀子狠狠剜叶韬的脸。

叶韬的目光在郝光光脸上淡然一扫："有事？"

"请告诉我那要收我做妾的事是假的。"郝光光紧紧盯着叶韬的眼道。

"是真的。"

"凭什么？我有同意吗？"

"我为你治寒毒时看了你的身子。"

郝光光惊讶地眨了下眼："什么？"

"不然你以为你现在瞪我的力气是哪里来的？"叶韬反问。

"是你救的我？"郝光光大受打击，当时她伤得过重，昏迷之中一直感觉全身发冷，冷得像是身体马上就要冻成冰块儿一样，后来突然间就不冷了，她一直以为是喝的药起了作用。

"你中的寒毒正好我可以解，举手之劳而已。"

"解毒为什么要脱我衣服？"很难于启齿的问题，郝光光却问得理直气壮。

"无知！你当时命在旦夕，寒毒急需化去，若不褪去你的衣衫很可能救不活你。"叶韬被质问得太阳穴突突直跳，被人当成登徒子还真是有生以来头一次。

郝光光无法反驳，哼了声嘴硬道："欺负我什么都不懂，你当然是怎么说怎么是。"

"投怀送抱的美人不计其数，我叶韬何至于会占你这个姿色普通又蠢得出奇的女人的便宜？！"叶韬这话说得毫不客气，显然被气得不轻。

"你！"郝光光气得胸口又疼上了，喘着气不怕死地回嘴，"既然这么不屑就当什么都没发生过岂不是更好？"

叶韬一双黑如墨的俊眸顿时更为幽深，出奇地没有动怒，而是以近乎温和的语气问："做我的妾不仅能得到荣华富贵，还会是一群人争相巴结的对象，你排斥什么？"

"我老爹说过，宁做穷人妻不当富人妾！"对郝光光来说，郝大郎的话比圣旨还管用。

叶韬脸色顿时一黑，抿了抿唇要说什么时外面突然有人通报："主上，魏状元来了。”

郝光光闻言心咯噔一下，万丈怒火立时蔫了，慌慌张张地起身就要逃跑。

若有所思地打量着郝光光的一举一动，叶韬对外面交代道：“带魏状元去正厅，通知左护法先过去好生招待着，我随后便到。”

郝光光哪里还顾得上再与叶韬理论，只想在魏哲进门之前就回房里躲着去。

“你确定只是偷过魏哲东西那么简单？”叶韬带着怀疑的声音自身后传来。

“别贵人多忘事，甲子草我已偷到，现在是自由身。”也就是说叶韬无权过问她的事。

郝光光累死累活地终于回了房，躺在床上歇下来时紧绷的神经才彻底放松下来。

叶韬他们就要回北方了，本来今天就要走，因担心刚服用过甲子草的叶子聪路上出状况，是以特意推迟了两日。

郝光光已经想好，这两日她身体太虚需先养足精神，两日后他们离开时她就带着自己的东西走。

“你帮我注意着，魏状元走时立刻通知我。”郝光光不放心地对丫鬟如兰嘱咐道。

想到自己的身子被叶韬看过，郝光光寒毛直立头皮发麻，她长大后看过她身子的男人叶韬是第一个！

下人们也想不通究竟发生了什么事，这件事只有如兰稍稍明白一点，知道当晚叶韬进了郝光光房间后就下了这个决定，但叶韬并没有留下过夜，郝光光还是清白之身这一点令她也很糊涂。

“这事其他人都不知道，完全可以当作没发生过嘛。”郝光光托腮思索着，她宁愿自己吃了这记哑巴亏也不愿意委身给大变态叶韬当小。

一整个下午郝光光都在关注着魏哲的事，没想到他老人家待了半日没立刻走，而是要留下来用晚饭！

郝光光气得直咬牙，暗自嘀咕着留下来用饭，不会过后还要留下来睡觉吧？

晚饭郝光光在房里吃得心不在焉的，窝在房里连出去透气都不敢。

好在她没担心太久，魏哲用过晚饭后不久就离开了，并没有留下来过夜。

晚上就寝时，担心了好几个时辰的郝光光又困又乏，躺在床上迷迷糊糊将要睡着之际，听到如兰与另外一个丫鬟在外间小声说着话，虽一点都不想听，但那些话偏偏就跟长了翅膀似的直直往她耳朵里灌。

“听小虎说魏状元对甲子草已被少主服用了的事虽感遗憾却没生气，他今日来只是对偷了甲子草的人感到好奇而已。”

小虎是左沉舟的属下，很多消息他都能第一时间知道，这点郝光光明白。

“啊，魏状元居然对小姐好奇？”如兰低呼。

“瞧你吓的，魏状元知道小姐是主上的人，哪里会怎么样？”

“魏状元没得到甲子草真的不气？他可是大老远的自京城赶来的。”如兰问。

“不气才怪！偷甲子草的若不是主上的人，魏状元还不得抽他的筋剥他的皮，然后拉去喂狗！”

窝在被子里的郝光光吓得睡意全失，冷不防打了记寒战。

“幸好、幸好，小姐就要随着主上回庄上了。”如兰庆幸。

“听小虎说主上邀魏状元一起走，魏状元说有事要办，要比主上晚一日离开。”

两个丫鬟后来还说了什么，郝光光完全没心思听了，她的思绪只集中在两点上，一是魏哲离开得晚，二是他对她很“感兴趣”……

两日后，叶韬一行人出发时郝光光很没骨气地说到没有做到，将白马牵出来给叶韬一名侍卫骑着，一手拿包袱、一手提鸟笼乖乖地爬上为她单独准备的马车。

郝光光换上了简单的女装，几乎所有人都知道她是女人了，没有再扮男人的必要。

“把八哥还给我！”郝光光在马车上对叶子聪吼道，她只是打了个瞌睡，一没注意八哥就被拿跑了。

小八哥趴在笼子底部将头扎进羽毛里瑟瑟发抖着。

“爹爹说你身体尚未痊愈，未免伤神，本少主就做一回好事，路上勉为其难帮你照顾一下这只鸟吧。”叶子聪说后得意扬扬地回了与叶韬一起的马车上。

“给我回来！”郝光光挥开如兰过来搀扶的手，下了马车向叶子聪的马车行去。

叶韬有一点还比较令她满意，那就是还算大方，给她的药和补品全是上等很贵的那种，三日下来她身体恢复了许多，稍微快点走步已经不成问题。

眼看将要接近之时，叶韬淡淡的声音突然自马车内传出：“天黑前要赶到县城，加快速度。”

叶子聪的小脑袋立刻自马车内探出来，冲着郝光光嘻嘻一笑：“爹爹说要加速了，再不上车你就被扔下喽。”

被扔下郝光光一点儿都不怕，甚至可以说是期待着的……

“有老虎哟，左叔叔说专门吃女人和小孩儿。”叶子聪吓唬道。

这种深山野林晚上时常会有野兽出没，但她有信心能在天黑前出去。

这时，叶韬突然开口对马车旁的侍卫道：“去问问狼星魏状元赶至哪里了。”

听到魏哲的名字，郝光光一惊，快走几步追上叶家两父子的马车，抓住叶子聪未来得及缩回去的胳膊大声道：“把八哥还给我！”

“哎呀，拧断我的胳膊了！”叶子聪哇哇大叫，震得郝光光耳朵嗡嗡的，下意识地松开手。

得了自由的叶子聪迅速爬回马车，鬼精灵地冲她做起鬼脸来，脸上哪还有半点疼痛的影子。

“主上，狼星说魏状元一行人已经过了樵木村，目前离我们大概有十里远。”探完消息回来的侍卫回答道。

“可知他们接下来走哪个方向？”叶韬眼睛淡淡地注视着侍卫。

“这点不好推断，魏状元等人像是中途要拜访什么人，是以选择哪个方向走都是有可能的，容属下去通知狼星探问一番？”侍卫垂着头恭敬询问。

“不必了。”叶韬抬手阻止了，皱眉看了眼正揪着马车帘子借力走着的郝光光，对侍卫道，“通知队伍再快点，谁敢磨蹭就撇下他！”

“是。”侍卫说完便骑马去前头传信了。

叶韬抬指轻轻一弹，指风弹至被郝光光揪着的帘子上。

“嘶。”郝光光被迫松开被帘子蹭疼了的手，见马车突然加速心一急，来不及揉泛疼的手疾疾向前奔去，在随行之人目瞪口呆的目光注视下手忙脚乱地爬进了叶韬和叶子聪所在的马车。

若换成以往，郝光光足尖轻轻一点就能很漂亮地跳进马车，可现在受身体状况所限，只能双手双脚并用，以非常蠢的姿势往正急速行驶的马车上爬。

叶韬和叶子聪父子错愕地看着趴在柔软毛毯上正大口大口喘气的郝光光，一个女人能当众令自己狼狈成这副模样是很需要勇气的，丢死人了！

叶韬黑着脸瞪着发丝凌乱、累得连头都抬不起来的郝光光，听到马车外的几声隐忍的闷笑，恨不得一把将这个丢他脸的女人扔出去。

“主人、主人。”角落里不敢动的八哥小声唤着。

郝光光两眼发黑，连说话的力气都没了，果然不能逞强，她此时的身体状况不允许。

“你要晕过去了吗？”叶子聪学郝光光趴在铺着的毛毯上凑过去头对着头问。

“以后再这么丢人现眼就直接将你绑去送给魏哲！”面子挂不住的叶韬冷声威胁道。

郝光光也不想这么狼狈，只是为不落入魏哲的手中下意识的自保举动而已，早知道这样会要了她半条命，打死她也不爬上来。

“停一下。”外面突然传来左沉舟的声音。

不一会儿马车便停了，左沉舟扬声道：“子聪下来陪左叔叔乘一辆马车吧。”

“不要。”叶子聪想都没想便摇头拒绝。

“我要进去逮人了！”左沉舟威胁的声音越来越近，眼看就到马车前了。

叶韬迅速伸手将软绵绵趴着的郝光光拖过来置于自己身侧，一脸严肃地对嘟着嘴的叶子聪道：“听你左叔叔的话。”

叶子聪闻言眼圈一红，瞄了眼嘴唇发白的郝光光，不情不愿地起身跳下了马车。

左沉舟带着叶子聪离开后叶韬松开手任由郝光光像块儿破布似的滑下去，冷着脸望着痛呼出声的郝光光："既然这么会折腾，补品就断了吧。"

被叶韬"扔"在地上的郝光光疼得浑身直冒冷汗，心里一个劲儿地诅咒叶韬，她这样狼狈还不是因为突然要加快速度的他害的？

过了好一会儿，郝光光方恢复了一点儿元气，慢慢地爬起坐在叶子聪先前坐的位置上开始整理散乱掉的头发。

"不是想逃跑吗，怎么不逃了？"叶韬冷笑着问。

一惊，手上簪子啪地掉下来，郝光光慌忙捡起来强自镇定："谁要逃跑了？没有的事！"

"想逃大可随意，还能省了我的药材钱。"叶韬嘴角扯起一抹了然的讽笑。

"庄主您误会了，跟着您有上等马车坐还有好吃好喝的侍候，逃跑了可就没这等待遇了，呵呵。"郝光光将簪子插回发间后讨好道，其实心里已经将他骂得狗血淋头了。

"是为了待遇不想逃？我还以为是因为魏状元呢。"叶韬状似无意地说道。

郝光光脸上的笑霎时出现一道裂痕，干笑着道："庄主您真是料事如神啊，魏状元也是其中一个原因啦。"

"算你识相。"郝光光若敢否认，他二话不说直接将她扔下马车。

"识相，绝对识相。"郝光光将鸟笼抱在怀中冲叶韬笑，笑得脸皮直抽筋。

叶韬懒得再理会心口不一的郝光光，开始闭目养神起来。

郝光光刚刚一番大动作令身体极为困乏，见叶韬没有再发作的趋势，将鸟笼放到一边轻声安抚几下紧张着的八哥后慢慢躺下来，打了个哈欠闭上眼没多会儿便睡着了。

为了避开魏哲，郝光光的打算是过了京城后就借机逃走，那时魏哲已经回京了，她没什么可怕的，只是算盘打得叮当响，可到后来事情的走向完全脱离了她的掌控。

不知怎么的，郝光光后来的几日根本就是睡过去的，很少清醒，就算再迟钝再没经验也知道自己是被下药了！

"主上、少主、左护法一路上辛苦了。"叶氏山庄的老总管带着下人守在门口迎接叶韬等人。

叶韬下了马车，在众人的注视下探身回马车将睡得迷迷糊糊的郝光光拦腰抱了出来。

“这位姑娘是……”老管家诧异地望向叶韬怀中的郝光光，不只是他，所有来迎接的人都面露惊讶之色，因为叶韬从来不带女人回来，更何况是抱她进门了。

“将竹园打扫出来，安排郝……姨娘住进去。”叶韬看了看怀中还未醒过来的郝光光交代道。

“姨、姨娘？”老管家下巴都快掉下来了。

“快去。”叶韬说完后避开庄内护院伸过来的手，亲自抱着郝光光走了进去。

一个小小的躲避动作，令众人明白叶韬对这位郝姨娘极具占有欲，这下更是不敢怠慢。

竹园未打扫好之前，郝光光暂时先被叶韬安置在了他卧房里的侧间休息，除了如兰外，又拨过去两名伶俐的丫鬟侍候着。

叶韬片刻都没休息，直接去了书房，将左沉舟也唤了去。

“你怀疑郝光……郝姨娘与魏相家有关系？这怎么可能？”左沉舟问话时表情带着不可思议。

“也许是我多心了，等东方回来后再谈这事。”叶韬沉声回道，右护法名叫东方佑。

没过多久，东方佑便回来了。

不同于性子温和好相处的左沉舟，东方佑的性子颇冷，整日不苟言笑，左脸上有一条小拇指长的刀疤，令他棱角分明的俊脸上平凭了几分冷俊之感。

“冰块儿回来了。”左沉舟笑眯眯地冲东方佑打趣道。

东方佑冲叶韬抱了下拳后坐在属于他的位子上，对左沉舟点了下头当作打招呼。

“事情办得如何？”叶韬问。

“已办妥。”

“急着唤你来是有件事想交代你做。”

“主上请说。”

“据说左相魏家十八年前迷倒京城无数男子的魏大小姐染病辞世，因魏家上下为此事伤心欲绝，自那之后很少有人敢在魏家人面前提起魏大小姐，久而久之关于魏大小姐的事就渐渐淡化了。”叶韬一点点地说起了当年魏家的事。

左沉舟倒是插口道：“你怀疑魏大小姐其实并没有死？”

叶韬点了点头：“是有这想法，郝光光无意中曾说过她娘的琴艺比王小姐要高明得多，魏大小姐才艺出众，连当年我这个才几岁的孩子都有所耳闻……”

“光这一点也不能说明什么啊。”左沉舟摇头，让他相信缺根筋又钝又蠢的郝光光是当年迷倒众生的魏大小姐的女儿简直难如登天。

“这一点是不能说明什么，关键是魏哲的态度！”叶韬望向左沉舟，提醒他道，“那日魏哲来访你也在，他对郝光光的好奇程度明显比甲子草要高得多，尤其对她的来历更为好奇。还有当日在王员外家，他曾说过郝光光眼熟！”

左沉舟不说话了，开始思索起来。

叶韬望向东方佑：“调查尘年旧事你比较擅长，这事就交给你办，好好查一查，若无头绪可以试着从当年会破‘迷魂阵’的人里找找线索。”

“迷魂阵？”东方佑诧异地望过去。

“你也感到好奇？这次我们去盗甲子草过程中就遇到了迷魂阵，正巧主上新纳的姨娘会破解它。”左沉舟好心地为东方佑解起惑来，想起没文化还有点缺心眼的郝光光破迷魂阵跟啃馒头一样容易就不是滋味，那阵法他可是一点儿都不会破。

东方佑点头道：“属下会尽力去查。”

“秘密行事，这事只有我们三人知道，尤其要瞒着郝光光。”叶韬看着名为下属实则情同手足的两人叮嘱。

“明白。”

三个男人在书房里谈论着什么，当事人郝光光一点儿都不知情，一觉醒来后天已经黑了。

完全陌生的房间，宽敞明亮的卧房，床褥柔软泛着刚晒过的清新香气，床前站着三个丫鬟，如兰是其中之一。

“小姐醒了。”如兰看到郝光光醒来高兴地上前扶她坐起来。

“这里是……”郝光光突然有了非常不好的预感。

“这里便是叶氏山庄了，这间屋子以后就是小姐居住的地方。”叫“小姐”叫习惯了的如兰一时还改不了口。

“什么？这里是叶氏山庄？！”郝光光一副受了惊吓的模样。

这时另外两个丫鬟说话了，恭敬地对着像见了鬼似的郝光光福身道：“如菊、如雪给郝姨娘请安。”

“你们叫我什么？”郝光光的声音在颤抖。

如菊、如雪不解地望过去，询问道：“莫非主子不喜欢‘郝姨娘’这个称呼，那奴婢们同如兰一起唤您小姐可好？”

“我不是问这个！”郝光光气得直摇头，这一摇使得头又开始眩晕了。

“那您是……”

“如菊、如雪去厨房端点清淡的粥菜进来，如兰去准备洗浴的热水替你们‘姨娘’擦洗身子。”叶韬的声音自门口传来。

“是。”三个丫鬟领命各做各的事去了，屋内立时只剩下了叶韬和郝光光两人。

郝光光皱眉瞪着显然刚泡过澡发梢还泛着湿气的叶韬，口气很不好地质问：“你在搞什么鬼？”

叶韬走过来，在床前站定好整以暇地问：“这一路睡得可好？郝、姨、娘。”

“我不是你的姨娘！”郝光光气得想扑上去掐死害她昏睡了好几日的罪魁祸首。

“这里是我的地盘，我说了算。”

“卑鄙小人，居然对我下药！”

“不下药你保证自己不会跑？”叶韬挑眉。

“我跑不跑关你什么事！”郝光光气得想哭，在他的地盘上还能有什么好日子过？不说姨娘不姨娘的，就光饭菜她还敢不敢吃了？谁知道哪一餐会不会又被“加料”！

“你若跑了，我的脸还往哪儿搁？”随行的人都知道郝光光将会是他的姨娘，如果半路跑了他的威严何在？

还有一点郝光光并不了解，男人的劣根性和征服欲是很要命的东西，自视甚高的男人更加容不得有女人“不稀罕”或“不屑”他，郝光光像是避害虫的模样重重地刺激到了某个自尊心极重的男人。

如此，叶韬又如何会好心地放过她？尤其现在又多了个原因，在郝光光身世未查清之前他更是不会放她走！

“堂堂的一庄之主居然说话不算话，你还配说有‘脸’？”郝光光气极，抄起瓷枕便向坐在她床边的叶韬头上砸去。

“啊！！！”端着饭菜走进来的如菊见状惊叫出声。

叶韬是什么人，哪里是睡了一路没什么力气的郝光光能偷袭得了的，但被下人撞见这一幕让他非常生气。

抬手攥住郝光光砸过来的手腕，另一只手迅速夺过瓷枕扔到地上，眯起眼与因愤怒脸蛋更显娇俏的郝光光对视：“很好！既然这么有精神那就好好儿侍候我吧，今晚我要留宿！”

“侍候她用饭洗浴，看紧点。”叶韬松开郝光光，对三个并排站在门口处战战兢兢的丫鬟下完了命令后沉着脸步出了房间。

“郝……小姐先吃点饭吧。”如菊双手微颤着将食盒中的粥菜一一端出来放在屋内八仙桌上，低垂着头不敢看“恐怖”的郝光光。

如雪帮着一同将碗筷摆好，而后便与如菊一样规规矩矩地站好，不敢像郝光光刚醒时那么自在了。

如兰与郝光光相处了一阵子，了解她的性情，自然不像不明状况的如菊二人那么害怕，将气得不停喘气的郝光光扶下床，感觉到了她的抗拒之意，眨眨眼投其所好道：“小姐先吃点东西吧，吃饱了才有力气与主上对抗不是？”

闻言，被叶韬害得胃口尽失的郝光光顿时来了精神，向如兰投去赞许的一瞥：“好妹子，你说得对。”

桌上摆着四个精致的餐盘，大概是顾及她睡了几日不宜立刻吃油腻食物，四盘菜都是很清淡养胃的蔬菜，一碗泛着甜香的粟米粥。

光闻味道就能看出厨子用了心，四素一粥瞬间挑起了郝光光的食欲。

吃饱了才有力气保住清白，郝光光坐下来后拿眼睛扫了下身旁的三个丫鬟道：“你们将这四菜一粥都吃上一口。”

了解郝光光的用意，三个丫鬟均听话地将粥菜挨个尝了个遍。

郝光光两只乌黑明亮的杏眼儿一直观察着，大约半刻钟过去，没见她们有何不妥之处，于是放下心来拿起筷子开始吃东西。

一直睡着肚子早空了，是以这一餐郝光光吃得狼吞虎咽的。

吃饱后郝光光去沐浴，她其实很想与叶韬对着干不洗的，但一路上睡过来，身上很不舒服，不洗澡难受的只会是自己。

如兰抱来刚摘下来的清香花瓣一一撒在浴桶内，挑了件路上叶韬特意为郝光光新添的衣物准备澡后换洗用。

“你们都下去吧，我自己洗。”郝光光解着衣服说道。

“主上让我们……”如菊刚要说什么，就被如兰拉了出去。

郝光光一边搓着头发一边思索怎么应付叶韬，没想到她会倒霉到来狼窝的第一晚就要名节不保！

“老色狼！发情了就找母狗去，本姑娘是你那大变态配得上的吗？当你的妾？呸，做你的春秋大梦去吧，我要当就当你姑奶奶！”郝光光越骂声音越大。

叶韬挥挥手让一个个吓得浑身发抖的丫鬟都下去，随后冷着脸走进了正不断传出辱骂声的房间。

“卑鄙无耻的家伙，居然给老娘下药！小心坏事做尽有一天也被别人下药，毒得你一辈子当太监！”郝光光匆匆洗完澡，用浴巾擦干了身子后换上一旁如兰准备好的干净衣服。

穿好衣服自屏风后走出来，迎面便撞上了全身绷紧正泛着怒意的叶韬。

“哎哟，你往哪儿走呢？！”郝光光摸着被撞疼的鼻子不悦道。

叶韬没开口，抓着郝光光的胳膊便将她往宽敞舒适的大床带。

“放手，你要做什么？”郝光光恐惧地反抗。

“你说做什么？当然是履行我做你男人的权利！”

“找别的女人吧，求求你了。”郝光光害怕了，原本硬气的语气到最后已经变成了请求。

叶韬松开手，居高临下地望着如兔子似的立刻跳离他身边的郝光光，挑眉轻讽：“现在知道怕了？方才骂人的胆子呢？”

“此一时彼一时。”郝光光匆忙间抓起一只精致的花瓶挡在胸前，防备地看着叶韬。

“你当我是什么人，可以任你随意辱骂？”叶韬抬手慢慢地解开腰带，冷笑着说道。

“别脱衣服！”郝光光立刻将花瓶举高做攻击状。

“不脱衣服如何履行义务？嗯？”叶韬一边解着衣服一边有如王者巡视国土般迈着优雅的步子向吓得花容失色的郝光光走去。

一个花瓶在空中划过一道优美的弧度，哗啦一声重重地摔碎在叶韬脚前，正是郝光光手里的那个。

“你别过来。”郝光光扔完了花瓶掉头就往外跑，大喊：“有采花贼啊！捉流氓啊！”

后脖领被揪住，郝光光怕得心都要跳出喉咙了，双腿一软往地上跌去，因被叶韬提着衣领才没有摔倒。

“我在这里，就算你喊破喉咙也不会有人进来。”叶韬轻柔得有些过火的声音听在郝光光耳中无异于地狱的索命修罗。

“庄、庄主，我以人头发誓以后再也不骂你了，你放过我吧？”郝光光阻止不住自己被叶韬再次往回带的身体，怕得两手紧紧抓着叶韬的胳膊，指甲“不小心”陷入他的肉里放声哭号。

“你这种人如果不给个实实在在的教训，是永远不知道长记性的。”叶韬像拎小鸡子似的将郝光光拎至床前，俯视着刚洗过澡披散着头发哭得鼻涕眼泪齐流的郝光光。

“别、别，我成过亲的，你们男人不是很介意这点的吗？”郝光光腿软得立都立不住，关键时刻她不惜抹黑自己以求自保。

叶韬闻言薄怒掠过俊美的脸庞，一现即隐：“不许提那两个字，你至今仍是完璧。”

“呜呜，我是完璧的事知情人不多，你若收了我做妾别人只会说你捡白小三穿剩下的……他们可不知我与白小三其实没有洞过房啊。”郝光光一边抹泪擦鼻涕一边拿眼角余光偷偷瞄叶韬的反应，她在赌叶韬的自尊心。

郝光光猜对了，叶韬确实不能容忍她曾是白小三的弃妇这一点，但却不代表他会为此甘愿受她威胁！

叶韬面色阴沉，揪起还在不断打着歪主意的郝光光毫不怜惜地扔上床，随后俯身压过去，捏住她的下巴盯住她泛有不解和恐惧的眼睛冷讽道：“这种时候还敢不老实，简直笨得可以。”

“我、我错了还不行吗？庄主您真精明，我真傻，您别跟我这傻瓜一般见识了吧。”郝光光语带哭腔地看着近到几乎贴到她脸上的充满了侵略性的俊脸，若换成别的女人说不定已经被叶韬的俊脸及结实的怀抱迷得晕头转向，但此时的她只觉得害怕。

“晚了。”叶韬松开郝光光的下巴，修长有力的大手贴着她纤细的脖子像是猫在逗弄老鼠般慢慢向下游移，滑上她微微颤抖着的起伏，顿了顿，最后来到她平坦柔软的小腹处停住，手指轻轻一挑，解开了她的腰带。

“不要啊！！！”郝光光闭上眼放声尖叫，双手双脚齐齐向紧贴在身上的男人攻去。

挣扎间因腰带被解开令衣衫敞得更开了，男人的身体也被她的挣扎扭动挑起了久违的欲火。

“你自找的！”叶韬乌黑的眼睛瞬间变得更加幽暗，声音因欲望而变得沙哑危险。

“救……命……唔。”郝光光呼救的声音突然被堵住了，是叶韬的唇。

某一个柔软的、热乎乎的东西在摩擦着她的唇，郝光光只感觉五雷轰顶，连挣扎都忘了，瞪大眼睛惊恐地望着用双手固定住她的头、嘴和牙齿并用“吃”着她嘴唇的叶韬。

女人生涩的反应不仅能满足男人的虚荣心，更能挑起其征服欲来，原本只是想好好吓一吓她的叶韬在尝到郝光光嘴里的甜美芳香后突然舍不得停了，舌尖不容拒绝地撬开她紧闭的嘴唇开始霸道地攻城略地起来。

毫无经验的小白兔又如何是老练的大灰狼的对手？三魂七魄吓跑了一半的郝光光神智本已大受影响，被某人刻意的挑逗爱抚下没多会儿便化成一摊春水忘了今昔是何夕。

郝光光感觉自己仿佛置身于云端，柔风轻拂脸颊，周身被温暖的阳光所笼罩，正有人带着她迎风翱翔于半空中，穿过丛林、飞过湖泊、行遍千山万水，最后登上峰顶俯瞰脚下的世界……

忽高忽低、时冷时热极具刺激性，郝光光心跳早已不受控制，只觉得眼前所有的景象都仿佛覆盖上了一层彩虹，整个是一片七彩的世界，虚幻美丽得有如处于仙境之中。

突然，空气变得稀薄起来，七彩仙境消失，胸口窒息般难受起来，处于迷离中的郝光光睁开眼呜呜着开始抗议，双手有气无力地捶着正不断“抢夺”她口中空气的男人。

察觉到了郝光光的不适，叶韬睁开眼意犹未尽地放过了郝光光的唇，抬手抚了抚有如抹了上等胭脂般红润迷人的俏脸，声音中带着连他都没有察觉到的宠溺，轻笑：“真是笨，不知道呼吸吗？”

得以解脱的郝光光开始大口大口地呼吸，感觉好受了思绪也跟着恢复了大半，突然感觉到不对劲儿，不自觉地往下一看大惊。她的衣服不知什么时候已被褪下，叶韬的亦是如此。

郝光光红润有光泽的脸立时褪去丽色，变成了苍白，怒声质问：“你、你脱我衣服？！”

激情过后，声音不受控制地有些发软，像是含着蜜似的带着丝丝柔媚，明明是带有怒意的质问，但泛有水光的俏目瞪起人来怎么看都像是媚眼儿如丝、正向情人使性子的小女人模样。

叶韬眯起眼，认认真真地打量了几番因察觉到声音“太过不像话”而懊恼的郝光光，不可思议地道：“原来你只有在这种时候才会变得稍稍像个女人。”

“滚开！”郝光光抬手向叶韬的脸抓去。

“野猫！”叶韬突然间喘得更厉害了，固定住郝光光两只不老实的小手，而后带着惩罚用力捏了一下她敏感的腰侧。

郝光光身体猛地一颤，苦着脸示弱道：“我当你的妾行了吗？只要你不对我用强。”

见叶韬闷声不吭，只是一个劲儿地拿那双仿佛能勾人心魂的俊眸盯着她瞧，心倏地漏跳了几拍，慌乱地道，“你去找长得比我美又比我识相的姑娘侍候你吧，我只会扫你的兴还惹你生气。”

惹他生气倒是真，但是扫兴？叶韬明显感觉到他的身体正兴奋得直颤。

大手在郝光光身上某个敏感处使坏地轻轻揉了下，在某人极煞风景的尖叫声中半真半假地威胁道：“以后你若不听话就会受到类似的惩罚。辱骂我一句就吻肿你的唇，敢打我就扒光你的衣服将你从头摸到脚，若企图逃跑最好祈祷别被我逮到，否则别怪我不顾你的意愿对女人用强！”

“是是是。”郝光光一听清白能保，立刻激动得有如小鸡啄米似的猛点头。

郝光光的反应令叶韬心中不怎么是滋味，趁还未改变主意之前立刻起身离开那具会令他失控的软玉温香。

得到解脱的郝光光扯过被子将自己裹得跟粽子一样，悄悄露出一对受了惊吓的眼睛偷瞄正穿衣服的叶韬。

没有一丝赘肉的精壮后背，宽肩窄臀，标准的倒三角形男性躯体，全身上下都充满了力与美，明明知道不该看，但却控制不住自己的眼睛，巴巴地猛瞧着，这身材委实比去妓院捉奸时不小心瞄到的白小三要好多了。

“再看我可就要改变主意了！”披上最后一件衣服的叶韬半侧过身狠狠瞪了眼正拿眼睛猛吃他豆腐的某人，听到自己沙哑的声音微微皱眉，暗斥向来以高超的自控能力为傲的自己今日居然会反常到仅仅被女人看着就会冲动，莫非是太久没有女人了？

“不要！”郝光光吓得立刻翻过身面冲墙壁，将被子拉高盖过头顶。

叶韬最后瞪了眼从头到尾蒙得严严实实的郝光光，冷哼一声匆匆出了房门。

久听不到声音的郝光光悄悄探出头去，在屋内扫视了一圈，没有看到人，心终于放下，这一放松，霎时感觉到背后已经布了一层冷汗。

后怕地拍着胸口小声庆幸着："阿弥陀佛，居然逃过了一劫。"

这一晚，庄内不止一个人看到了匪夷所思的一幕，他们眼中英明威武的主上大人自新带回来的郝姨娘房里匆忙而出，一刻不停地飞奔至不远处的湖，跳入清凉的湖水中泡冷水澡了。

短短的几步路他却施展了天下鲜有人及的高明轻功，如此的急切，给众人留下了广大的想象空间……

从狼嘴里有幸保住清白的郝光光这下不敢再轻易道叶韬的不是了，虽然叶韬这厮有出尔反尔的前科，但对她来说哪怕希望如汗毛丝那么微小都要慎重，清白这种事可不是闹着玩儿的。

负责侍候郝光光起居的丫鬟对她依然还是清白之身感到惊讶，虽好奇但却没那个胆子过问主子们的私事。

郝光光的到来，令杏园一下子成了山庄内最受瞩目的焦点之一，丫头婆子平时有事没事总爱往这里跑探消息，平时庄内八卦甚少无聊得紧，这次突然多了个"姨娘"大家自是觉得新鲜。

郝光光不是能闷在屋子里的人，除了吃饭睡觉她总出去到处逛，叶韬并没有限制她的自由。

叶氏山庄极大，比在南方暂住的别庄要宏伟得多了，方向感不好的人在这里绝对会迷路。

郝光光能自由行走的地方只有后院，前院是议事的地方，属机密之地，除叶韬允许外旁人不得擅闯。

在屋待不住想到处走动多结识点人是其一，熟悉环境暗中寻找适合逃跑的线路才是最要紧的。

郝光光人没架子，有亲和力，没两日便赢得了庄内丫头婆子的好感，她经常跑去听她们说八卦，因不喜被唤作郝姨娘，于是让人都称呼她为光光姑娘。

"我说光光姑娘，你这性子怎么就那么拗呢？跟了我们主上有什么不好？偏要害他大晚上的去冷水湖里降火气，就算是铁打的身子也禁不住长期这样啊。"几个庄内比较有点地位的婆子和大丫鬟凑在一起，嗑着瓜子数落着对石桌上刚做出来的新鲜糕点进攻的郝光光。

"就是，我们主上模样好本事大，又没有乱七八糟的红粉知己，光光姑娘不接受就算了，怎么还对主上又打又骂呢？"一名大丫鬟跟着说道，因知道郝光光没有架子，是以众人与她说话时都想说什么便说什么。

郝光光爱往这边跑的主要原因便是这些丫头婆子待人热情，见到她总会将最新做好的各种糕点拿出来让她品尝，叶氏山庄号称北方第一富，这里的好吃的好用的应有尽有，就算是下人日子都过得滋润得紧。

“当妾有什么好？”郝光光咽下最后一口枣糕灌了一口毛尖后咕哝了一句。

“光光姑娘难道嫌弃妾这个身份？”

“你这身在福中不知福的人哟，主上那样的美男子天下少有，做她的女人简直是前生修来的福气！像我家那老不死的又矮又丑，居然不老实学人家逛妓院！给他那种杀千刀的热了半辈子炕头一点好得不着，还被嫌弃是黄脸婆水桶腰。想想婆子的遭遇，你还嫌弃主上什么？咱俩换个位置你就知道自己多幸运了。”一名四十多岁身材圆润的婆子恨铁不成钢地对郝光光说道。

吃饱喝足了的郝光光终于有时间跟人侃大山了，拿出帕子擦了擦嘴，望向批判地看着她的众人道：“你们是不知道他有多恶劣……”

郝光光开始将自遇到叶韬后发生的一系列倒霉事添油加醋地说了一遍，她一直提醒着自己不能辱骂叶韬半句，说他哪里不好时也只是挑不会引起公愤的措辞来讲，总之只是将自己的不幸遭遇扩大，谈及叶韬本人时则说得很小心。

当郝光光说得口干舌燥终于说完时，本以为会博得一点点同情，谁想听众们个个目露红光激动地哇哇直叫。

“主上对光光姑娘果然是不一样的！”

“主上很少有这么注意一名女子的时候，光光姑娘要珍惜！”

“欺负着欺负着真情就出来了嘛。”话本看多了的小丫鬟说出来的话更令郝光光无语。

“照你们这么说，有天我欺负你们去不但不招恨，还会一个个地对我感恩戴德喽？”郝光光瞪着一干唯恐天下不乱的丫头婆子道。

“那不同，这只对男人和女人才说得通。”

说得正欢时，一个穿着鹅黄色衣裙的俏丽姑娘笑嘻嘻地走过来，她穿着打扮与一众丫鬟不同，衣料和首饰都要高出一个档次，她一来丫鬟们纷纷打招呼，郝光光见状猜测这小姑娘应该在庄内算是比较有地位的。

“这位是云心姑娘，叶大总管的嫡孙女。”有人为郝光光介绍起来，叶大总管在前任庄主在世时就已经是大总管了，为山庄劳心劳力付出半生精力，而后又服侍叶韬，在叶氏山庄的地位自是不用说。

叶大总管一家子都是叶氏山庄的家仆，在其严厉监督之下，每个人做起活来都称得上尽心尽力，叶韬感念叶大总管的忠心，做主令叶云心等兄弟姐妹脱离了家生子的身份，又因叶韬对大总管的孙子孙女都照顾有加，是以叶云心在庄内的地位可以算是半个小姐。

“你就是韬哥哥带回来的郝姨娘吗？看着比我还小。”叶云心大大方方地在郝光光身旁坐下，水灵灵的大眼睛忽闪忽闪地打量着郝光光。

一干丫头婆子不便一直逃懒，收拾了一番后便留下郝光光与叶云心两人离去做事了。

“你多大？”叶云心脸上带了点婴儿肥，略圆的脸很可爱，郝光光见到与自己年纪差不多大又可爱好看的姑娘立刻便生了好感。

“我十五了！”叶云心挺了挺比郝光光大了那么一点点的胸强调自己已经及笄，不“小”了。

“我十六，长你一岁。”郝光光得意。

叶云心拿过一块点心吃起来，鼓着腮帮子强调：“你看起来比我小就行了。”

“呵呵。”郝光光被逗乐了，笑着笑着突然想起某部话本上的一个情节，眼珠子转了转，做贼似的凑过去伏在叶云心耳边小声问：“你与我说实话，你喜欢叶韬吗？”

正吃着东西的人冷不防被这么一问，一时糕点渣子卡在了喉咙里，呛得叶云心眼泪都出来了，捶着胸口瞪过去：“你、你……”

“这么激动做什么，快喝口茶水压压。”郝光光殷切地递了杯茶过去，对方反应越大越是证明做贼心虚！想到这一点她兴奋得差点儿手舞足蹈起来。

郝光光脑海中闪现的情节是这样的：管家的孙女爱上自小便崇拜着的少主子，多年后少主子成了大主子，小孙女也长成了美丽可人的姑娘，因时常相见，渐渐地两人互生了情意。可天有不测风云，中途有其他女人插了进来，美丽的管家孙女嫉妒成恨，将碍眼的情敌送走了……

“你笑得可真难看。”其实叶云心原本想说“淫荡”来着，但好人家的姑娘不能随便说这两个字。

郝光光一点儿都不介意被说，反倒是对方越嫌弃她难看越合她意，怕叶云心太小或是心肠“不毒”，于是挤眉弄眼地暗示：“小妹妹，你想不想将我这个‘眼中钉’赶出庄外去？”

叶云心莫名地眨了眨眼：“我为何想赶你出去？”

“因为叶韬要纳我为妾啊，你也知道你们庄主目前没妻没妾没通房，我在这里就成了一家独大，有句话叫日久生什么情的，说不定就这么着他就对我生情了呢，到时一个抽风将我转成了正室可就有你哭的了哦。”郝光光摇着头万分怜悯地看着还处于“状况外”的叶云心，仿佛此时的她已经成了地地道道的被抛弃之人。

叶云心突然睁大眼睛兴奋道：“你也这么想？那为何听说你很不想当韬哥哥的妾呢？还对他又打又骂的。”

郝光光被对方不按“正常戏路”走的行为感到气闷，开始怀疑这姑娘比自己笨多了，耐着性子说：“还有心思管别人，你怎么就不关心一下自己的将来呢？！”

“我的将来与这个有关联吗？”叶云心被郝光光绕糊涂了，在对方恨铁不成钢的视线下感到莫名其妙。

耐性尽失，郝光光“啪”地一拍桌子怒道：“笨死你！叶韬若与我恩恩爱爱了，你不就没法子再嫁给他了吗？！这么简单的道理你怎么就不明白？”

叶云心闻言脸立刻涨红，结结巴巴地道：“我为何要嫁韬、韬哥哥？”

“你难道不喜欢他？”

“……喜欢。”妹妹不是都喜欢哥哥的吗？

“这不就成了？难道你想眼睁睁地看着心上人与别的女人好？”

“啊。”叶云心惊叫，终于弄清楚郝光光的意思了。

见叶云心脸色大变，郝光光终于舒了口气，总算是将这颗木头脑袋敲得稍稍明白了点。

“你误会了，我的心上人不是韬哥哥！”像是要捍卫什么般，叶云心这句话说得极大声。

郝光光只当她是心事被人发现不好意思，了解地拍了拍她的肩膀安慰道：“别激动，我是不会说出去的。”

叶云心不知是急的还是气的，脸通红，两手紧攥成拳头怒瞪郝光光：“我的心上人另有其人！”

“啊，是谁？”郝光光的表情微僵。

叶云心带了点婴儿肥的俏脸上顿时烧了起来，垂下头扭扭捏捏把玩着发角，嘟嘴羞道：“哪有你这么问的？这要人家怎么回答嘛。”

“你真的对叶韬一点儿意思都没有？那你刚刚生、什、么、气、啊！”郝光光瞪眼，不能接受难得想到的好法子就这么无疾而终。

“再问就不理你了！方才生气还不是因为你害得我呛到？”叶云心被郝光光逼得差点儿跳起来掐人。

果然是自己误会了，心情大起大落是很要命的事，郝光光愤愤地瞪了眼叶云心，最终垮下脸来欲哭无泪道：“我怎么这么倒霉，好容易碰到一个人，怎么就不喜欢叶韬呢？”

这句抱怨的话不仅叶云心听到了，连在她们身后不远处因身怀武功而耳力甚佳的两个男人也听了个一清二楚。

“没想到你对我的私事这么关心！”叶韬带着火气的冷嘲突然自身后传来，吓得郝光光噌的一下跳起来。

“你、你、你走路都不带声音的吗？”郝光光神色慌乱地望着神情冷怒的叶韬。

“若非你对我的‘感情生活’这么上心，岂会听不到脚步声！”叶韬将“感情生活”四个字咬得极重。

“我开玩笑的，开玩笑呢，庄主你若当真可就着了我的道了，哈哈。”郝光光心虚地说完后立即施展起轻功落荒而逃。

“韬哥哥。”叶云心手足无措地站起身，嫣红的脸在瞄到叶韬身边的那个男人时一下子红得更厉害了，羞答答地低下头，紧张地揪着衣角结结巴巴地唤，“东方、东方哥哥。”

对叶云心女儿家的小心思稍稍了解的叶韬点点头，见她紧张得话都说不利落了，体贴一笑：“心心去玩儿吧，我与你……东方哥哥有事要谈。”

“是。”叶云心头都没敢抬，扭头跑开。

看着叶云心匆匆跑开的背影，叶韬对还在发愣的男人开着玩笑：“怎么样？终于相信心心的心上人不是我了吧？”

东方佑被调侃得颇不自在，收回专注于叶云心俏丽身影的视线，小麦色的俊脸上露出一丝不易察觉的赧然。

郝光光因“不老实”被叶韬发现后提心吊胆了一整日，一直窝在房里时不时地哼个几声装不舒服，丫鬟要请大夫她又不让。

一直到天黑叶韬都没有出现，听下人说他这几日正忙着，忙得没工夫找她麻烦，于是郝光光放心了，不再装病，将八哥提进屋里来教它说话。

“少主。”给郝光光铺床的如兰见到走进来的叶子聪，立刻规规矩矩地行礼。

“嗯。”叶子聪背着手迈着矜贵的步子向郝光光走去，使了记眼色让如兰出去。

“少主好！少主妙！少主少主呱呱叫！”小八哥见到叶子聪立刻抬头挺胸大声说道。

叶子聪听得不太高兴，板起脸瞪着正邀赏的八哥：“什么呱呱叫，本少主又不是青蛙！”

“谁又没说你是青蛙，这话是指你样样都好得顶呱呱。”郝光光眼皮子都没抬地说道。

“顶呱呱，顶呱呱。”八哥学舌。

没再理会八哥，叶子聪在郝光光身旁坐下拿眼角扫郝光光，不满地道：“若我不过来，你怕是已经忘了我的存在吧！”

“你又在发什么少爷脾气？”郝光光狐疑地斜睨着叶子聪不悦的小脸。

叶子聪立刻转过头，拿后脑勺对着郝光光，哼道：“听说这两日你找丫头婆子可开心着呢！”

“扑哧”，郝光光闻言乐了，抬手用力揉了揉叶子聪的脑袋随便找了个理由道：“你回来后不是忙着练功夫就是忙着学文化，我可不敢去打扰你。”

叶子聪皱着的小脸松缓了些，转回头想了想道：“这样吧，自明日起晚饭过后你来陪我练字。”

郝光光头皮发麻，给他当使唤丫头吗？摇头立刻拒绝：“你爹爹肯定不会答应。”

“爹爹同意，他也想你识点字呢！”叶子聪反驳。

“识、识字？”郝光光震惊，不相信地说道：“少胡说，我识不识字有什么打紧？”

“怎么不打紧？庄内的丫头们都识得几个字，就你一个人不识字，你很好意思吗？”叶子聪批判道。

“都识字？”郝光光眨了一下眼，呆呆地问。

“当然，我们叶氏山庄最最鄙视的就是你这种不识字的人。”叶子聪仰头骄傲地说道。

“这么不屑我，那就将我赶出去啊，免得留在这里给你们丢人！”郝光光不悦地回嘴，小屁孩子傲成这个德行一点儿都不可爱。

“你再说要走的话我就告诉爹爹去。”叶子聪也学郝光光拿叶韬说事。

“是你嫌弃我的，可不是我说要走的。”

“我没有嫌弃……”叶子聪气恼地纠正。

“你瞧瞧，我们两个每次在一起都吵架，这样我如何去陪你温书练字？哪日你学得慢了还不得将错赖到我头上啊？不去！”郝光光最怕的就是背书识字。

“哼，不理你了。”叶子聪臭着小脸儿跳下椅子走了。

郝光光没有阻止叶子聪，皱起眉头望着八哥开始烦恼起来，一直听说什么女子无才便是德的话，于是从来都不觉得不识字丢人，怎么这里的人是以不识字为耻的？

“如兰。”

“奴婢在。”如兰从外间走进来。

“你识字吗？”郝光光问。

“识得一些。”

“如菊如雪她们呢？”

“都识得一些，庄内的下人来到山庄后都是要学识字的，有专门的人教。”如兰如实回答。

闻言，郝光光眉头立刻皱起，这叶氏山庄有够变态，下人居然要求必须识字，白家的下人根本就没几个识字的，就叶韬搞特殊！

“没事了，你下去吧。”郝光光烦躁地摆了摆手。

次日，刚用过早饭不久，下人便传报叶云心来了。

郝光光有点不自在，想起昨日误会人家的情景就觉得对不住叶云心，尤其是还被两个大男人撞见了。

比起郝光光的不自在，叶云心倒是自在多了，进来后就拉着郝光光的手说：“我无聊得紧，你陪我说说话吧？”

“好啊。”见叶云心没有将昨天的事放在心上，郝光光咧嘴笑了，让如兰上了两盘瓜果点心，然后拉着叶云心坐在桌旁聊天，为防昨日的糗事重现，特意命如兰她们去外间守着，若有人进来就大声通知她。

“昨天我们说的话被韬哥哥他们听到了，我、我一想起这事就……”叶云心脸红了，支吾着不好意思往下说。

“怎么了？”昨日老早就逃跑了郝光光没发现当时叶云心的可疑之处，是以什么都不知道。

“你问我是否喜欢韬哥哥，那个人也以为我喜欢的是韬哥哥。”叶云心望向郝光光，羞红的脸蛋儿渐渐泛起苦恼之色。

“哪个人？”郝光光问。

“东方哥哥啦。”因唤出心上人的名字，叶云心的脸又红了。

“那个脸上有疤的冰块儿？”

叶云心闻言表情顿僵：“你不要嘲笑他脸上的疤，那疤其实是、是我小时候用刀划的。”

“什么？你划的？”郝光光诧异地瞪大眼。

叶云心羞愧地低下头，扭着手指头道：“我小时候比较霸道，仗着叶伯伯和韬哥哥的宠爱总是欺负人，对叶伯伯带回来的孤儿尤其看不顺眼，那个孤儿就是东方哥哥啦。他爹爹以前是叶伯伯的得力下属，后因救叶伯伯身亡，叶伯伯便收养了东方哥哥，对他极为重视，我、我不知怎么的就很讨厌那个整日不苟言笑的孤儿，不仅不给他好脸色看还老笑话他长得像块黑炭。

“他、他其实长得很好看，一点儿都不比韬哥哥和左哥哥差，庄内很多小丫头都偷偷爱慕他。我当时年幼，看他对别的姑娘温和就生气，有一次他帮一个丫鬟提了一桶水，我、我当时不知抽了什么疯就冲上去抢过他一直放在袖口中的匕首然后往他脸上划了一刀。呜呜，我当时魔怔了，还说就讨厌他那张招蜂引蝶的脸，结果大概是这句话伤了他的自尊心，他脸上的疤贺大夫是可以消去的，可是他拒绝了。”

“啊，你以前居然这么混账，真是人不可貌相啊！”郝光光对叶云心肃然起敬。

“你别笑我了，伤了东方哥哥的脸是我自小到大做得最离谱的一件事，事后被祖父请家法打得昏迷了好几日，之后又被罚跪祠堂面壁思过，很久之后我才得知祖父还有爹娘都去向东方哥哥道歉了，他们还差点儿跪下，是东方哥哥仁厚阻止了，否则我、我……他还说只是破了相而已，并没有生我的气。”有些话憋在心里太久实在难受，一旦找到了想要倾诉的对象就想将所有苦恼都说出来。

“你是什么时候发现自己喜欢上他的？”郝光光觉得这比小丫鬟讲的话本有趣多了，听得特别投入。

“其实我应该早就、就那样了，否则也不会见他对丫鬟好就不高兴，更不会失控到破了他的相。反正之后我就有点不敢见他，见到了也不敢看他，很久之后才意识到原来这就是喜欢。可我不敢告诉他，前阵子左哥哥开玩笑时说东方哥哥一直以为我喜欢的是韬哥哥。”叶云心垮着脸，带有婴儿肥的小脸上写满了“后悔”两个字。

“喜欢就说啊，这有什么不敢的？一直让他误会下去岂不是耽误了你？”

郝光光实在是搞不懂女儿家羞答答想说不敢说的别扭心思，在她的观念中喜欢就说出来，像她老爹似的，喜欢她的美人娘就直接将人偷走，要是像叶云心这样别别扭扭的，美人娘早被别的男人抢跑了。

叶云心瞪过去，嗔道："你是没有喜欢过人吧？怎么懂得因喜欢一个人而患得患失的心情？何况我是女子，哪里好意思跑去告诉他我喜欢他。"

"没喜欢过人又如何？等我喜欢了就直接告诉他，才不会像你这般扭扭捏捏的，黄花菜都凉了。"郝光光一脸鄙夷道。

"哼，我等着你喜欢上韬哥哥的一天！"

"喜欢个屁！我喜欢上任何一个男人都不会喜欢姓叶的那个大变态！你想等到那一天就等吧，等得你成了老太婆。"郝光光翻白眼，她又不是受虐狂，怎么可能会喜欢上一直囚禁她不给她好日子过的叶韬？

"你别说得那么肯定，当年我还不懂事时就像你一样觉得自己最讨厌的人是东方佑，喜欢谁都不可能喜欢他，结果我、我现在最喜欢的就是他。"说到后面时叶云心不好意思地捧着发红的脸傻笑。

没有人喜欢被人一个劲儿地与最讨厌的人凑成一对的，郝光光对叶云心不停提起叶韬的事感到恼火，这一生气立刻便将某人的威胁忘到了脑后，大声道："你闭嘴！我与你不一样，东方佑没欺压过你，你喜欢上他不足为奇，可那大变态叶韬对我就从来没好过，差点儿害得我娶一个蛇蝎美人，还害得我差点儿为偷甲子草丢了性命，这种人渣我喜欢他做什么？哪怕太阳打西边出来、天下红雨、你抛弃了冰块儿爱上白小三，我都不会喜欢上那变态！"

"白小三是谁？"

"白小三是我前……"话未说完的郝光光见到突然走进来的男人时脑子顿时一蒙，忘了将要说的话。

"没想到我在你眼中是这个样子的，很好，很好。"叶韬含着一抹令人看了为之胆寒的笑慢慢走进来。

"韬哥哥。"叶云心站起身来，见叶韬脸色不善，同情地看了眼窝囊地缩起脖子来的郝光光，随意寻了个借口匆匆离开。

"如、如兰哪里去了？"郝光光怒道，暗怪如兰关键时刻不通报。

"是我不让她们通报的，有意见？"叶韬如泰山压顶般向郝光光靠近。

"没意见！庄主说什么就是什么。"郝光光强忍着逃跑的冲动，对离得越来越近的叶韬僵笑着。

叶韬伸出手轻轻一拎将郝光光提了起来，将她整个人抵到墙壁上压低身子困住她。

“你要做什么？！”郝光光吓得哇哇大叫，挣扎了下哪里逃得出去？她被叶韬用双臂牢牢地困在了他的怀抱与墙壁之间。

“我曾说过什么，你忘了吗？”叶韬说完捏住郝光光的下巴，固定住她不停摇晃的头，俯身慢慢靠过去。

“呜哇，饶了我吧，再给我一次机会行不行？”叶韬呼出的温热气息拂在她的脸上，郝光光双腿颤得立都立不住了，哭着求饶。

“你只要骂我，我便当你在渴望我的吻；敢打我便是在暗示着你想被我扒光衣服！而若是你妄图逃走呢，则在说明什么？”叶韬声音低柔，享受地打量着示弱讨饶的郝光光。

变态，真是个大变态！郝光光心中无声呐喊着，眼泪掉得更凶了。

“哭什么？好像被虐待了一样，我这可是好心成全你的愿望。”语毕，叶韬“如郝光光所愿”地俯首用嘴封住了颤抖着的红唇……

【第7章】拍马屁

郝光光连着好几日不敢出房门，哪个丫头婆子端着好吃的好喝的来她只让丫鬟留下东西，人绝对不见！

之所以不见完全是因为叶韬，每想起那日的事就气得想杀人，她的嘴唇又红又肿，房里的三个丫头一看到她的嘴就眼带暧昧掩嘴偷笑，刺激得郝光光将屋内所有能让她看到自己“香肠嘴”的铜镜都砸了。

叶韬与郝光光在屋内“激情”的事迹不久便传得沸沸扬扬，证据就是郝光光那肿得跟香肠一样的嘴，还有她不出门且拒绝见客的“害羞”模样。

打趣郝光光的人不少，但敢打趣叶韬的几乎没有，唯一的一个敢打趣的左沉舟某日摸着下巴暧昧地笑话叶韬：“憋太久的男人猛起来果然不一般，拿人姑娘当柿子咬，你悠着点儿，别吓着人家。”

就是这句话惹毛了叶韬，可怜的左沉舟据大家伙儿猜测是被“恼羞成怒”的叶韬打发去各地巡察生意去了。

“我要找光光玩。”叶云心与如兰她们在院门口进行几日来不知道第多少次的交涉。

“云心姑娘，小姐吩咐不见客的，您先回去吧。”如兰无奈地劝道。

“是韬哥哥允许我来的。”叶云心说完后向郝光光的屋子方向大声喊起来，“郝光光，是韬哥哥让我来的，如果你不让我进去我就去告诉韬哥哥，到时后果自负，哼！”

躲在屋内一直避着叶云心的郝光光闻言嘴角直抽，站起身砰的一下打开窗子，不高兴地冲外吼了一嗓子：“进来吧，吵死个人了！”

诡计得逞的叶云心得意地朝如兰她们一笑，扬着下巴美滋滋地进门了。

“想见你一面真是不容易呢，不将韬哥哥搬出来今日我又得无功而返。”进门的第一句话就将郝光光气着了。

“找我有事？”郝光光板着脸一点儿都不友好地道。

“啧啧，这么凶干吗，我是来看看你‘好些’了没有。”叶云心在郝光光对面坐下，淘气地眨着暧昧的大眼盯着郝光光早已恢复如常的嘴唇猛看。

“看完了？看完了可以走了！”

“怎么这么大火气啊，你别气了，我说笑的。”叶云心收起玩心，略带忐忑地小声道歉。

郝光光瞪过去，没好气地道：“若换成几年前你还讨厌东方冰块儿的时候被他堵屋里……那个了很久，你会高兴被别人拿这种事来说笑吗？！”

叶云心吓得一哆嗦，前两次见面郝光光都和和气气的，又觉得有点投缘，是以敢调侃她，谁想今日她会这么凶，瑟缩了下怕怕地保证道：“你别气了，我发誓以后不再拿你与韬哥哥说笑了成不？”

“再有下次就将你脱光了直接送到东方冰块儿床上去，让你一、夜、春、宵！”郝光光威胁。

轰的一下，叶云心脸瞬间红成了猴屁股，又羞又惊又怒地指着郝光光：“你、你怎么能说出这样的话来？”

“我不仅说得出，还能做得到！”郝光光哼了一声。

“你太流氓了！”叶云心控诉道。

“这都是跟你那亲爱的‘韬哥哥’学的。”

叶云心气呼呼地瞪了郝光光几眼，大概是终于了解了对方的心情，收起恼意换了个话题道：“这几日你都不跟我玩，好无聊。”

“就知道玩，都大姑娘了，眼看就要嫁人了居然还整日往外跑，你家人也不说你？”想到叶云心自小众星捧月似的在一众宠她爱她的亲人间长大，郝光光就羡慕不已，她只有爹和娘，娘死得早，后来爹爹也去了，目前只剩下她孤零零的一个人在这世上，没人宠就罢了，还总被坏人欺负。

“有什么可说的，以后就算嫁也是嫁庄里的人……”叶云心想起了想嫁的男人，嘴角不自觉地挂起了甜蜜羞涩的笑。

“就你这磨磨蹭蹭的总背后偷着脸红的模样怎么嫁给冰块儿？”郝光光鄙夷，她就受不了叶云心羞答答又患得患失的模样，一点儿都不干净利落。

“一定会嫁的！祖父说到时与韬哥哥商量，让韬哥哥做主将我许配给、给东方哥哥。”叶云心说话时大眼睛里满是喜悦，就是因为得到这个好消息才想找郝光光来分享喜悦，结果谁想连着好几日都被拒之门外。

“是吗？那真是件好事。”郝光光衷心祝福道，她向来是火气来得快去得也快，叶云心不故意气她时两人就能相处得很好，她们年龄相近，脾性比较合对方的口味，于是很快就成了朋友。

“早就想来告诉你这件事了，就你总将我赶走。”叶云心再次控诉起来。

“你以后如果不说令我生气的话就随时欢迎你来。”

“一言为定。”叶云心笑了，因嫁东方佑有望这几日她动不动就笑，浑身散发的喜悦很轻易感染到周围的人。

女孩子在一起最爱谈论的话题便是彼此的心上人了，郝光光没有心上人没什么可谈的，于是便一直听着叶云心说着几年来东方佑的点点滴滴，不同于叶云心急需找人分享她酸甜爱恋的喜悦心情，郝光光最想做的事是将叶韬所做的一切恶事都抖搂出来，然后拉着人与她一起骂他，可惜吃过了好几次教训的她此时根本是有那心却没那胆。

“对了，左右平日里你我都无事，要不我每日教你识字如何？”叶云心眨动着无邪大眼询问道。

“不好，我才不要识字。”郝光光回道。

“不让我教你识字，你会后悔的。”叶云心嘟着嘴道。

“为什么会后悔？”

“哼，不让我教，到时……”

“到时什么？”

“哎呀，都晌午了，我要赶紧回去，明日再来寻你玩。”叶云心看到一旁的沙漏惊呼一声，没来得及回答郝光光的问题便急匆匆走了。

自从那日叶韬狠狠“欺负”了郝光光后就一直没再出现，这点令郝光光稍稍好过一点，否则真怕夜不能寐，被他吓得神经错乱。

次日，在屋子里闷了太久的郝光光终于决定“不害羞”了，想出去走动走动，刚出院门就被叶韬的贴身侍卫叫走了，说叶韬有事要找她。

叶韬没有在书房，而是在山庄的后山处等着郝光光，身旁站着东方佑。

“主上，郝姨娘带来了。”侍卫禀报。

郝光光被那声“郝姨娘”震得眼皮狠狠抽动了两下，虽不满，却理智地没敢在叶韬面前抗议。

“嗯。”叶韬转过身望向睁大眼开始好奇地在山间树木中来回打量的郝光光。

“带我来这里做什么？”郝光光打量了一圈，看出山上布满了各种阵法。

叶韬背着双手淡淡地望着几日不见的郝光光，俊眸在她的唇上停顿了片刻，随后立刻转移了目光，道：“想必你也看出了些门道来，既然你会破迷魂阵，这些阵法怕是应该也难不住你。”

“你是想试试我的能耐？”郝光光问。

“是有这打算，不用怕，阵里的机关已经关掉，你只管进去试试，若半炷香内还没出来我自会派人进去寻你。”叶韬轻声解释道。

“阵法的尽头是通往何处的？”郝光光眼中闪现雀跃，闷了好几日总算有了个好玩的事，暂时将对叶韬的怨恨搁置到了一边。

“通往哪里你亲自去看看不就知道了吗？”叶韬嘴角含笑，语气中存了几分诱惑。

“去就去，这阵比你说的那什么迷魂阵要简单点儿，我很快就会出来。”郝光光胸有成竹地说完，迈开步子便向江湖人闻风色变的神秘肃穆阵法走去。

“光光。”郝光光进去时，叶韬突然出声唤道，不知怎么的这“光光”两个字很轻易地便唤了出来。

“什么？”郝光光下意识地转身回应。

“有特殊情况记得大声通知我们。”叶韬眉头微微皱了皱，为自己莫名涌上的类似关心的反应感到很不习惯，并且排斥。

“知道了，还有，不许叫我‘光光’！”郝光光瞪了眼叶韬，转身进了阵法之中。

叶韬闻言眸中温度顿时降了下来，抿紧唇不悦地望着郝光光消失的方向。

一直没出声的东方佑眼中突然滑过一抹笑意，道：“很有趣的姑娘。”

“哼，不知死活又傻又笨还不识抬举的野丫头！”叶韬恼火地评判道。

难得见叶韬如此情绪外露地评判一名女子，尤其还连续用了好几个贬义词，果真如左沉舟说的那般叶韬对那个郝光光有点不一般，东方佑向来少有情绪波动的脸上难得露出一丝丝笑意来。

时间一点点过去，半炷香的时间很快就要到了，郝光光还没有出来，叶韬的眉头不自觉地紧皱。

“她真的能破阵？”东方佑语带疑惑地问。

“迷魂阵都能破，何况她刚刚明明说了这些阵法相对来说要容易些。”叶韬语气中也不敢那么肯定了。

“阵里机关是暂时撤了，但说不定会有野兽出没。”东方佑说道。

叶韬没开口，只是一直背在身后的双手下意识地攥了起来。

一旁燃着的香已经烧了一半，郝光光还没出来，叶韬刚要开口唤人进去寻郝光光，正在这时阵里突然传出一道女子的惊呼。

东方佑迅速施展轻功奔了过去，与此同时，一道更快的黑色身影自他身旁掠过，向声音传出的方向奔去。

“这么在意？”东方佑见状大为惊讶。

很快，叶韬便看到了跌坐在地上捂住脚直龇牙的郝光光，在她面前停住质问：“怎么了？”

“扭到脚了。”郝光光回答得有些没脸，这阵法一点儿都难不倒她，之所以没立刻出去是因为怀疑这里是通往外面的路，于是特意多探查了一番，还没寻到通往外面的路时间就要到了，怕叶韬知道她有逃跑的心思只得迅速往回赶。

光顾着做贼心虚了没注意脚下，踩到了凸起的石头，本来轻功甚好的她绊到了石头也是不会跌倒的，但好巧不巧地偏就在这时腿抽筋了，于是就……

“蠢死你算了！”叶韬黑着脸批评道。

都快被自己臊死了的郝光光被叶韬一鄙视，脸面更挂不住了，尤其旁边还有个“冰块儿”在，忍不住回嘴道：“还不是因为这几日没休息好腿抽筋了吗？”

“没休息好？”叶韬面露狐疑之色。

“哼。”郝光光愤愤地别开脸，她能说被那日下午的“吻”吓得夜里睡不着，担心叶韬突然出现再“强迫”她吗？

见两人要吵起来，东方佑及时开口道：“出去再说吧。”

郝光光闻言放下肿起来的右脚，双手撑地慢慢爬起来，咬着牙一瘸一拐地往外走。

叶韬看不过去，不由分说上前便将她拦腰抱起。

“你干什么？！”对叶韬的接触有点“恐惧症”的郝光光惊声尖叫。

“闭嘴！”叶韬冷声喝道。

感觉到了叶韬的怒火，郝光光不敢在老虎嘴上拔毛，只得僵着身子垮着脸任由他抱出阵去。

“据说你这些日子很闲，既然如此自明日起开始学识字吧，我亲自教！”叶韬瞥了眼脸色瞬间发白的郝光光冷声道。

“不、不用了，云心妹妹说要教我识字的。”郝光光连忙出声拒绝，开玩笑，他来教她识字那还有好日子过吗？

一直在他们身后行走的东方佑听到叶云心的名字脚步微顿，眼中流露出一抹不易察觉的柔意。

“你不是拒绝了？那就由我来教。”叶韬被郝光光明显的反抗搞得心情很不好。

终于明白昨日叶云心的那句“你会后悔的”指的是什么了……

郝光光脚踝肿成了包子，只能在房里休息，庄内有位医术很好的贺老大夫，给郝光光开了涂抹的药，让郝光光每日上完药后揉半个时辰。

没有让如兰她们给她揉脚，郝光光坚持一切自己来，不想放任自己沉迷于这种被侍候的享受生活，怕逃出去后会过不习惯没有丫鬟可以使唤的日子。

晚上，用过晚饭后在丫鬟的帮助下好容易洗了澡，郝光光坐在床上拿出药膏给脚上肿起的地方涂抹上，药是半透明泛着淡淡植物清香的膏状物体，抹匀后不会令脚出现太过明显的色差。

“咝咝，好疼好疼。”郝光光一边揉着脚踝一边呼痛。

“怎么不让下人来做？”叶韬的声音突然响起，将郝光光吓了一跳。

迅速将两只白生生的小脚缩进裙摆内，郝光光皱眉看向走过来的叶韬：“我自己揉能掌控好力道。”

叶韬在郝光光床前站定，望向遮住双脚的裙摆处，伸出手要去掀裙摆。

“你干什么？”郝光光两手牢牢压住裙摆，一脸防备地瞪着叶韬伸过来的大手。

“我只是想看看它肿得有多难看而已。”叶韬声音中泛着微微不悦。

“很难看，你还是别看了。”郝光光将脚护得严实，那是她的脚不是手，女人的脚哪是可以随便给男人看的！

将郝光光排斥的表情揽入眼底，叶韬双眼微眯：“还不快点揉，想一直当跛子吗？”

“你、你回避一下我就揉。”郝光光以商量的语气说道。

叶韬什么也没说，伸手就要去掀郝光光的裙子。

“啊啊啊，庄主您的好意我心领了，这种事我自己做就成，不敢劳烦您给我揉脚。”郝光光尖叫一声挥开叶韬的手，扯过一旁的被子将双脚盖住，一系列的动作做完后怕叶韬发火，缩着脖子拿眼角偷瞟叶韬的脸色，长长的睫毛因担忧而轻颤着。

叶韬额头青筋暴跳，冷冷地注视着郝光光，忍着怒火嗤笑：“你可真会抬举自己，我从不给女人揉脚，何况是你这个女人的脚！”

郝光光听得眼皮子直抽，敢怒不敢言，哼了一声别过头去当作没听见。

“赶紧揉，你脚伤未愈期间我会来你房里教你识字，不要以为脚不好就可以不用学认字了！”叶韬说完要说的话后转身离去。

“我才没那么蠢拿自己的身体当儿戏。”郝光光在叶韬走后小声嘀咕道，身体发肤受之父母，岂能不爱惜？叶韬自己是小人，于是就拿小人的眼光来看她，真是可笑。

次日，叶云心来看郝光光，结果挨了顿训斥，被迁怒的她没敢多待一脸委屈地离开了。

叶韬由于白天忙，是以只在临近晚饭时才会稍稍轻闲一些，于是他给郝光光定的时间是晚饭后半个时辰学认字。

郝光光晚饭吃得一点儿都不高兴，草草吃完后就见如兰她们将文房四宝都拿了出来放在屋内新添的书案上，又摆上了两个舒适的坐椅，几乎是刚一准备好叶韬便来了。

“你们先下去吧。”叶韬让如兰她们都出去。

走到床前俯身将郝光光抱起放在书案旁的椅子上，叶韬在她身旁坐下，问：“你都识得些什么字？”

郝光光咽下因被叶韬“吃豆腐”而涌起的不满，想了想如实回答道：“识得的不多，人、丁、大、小这几个笔画简单的认识。”

叶韬拿过笔在纸上写了个“天”，问：“这个字认识吗？”

“不认识。”

又写了几个笔画较为简单的字，结果郝光光一律不认得。

“你爹娘没教过你识字吗？”了解了郝光光“文化程度”的叶韬脸色不怎么好看。

“没有，我娘说了女人太有才华不是件好事，于是就由得我不学了。”

“你娘琴棋书画是否样样精通？”叶韬开始询问起关于郝光光娘亲的事。

“记得不清楚了，没见过她下棋，也很少见她写字画画，不过琴确实是弹得很好听。”郝光光怀念地说道，以前的生活虽然清苦，但一家三口在一起生活得很快活。

“你娘有否提过你外祖家的人？”叶韬继续问。

郝光光不耐烦了，杏儿眼立刻瞪过去：“你是来教我识字的还是盘问我祖宗十八代的？我只有爹和娘，什么外祖内祖的全没见过，也没听他们提起过，这下你可满意？”

叶韬若有所思地打量了下全不知情的郝光光，这女人什么都不知道，问也是白问，当年魏家的事明显是被人暗中做了手脚特地隐瞒了，多日下来东方佑没查到什么有用的消息。

“算了，我今日就教你两个字吧，明日你就在房里练字。”叶韬说完后在纸上写了个“叶”字，随后又写了个“郝”字，对郝光光道，“这是叶，我的姓氏，这个郝字是你的姓氏，先将这两个字记熟。”

郝光光看了两眼，觉得哪个都不简单。

“会拿笔吗？”叶韬知道这话问了也是白问，拿起一支狼毫塞入郝光光的右手。

天生不适合握笔杆子的人握起笔来跟握筷子差不多，看得叶韬眉头直皱，啪的一下拍向郝光光的手轻斥：“你是握笔呢还是吃饭呢？”

“我说了不想学，你偏让我学！”郝光光揉着被拍疼的手背控诉。

“你可以再笨点！”自小无论是读书还是练功都很得长辈欢心的叶韬无法容忍连握笔都握得跟握筷子似的笨学生。

“我才不笨，我爹说了我的聪明体现在学功夫和阵法上，这等握笔写字的事学来做什么？我一个女人又不用去考取功名。”郝光光干脆扔下笔不学了，免得被嫌弃。

“不学也不是不可。”叶韬也放下了笔，望向因他的话眼睛瞬间一亮的郝光光，薄唇一扬，“不过得拿你的清白来换。”

啪的一下，郝光光往书案上一拍，抄起毛笔大义凛然地道：“不就是学识字吗？这有何难，你尽管教。”

“不勉强？”

“不勉强！”

“这可是你说的，我没逼你。”叶韬轻笑。

“是、是，您真的没逼我。”郝光光咬牙切齿地点头。

就这样，为了保住清白，郝光光硬着头皮去学握笔学写字，短短半个时辰内手被拍红了，因照着“画”出来的字太过四不像，被叶韬又是“笨了”又是“蠢了”又“无可救药”地鄙夷了无数次。

总之，短短的半个时辰间郝光光就像一直置身于地狱里，叶韬便是那提着鞭子满脸狰狞的恶鬼，被恶鬼又吓又训又打手背的郝光光到最后恨不得拿刀一下捅死叶韬，无奈现实的差距挡在面前，怕是杀不成反被“奸”，只得作罢。

“今日先到这儿，‘叶’和‘郝’这两个字明晚我来检查，必须要写得像样儿点，否则……”站起身的叶韬突然俯下身在郝光光耳边低语了一句，眼看着她的“大花”脸倏地涨红后大笑着出了房间。

“无、无……”无耻，最后一个字被气得理智还剩下一星半点的郝光光咽回了肚子里。

次日，郝光光的脚经过上药按摩已经好了大半，在叶云心的指导下熟悉握笔的姿势，然后练字。

中午时叶云心没回去，就留在这里与郝光光一起用的午饭。

饭后，叶云心突然说道：“对了，听说下午夫人还有遇哥哥会来。”

“什么夫人？什么哥哥？你的哥哥怎么那么多。”郝光光不在意地回道，她此时满脑子都是“叶”和“郝”两个字，装不进其他了。

“夫人就是韬哥哥的娘，遇哥哥是韬哥哥同母异父的弟弟。”叶云心瞪着眼，对郝光光来到山庄大半个月连夫人和遇哥哥是谁都不知道的行为感到不满。

“啊，我想起来了，叶韬是有个娘来着，好像是官夫人吧？官夫人不是很忙吗？”郝光光很惊讶。

“我也不清楚，以往都是遇哥哥每年来庄里小住一阵子，夫人很少来的。”叶云心回道，小时候一直叫叶韬的娘为叶伯母，后来对方夫家变了，于是随庄内的人一起唤她夫人。

“你说今晚他娘和弟弟就来了，叶韬是不是就没空来逼我识字了？”郝光光眼含期待地问。

“这个……应该是吧。”叶云心也不敢确定。

“哈哈，那简直是太好了！”郝光光一扫愁眉不展的模样，开怀大笑起来。

叶云心盯着郝光光的笑脸看了好一会儿，突然赞道：“光光，你有时看起来还是很美的。”

郝光光闻言立刻投去鄙夷的一瞥：“什么叫有时，明明是任何时候看起来都很美！”

“当我什么都没说过吧。”叶云心无语了。

午睡醒来没多久，就有消息传来说夫人和遇少爷来了。

郝光光对这件事兴趣不大，正思索着叶韬晚饭后会不会过来时叶云心突然跑了进来，拉住她的手道：“光光，夫人和遇哥哥来了，我们过去看看吧。”

“我脚不方便，不去。”

“去吧去吧，我扶你过去。”叶云心很兴奋，拉着郝光光的手就往外走。

郝光光推托不过，只得无奈地随着叶云心往外走，手臂搭住叶云心的肩膀，将身体重心放过去，走得慢些倒是不影响伤脚。

路经的下人们都在忙活着，看起来对来客很是重视的样子。

快走到门口时，迎面走过来一行人，叶韬和东方佑在前，身后跟着几个人，正向郝光光二人的方向走来。

他们身后有一顶轿子，轿子上标有叶氏山庄的标志，郝光光猜应该是那位夫人进了山庄后下了马车改乘轿子，官家太太注重礼仪身体又矜贵，自是不会像她们这种平民百姓般走路，不是乘马车就是坐轿子。

“快看快看，韬哥哥左手边那个穿月白色衣服的男子就是遇哥哥。”叶云心拉着郝光光在路边停下，兴奋地介绍道。

郝光光顺着叶云心的手指望过去，眼睛刚瞄到叶韬身旁那个锦衣华服的青年男子，还没来得及细看长相突然瞪大眼睛，惊恐地看着跟在轿子旁呈保护姿势的男人，那、那人是……

抬手捂住吓得跳动失控的胸口，转身拔腿就逃，这一跑扯动了还未养好的脚伤，疼痛袭来，刚要停住，结果被不明状况的叶云心自身后猛地一拉，郝光光身体平衡大失，顿时四仰八叉地摔在地上，跌了个狗啃泥。

“你摔着哪儿了？无缘无故你跑什么啊。”叶云心蹲下身要搀郝光光，话说得有点心虚，如若方才不是她使劲儿拉扯的话，郝光光也不会摔得这么惨。

“呸、呸。”郝光光狼狈地啐掉嘴里的泥，双手撑地要爬起来，结果刚一动未好完全的脚踝处突然传来针扎似的疼，哎哟一声又摔了回去。

“光光你不要紧吧？”叶云心着急了，抬头望向大步走过来的叶韬急道，“韬哥哥，光光受伤了。”

叶韬铁青着脸走过来，俯身一把揪起将他的脸面都丢尽了的郝光光，恼火地在脸疼得皱成一团的郝光光耳边讥讽道：“见魏状元来了，你激动得连路都不会走了吗？”

轿旁的魏哲见到郝光光时眼中迅速划过一道光，打量了几眼郝光光后移开视线。

“哥，这人是谁啊？”刚过完十八岁生辰的苏文遇好奇地走上前问。

苏文遇还有两年才及冠礼，看起来有点稚气未脱的样子，不像长他八岁的叶韬那么沉稳成熟，个头儿还有发展空间，与叶韬站一起看起来略矮五厘米左右，两兄弟模样有两分相似，俊帅程度不及叶韬，但毕竟同母所出，依然俊俏迷人。

苏文遇活泼爱笑，令人倍感亲切，与其相处感觉不到丝毫的压力，在京城相当受未出阁的千金追捧。

郝光光恨不得就地挖个坑将自己埋进去，被叶韬提着后衣领勉强立住身子，讪笑着望向来人，月白衣衫，长得与叶韬有一点儿相似，这肯定就是叶云心口中的遇哥哥了。

“我、我叫郝光光。”苏文遇善意友好的微笑令郝光光尴尬顿减，明显感觉到这个与她差不多大的俊雅男孩儿比叶韬要好相处数百倍，轻易获得了她的好感。

“郝光光？这名字真有趣，你是我哥的什么人？”苏文遇眨着一双好奇的眼睛来回打量叶韬和郝光光，对叶韬这么毫不掩饰地对一名女子发脾气的行为感到惊讶。

“先回去梳洗一番，一会儿吃晚饭。”叶韬打断了苏文遇的追问，让东方佑先带人去休息，然后将因魏哲走过而浑身紧绷的郝光光交给叶云心，道：“心心将她送回去，以后这等场合你还是别带她出现丢人现眼了。”

“韬哥哥别生气，方才是心心去拉扯光光，她才会摔倒。”叶云心不好意思地解释道。

“若非她自己心里有鬼，又岂会当众出丑！”叶韬脸色一直没缓和过来，冷淡地瞟了眼郝光光不敢着地的右脚转身离去。

本想拉郝光光来一起热闹的，谁想闹了这等糗事，叶云心搀扶着疼得直冒冷汗的郝光光，担忧地说：“还能走吗？要不我寻个婆子来背你？”

“不用，你扶我走回去就好。”郝光光气鼓鼓地瞪了眼走远的叶韬。

叶云心小心翼翼地扶着跛得更厉害的了郝光光，想起她刚刚突然失态的行为，忍不住问：“刚刚你突然跟见鬼了似的要逃跑是怎么回事？”

没有回答叶云心的问题，郝光光问出了她的疑惑：“魏状元怎么突然来了？”

“不清楚，祖父没提过他。”叶云心也是一脸纳闷的样子，说完后不自禁地感叹了下，“原来魏状元是长得这个样子的，真是风采出众。”

郝光光隐忍地扫了眼在犯花痴的某人，恐吓道：“小心你这模样被你家冰块儿看到。”

叶云心闻言一惊，迅速扫了眼四周，没看到东方佑，悄悄松了口气后嗔道：“你少吓唬人了，还是多顾着点你自己吧，韬哥哥很生气哟——”

郝光光闻言脸顿时苦得像黄连，叶韬生气她很怕，魏哲的突然出现她依然怕，怎么这么倒霉！

因郝光光人缘不错，路上遇到的丫头婆子大多想上来帮忙都被郝光光拒绝了，其实这时候有骨气无非是令自己的脚伤上加伤、疼上加疼而已。

好容易回了房，郝光光快累瘫了，躺在床上一动不想动。

“天哪，小姐的脚怎么肿得这般厉害？”如兰费了好一番力才将绣鞋自郝光光肿起许多来的脚上脱下。

“你家小姐走路太粗心，又摔倒了。”叶云心幸灾乐祸地说道。

“奴婢去煎药，小姐用药膏来多揉揉吧。”如兰说完后匆匆出了房门。

“如菊。”郝光光将如菊唤了过来，有气无力地道，“拜托你出去打探下魏状元怎么来了，还有他们要在这里逗留多久。”

“是。”如菊应了声快步走了出去。

“魏状元的事你怎么那么关心，莫非你……”叶云心说到一半突然瞪大眼，来回打量着郝光光的脸。

“想什么呢？你以为全天下女子都像你这般为了个男人神魂颠倒吗？”郝光光白了眼想象力过度的叶云心。

“没有就好，否则韬哥哥会要你好受。”叶云心松了口气，郝光光目前这副没心没肺的样子确实不像是有心上人。

“谁怕他。”郝光光小声嘀咕道。

“你在嘀咕什么？”

“没什么，只是在好奇那位夫人与你遇哥哥的事。”郝光光随口说了句。

闻言，叶云心眼睛一亮，圆而可爱的脸儿露出笑容来：“你终于对韬哥哥的家人上心了，我就将我所知道的事告诉你。”

郝光光对叶云心又想“多”了的行为感到无语，不过没去反驳，坐起身拿出药膏来一边上药一边听着叶云心说起关于叶韬爹娘的事情来。

当年，叶韬的父亲叶容天是个很强势并且有野心的男人，叶氏山庄就是在他的手上逐渐壮大起来并且成为天下第一山庄的。

叶容天不仅有头脑有本事，还号称天下第一美男子，迷倒女人无数，叶韬的娘杨氏也是颇具名气的美人，两人是自小定下的亲事。

比起迅速蹿起的叶氏山庄，杨家在财势上弱了许多，杨氏是标准的大家闺秀，知书达理、三从四德样样做得令人挑不出毛病，对待丈夫叶容天全心全意，打理起家事来也尽职尽责。

大概就是太过温婉贤淑了，喜好猎奇的叶容天起初是被其善解人意和美丽吸引着，待杨氏怀了身孕后因不宜再同房便开始将眼光放到了外面的莺莺燕燕上。

年轻体壮的男人忍受不了长达一年之久不能行房事，于是开始纳妾，对此他也尊重了妻子的意见，她点了头他才收。

如此生活过了大概五六年，叶韬已经五岁，当时叶容天的妾和通房加起来有五六人之多，但却没再有儿女出生，他因为是嫡长子又天生聪颖，是以很讨叶容天的喜爱与重视，杨氏待他又极温柔宠爱。

那些妾氏和通房见到他都老老实实的，唯恐得罪了他，生活在这样的家庭里他觉得很满意，可是他眼中的美好在那个名叫如意的女人被叶容天带回庄后支离破碎了。

如意是某家青楼的当红花魁，在拍卖初夜当日被出外办事的叶容天高价买下，事后叶容天觉得如意长得娇艳，虽在跟他之前还是处子身，但在老鸨的调教下讨男人欢心的功夫让他非常满意，又因如意表现出对他的迷离与不舍来，头脑一热便将其自花楼里买了下来带回了庄内。

杨氏深爱叶容天，但因自小受到的教育不敢对丈夫纳妾的事表现出不满来，于是就算感觉出如意这个女人深具威胁却还忍着心酸同意将其抬为姨娘。

起初如意还比较老实，对杨氏很恭敬，一年过后她在叶容天心中的分量高了起来，在庄内的地位自然也高了，相比之下，正妻杨氏则不够受宠，而又因其性子温和有委屈总往肚里吞，于是如意开始渐渐地恃宠而骄。

如此矛盾顿生，杨氏有几次曾向叶容天暗示过这件事，结果男人天生粗心，对女人的钩心斗角不感兴趣，于是没放在心上，杨氏气不过，某次在如意对她不敬后一怒命人打了她十板子，结果事后被叶容天训斥了，说她小家子气还心狠。

自嫁进门后从来没对丈夫大声过的杨氏那日忍不住发了脾气，夫妻吵了架后关系降至冰点，叶容天便夜夜留宿在如意房中，枕边风日日吹之下越发觉得杨氏没有容人之量。

当时六岁多的叶韬已经懂事了，曾不止一次见到如意对他娘不敬，很想给她点教训但都被杨氏阻止了。

不久后，如意怀孕了，叶容天很高兴，也不生杨氏的气了，因为如意身子不方便，于是他又回杨氏的房里歇着，一个月后夫妻关系缓和了许多。

如意见叶容天与杨氏关系越发好起来，急在心中，又开始不老实起来，总要个小心计想陷害杨氏挑拨他们夫妻的感情。

杨氏是个善良不喜记仇的人，而叶韬则不然，因自小便被叶容天强势训练，比同龄孩子要早熟得多，见如意屡次对娘亲不敬又因怀了身孕耀武扬威，于是生了不寻常的念头。

叶韬开始一次又一次地给如意的饭菜里下打胎药，但都被狡猾细心的如意躲过了，见下药行不通便开始在如意比较常去的地方挖陷阱，想害她流产。

有句话说得好叫有心栽花花不开，无心插柳柳成荫，叶韬无数次地使坏都没有令如意流产，而在如意怀孕近六个月时居然自己小产了。

叶容天为此大怒，扬言要查出害如意小产之人，如意一口咬定是杨氏害的她，杨氏起初矢口否认，但与如意秘密交谈一次后突然改变态度承认了。

宠妾流产是正妻所害，这事闹得全庄都知道了，叶容天大感没脸，扬言要休了杨氏，谁劝都不听。

当时杨家已经没落，娘家人去的去散的散，杨氏没人可投靠。

见叶容天休妻的态度坚决，并且真的写下了休书，心凉了的杨氏不再坚持什么，嘱咐唯一的儿子叶韬要用功读书练武，以后要有出息，说了很多话后拿着休书趁人不注意夜里去后山跳崖了。

有丫鬟亲眼看到杨氏跳了崖，崖边有她掉落的绣花鞋，这个消息传至庄里时叶容天大惊，奔至后崖企图跳下去寻人，结果因天色已晚被人阻止，待天亮后去崖底寻人，结果什么也没寻到，本来崖底是草地，正赶上这几日连续阴天下雨，河水自上游流下导致崖底成了一人多高足以淹死人的河。

崖太高，轻功不好的人不便下来，于是叶容天一个人在水中寻了好几日都一无所获，待天晴水干之后依然没有发现杨氏的尸骨，众人便称是当晚杨氏跳崖后就被水冲至了别处，那么高的崖又赶上黑夜水凉，就算不淹死也会冻死。

搜寻无果，众人不得不接受杨氏已经香销玉殒的事实，叶韬自此变得大为沉默，与一向敬畏的叶容天疏离了起来，后来叶容天得知如意的流产与杨氏和叶韬都无关，只是如意的丫鬟因气不过被打骂而狠心下药害其流产，哪怕他有多后悔，哪怕他将恶意污蔑杨氏的如意赶出庄去，叶韬都没有再与这个因为宠妾而害死了母亲的男人亲近如初。

“啊，夫人以前好可怜。”郝光光听着叶云心说的往事不禁感慨。

“是很可怜，不过叶伯伯也可怜，他将如意赶走后将庄上其他的女人也打发了，自那之后没有停止寻找夫人，因为总觉得她并没有死。”叶云心说道。

“哼，休妻时怎么那么狠心？等人家死了他倒是装起情圣来了！”郝光光大为恼火，因自家老爹对妻女好得不得了，于是接受不了犯下这等错事的叶容天。

“唉，我们不是当事人说这些有什么用？叶伯伯那些年也很惨的，韬哥哥不再唤他爹爹，只叫他父亲，与他也不亲近了，叶伯伯难受，他是在夫人走后才发觉自己是爱她的，几年来一直大江南北地寻找，他没有再纳过妾，几年下来像是老了十几岁，听我娘说当时庄内大多人都因当年的事对叶伯伯很不谅解，但时日一久见叶伯伯那副凄凉的模样也渐渐生起同情心，再说当时会执意休妻也是夫人自己亲口承认孩子是她害的。

“后来韬哥哥说夫人之所以认罪是因为如意握有几个月来韬哥哥一直想害她流产的证据，夫人是为了韬哥哥才被威胁的。叶伯伯知道这事后也没惩罚韬哥哥，只说一切都是自己的错。就这么过了十多年，有次叶伯伯去京城办事，无意间见到了已‘死’的夫人，想相认，但那时夫人已经成了苏大人的爱妻，而且已经完全不记得叶伯伯了，也不记得韬哥哥。后来叶伯伯自百里神医口中得知夫人当时被苏大人救起时头部受过重创，大概是过往的经历对她伤害太大，潜意识里封闭了一切关于那段不快乐的过去的所有记忆。”

“活该，若再次抱得美人归那才真是老天不长眼了，负心汉就该眼睁睁地看着自己曾经的女人与别的男人恩恩爱爱！”郝光光一点儿都不同情叶容天。

“你也别那么说啦，叶伯伯被这件事打击得整日郁郁寡欢，好几次我都见到他醉得一塌糊涂不停喊着夫人的名字，自那之后叶伯伯一有空就去京城，听人说他没有再骚扰夫人，只是在远处偷偷地看几眼，每次回来后只会更难过，但难过之后依然会接着去京城，谁也阻止不了他，如此反复两年，大概是觉得韬哥哥能独当一面了，于是叶伯伯在最后一次看过夫人后回来关在房里再不出门，不到一个月便郁郁而终了。”叶云心因说这些沉重的往事心情也受了影响，不停地叹气。

“那夫人偶尔会过来看看，应该是恢复记忆了吧？”郝光光对叶容天没感情，不像叶云心那样闷闷不乐的。

“两年前恢复的，于是就过来了一次，当时是苏大人抽空陪同来的，苏大人对夫人极好，他们夫妻很恩爱。”叶云心单手托着下巴眨着眼说道。

“哦，是这样。”郝光光大概了解了来龙去脉。脚也揉得差不多了，天色渐沉，如菊回来了。

“小姐，奴婢打探到魏状元是来附近办事，大概会在庄上小住个两三日，然后护送夫人回京，而遇少爷则留下来多住几日。”如菊如实回报。

“啊，魏状元还要住下？”郝光光欲哭无泪道。

叶云心纳闷了，问：“你为何那么怕魏状元啊？你们有过节？”

“我偷过他东西所以怕他行不行？”郝光光没好气地回道。

“对了，还有一件事。”如菊想起来连忙道。

“什么事？”

“方才碰到夫人的丫鬟，她说夫人让小姐用过晚饭后过去她那里说说话。”如菊回答。

饭后，郝光光去了杨氏的住处，晚饭她是自己在房里用的，因为她是“妾”，身份低微，还不够资格与叶韬等人在饭厅一道用饭，是以直到现在郝光光还没有见过杨氏本人。

因脚伤不便，郝光光是坐着轿子去的，一进杨氏的房间便闻到了股淡淡的兰花清香。

“夫人，光光姑娘来了。”下人禀报。

“这就是光光姑娘啊，别拘束，坐我身边来。”四十出头风韵犹存的美妇人笑得一脸温和地向郝光光招手。

本来还有点忐忑的郝光光在见到杨氏充满善意的笑脸时立刻放松下来，只觉得叶云心说得果然没错，杨氏真是个很温和很好相处的女人，这种与生俱来的性格在经历了当年那种惨痛都没有改变，委实难得。

郝光光一下子便对这个浑身都散发着浓浓母爱光辉的温和妇人生了好感，也不知道“见外”两个字怎么写，大大方方地在杨氏身旁的椅上一坐欢欢喜喜地唤了声：“夫人好。”

“真是个爽直的好姑娘，莲儿，将带来的碧螺春沏一壶给光光尝尝。”杨氏笑着对身旁的丫鬟命令道。因已过中年，虽然保养得很好，但是笑起来眼角会泛起鱼尾纹，又因为赶路不便休息，此时眼角眉梢都带了几分倦意。

“夫人您长得可真美。”郝光光望着与叶韬有一些相像的杨氏忍不住夸道，语气极为诚恳。

杨氏被逗乐了，与叶韬相似的美眸望向正望着她发呆的郝光光笑问：“你长得这般俏生，想必你娘也是个美人，你倒是来说说是我美些还是你娘美些？”

郝光光没想到对方会这么问，呆了呆，斟酌了片刻，明知回答说“还是您美些”能讨得对方欢心，但最终还是说不了谎的料，杏眼儿中带了丝丝歉意，“我若是回答了，夫人您别生气行吗？”

“不生气，你只管说便是。”杨氏说话时眼睛一直在郝光光的眉眼间打转，像是在观察着什么，粗心的郝光光自是没有察觉到异常。

“我娘美，没有女人能美得过我娘。”郝光光如实回道。

“大胆！”泡茶回来的莲儿闻言怒斥。

“莲儿别闹。”听了郝光光的回答杨氏一点儿都不恼，对一脸不服的莲儿道，“光光这般回答才显得她纯真可爱，若是回答她娘不及我美那才不讨喜。”

正所谓儿不嫌母丑，狗不嫌家贫，若郝光光说她娘不及杨氏美的话要么就是她说谎了，要么便是她不孝顺，无论哪点都令人所不喜。

被个丫头训斥了，郝光光感到不悦，拿眼角重重横了莲儿一眼。

莲儿没敢再说什么，将茶壶放在桌上给郝光光倒了一杯茶后重新站回杨氏身旁，表情犹带着不忿还有不信。

“光光这杏眼儿长得可真像一个人，那人是我生平所见最美的女子。”杨氏又打量起郝光光的眼睛来。

“是吗？我娘就有一双杏眼儿，我老爹说我全身上下只有眼睛长得比较像娘些。”郝光光高兴地说道，她一直以有双与娘亲八分相似的眼睛为傲，现在听说还有人的眼睛与她们母女俩的相像，于是很好奇，忍不住问，“那人是谁啊？真想见见。”

“她啊，红颜薄命，很早就病故了。”杨氏惋惜道。

“这样啊。”郝光光有一点点遗憾。

“无妨，她虽然过世多年，但模样我还记得清楚，可以画出来给你瞧瞧。”杨氏提议。

“啊，我只是随口一提，夫人您别太放在心上。”郝光光没想到杨氏居然这么热心，受了惊吓般猛摇头。

“不碍事的，闲着也是闲着，就当打发时间了。”杨氏笑着安抚。

“夫人您人真好，就跟我娘一样好。”郝光光望着温柔慈祥的杨氏眼眶突然发热。

“好孩子。”杨氏眼带怜爱地抚了抚郝光光的头，随后自手腕上摘下一只通体碧绿的玉镯，不由分说地将其戴在郝光光的手腕上道，“你这孩子很讨我喜欢，这个镯子就当是见面礼吧。”

郝光光吓到了，这镯子一看就价值连城，无功不受禄，急忙就要将其撸下去：“这太贵重了，我收不起。”

“怎么收不起？你现在也算是我半个儿媳妇了，说不定哪日就成了正正经经的儿媳呢，你若是不要我可生气了！”杨氏板起脸来。

“我、我……”郝光光僵在那里不知如何是好。

“你就收下，若真觉得受之有愧那就多对韬儿和子聪好点，听说你好像很排斥他们父子俩？韬儿是个好孩子，只是当年的事……总之韬儿不太会表达感情，就连对待我和子聪都是淡淡的，不知情的人还以为他有多薄情寡义呢。就算他做出什么让你觉得不快的事，那也只是他表达方式欠妥，并非他德行不好，这点你要明白。”杨氏一脸正经地说起来。

“光光明白，多谢夫人赏镯之恩。”郝光光不便再推辞，受宠若惊地答谢。

因一个镯子，两人关系仿佛拉近了些，郝光光一边喝着香浓的碧螺春，一边与杨氏说话，越往后越是自在，到最后就跟两人认识了很久似的，不见半点隔膜陌生。

“好了，天色已晚，你的脚不便，还是赶紧回去休息吧。”聊了很久，已到了就寝时间时杨氏感觉乏了，让如兰将郝光光扶回去，不忘交代道，“明日申时记得过来看画。”

“一定，夫人也早点休息吧。”郝光光回头冲杨氏嘻嘻一笑，然后扶着如兰的肩蹦蹦跳跳地出了房门，坐轿子回去了。

回去后郝光光就沐浴，洗完了澡精神了许多，因多了个价值不菲的镯子心情挺好，坐床上一边揉着脚一边哼起小曲儿来。

“什么事那么开心？”叶韬低沉悦耳的声音突然响起，惊得郝光光立刻将脚缩进裙摆内。

“这么晚了，你不会是来逼我识字的吧？”郝光光垮着脸看着走近的叶韬，这个时候若还让她去学认字她一定会哭给他看。

“不了，今日我很累。”叶韬走过来后极其自然地往郝光光的床上一坐，丝毫不理会因他“不见外”的行为而浑身僵硬的人。

“既然如此，天色很晚了，你该回房休息了吧？”郝光光强迫自己尽量以温和讨好的声音说道。

“今日我在这里睡。”叶韬淡声说道。

“什么？！”郝光光闻言差点儿跳起来，惊恐地看着脱了鞋子准备上床的叶韬，抖着声音说，“你、你说过不会强迫我的！”

叶韬眉一拧，不悦地望向郝光光：“我有说要‘强迫’你了吗？今晚只是‘睡’在你这里，什么也不做。”

“我如何相信你？”郝光光脸上写满了怀疑，前两次被吃尽豆腐的事她可记得清楚着呢！

“信不信随你，往里点。”叶韬略微不耐烦地道。

郝光光下意识地往床里侧挪了挪，见叶韬拉过被子放下床帐在外侧躺了下来，急得大叫：“好好儿的，你为何突然就想来我房里睡了呢？”

叶韬大概是累了，闭着眼语带困意道：“防夜里闹‘小偷’。”

郝光光闻言像是被踩了尾巴的猫般眉毛立刻倒竖："你少拿小人的肚子比君子的腹，我才不会偷你家东西呢！"

"'以小人之心，度君子之腹'，不会说就别乱说，丢人！睡觉，再吵夜里你就去院子里睡。"叶韬不耐烦地说完，翻身背对着郝光光睡起来。

郝光光满腹怒火，怕叶韬真将她扔出去，只得闭紧嘴巴。

提心吊胆了好一会儿，见叶韬睡得跟死猪似的不像是有突然变身为狼的迹象，于是掀开被子慢慢躺了下去，紧紧贴着墙壁背对着叶韬侧身而卧。

郝光光很久才困极睡着，不知过了多久，恍惚间感觉自己被揽进了一个温热的怀抱，探手摸了摸触感挺好，于是迷迷糊糊地四肢齐用，像只章鱼似的将触感很好的"抱枕"抱了个严实。

"抱枕"像是突然僵了下，郝光光也没在意，动了动，寻了个舒服的姿势很快便沉沉睡去。

【第 8 章】父子俩

白天时郝光光曾问如兰夜里可有贼出没？如兰疑惑地摇头道没有，以为真有贼出现，还担心地问郝光光是否丢了什么东西。

为此郝光光愈加肯定叶韬说防小偷的话指的就是她，他一直记着她当初偷他两个帖子的事呢！恼火地在纸上写了一遍又一遍的“叶”字，写完后便在上面画了个大大的叉泄愤。

“真丑，练了这么久还写成这个样子。”走进来的叶子聪看到郝光光写的字撇嘴不屑道。

“我本来就不是练字的料。”叶子聪来了，郝光光不好再拿“叶”这个字出气，拿出新的纸开始写起“郝”来，每日送来给她练字的墨和纸应有尽有，可以任她随意浪费折腾，哪怕闲着没事日日拿纸烧着玩估计富得流油的叶韬都不带皱一下眉头的。

叶子聪闻言脸上鄙夷更浓：“蠢还不知道掩饰，脸皮真厚。”

“小鬼！我是你长辈，你这么说才是无礼。”郝光光佯怒，抬笔便在叶子聪精致白净的小脸上画了一道黑印子。

“你！”叶子聪摸到脸上沾染的黑糊糊的东西，小脸儿臭得厉害，“敢戏弄本小爷，你好大的胆子！”

“生气以后就别来啊，我可没求你过来。”郝光光幸灾乐祸地看着叶子聪“黑白分明”的脸，笑得花枝乱颤。

叶子聪臭着脸，恨恨地别开眼哼道：“若非我叔叔他们不在，谁稀罕找你来玩。”

郝光光闻言不知为何突然就来气了，收起笑沉下脸来冷声道：“哦，原来我还是你退而求其次的选择啊，那可真是难为咱们这既高贵又聪明绝顶的少主了！”

没想到郝光光突然变了脸，叶子聪错愕，拿眼角余光偷偷打量郝光光冷淡的脸，迟疑了下稍稍放缓语气：“也、也不是那样啦，谁让你都不找我玩。”

“我脚崴了怎么找你玩？再说了，你不是嫌弃我吗？去寻那你官少爷叔叔玩啊，总来烦我这个‘低下’人士做什么？”郝光光没好气地扔下笔。

“又没人说你低下。”叶子聪嘟着嘴委屈地道。

“怎么不低下了？若不低下，至于连你一个毛都没长齐的小屁孩都这么看不起我吗？！”郝光光冷哼道，这叶子聪有时候很可爱，而有时则可恨得让人想抽他几巴掌。

叶子聪被臊得脸立时涨成了猪肝色，握紧一双小拳头抿紧唇，半委屈半气怒地瞪着郝光光：“你今日是怎么了？连玩笑话都听不得了吗？”

“管你玩不玩笑话，总之以后少给我摆大少爷谱，摆一次就讨厌你一次，整日看大号摆谱就够腻味了，还要看小一号的摆，老娘受不了那鸟气！”郝光光揉了会儿酸痛的脚踝，感觉好点后将脚放下重新拿起笔练起字来，看都没看叶子聪一眼。

今日叶云心没来，郝光光练起字来也不得要领，于是越写越跟画花一样，叶韬晚上若是来检查她的进度，看她这写的四不像不知要如何发脾气呢，一想就心浮气躁。

叶子聪被说得脸红一阵白一阵的，少爷脾气几次想发作最后都莫名地收了回去，看了眼郝光光乱写的东西，含着火气道：“我先去洗脸。”

“随你。”郝光光没理会。

叶子聪让丫鬟给他端来洗脸水，将脸洗干净后重新走回郝光光的书案旁爬上椅子坐下，顺手拿起一支毛笔冲郝光光扬了扬眉：“你笔画错了，应先写撇再写竖钩，看着我写的。”

一个像模像样的端正的“郝”字跃然纸上，六岁的孩子写出这等水平已经很难得了，郝光光看了看叶子聪写的方块儿字，再看看自己画的鬼符，顿时生起想跳河的冲动。

“没看清楚？那我再写慢点。”叶子聪被郝光光瞬息变幻的表情搅得有点忐忑，以为嫌他写得太快，于是放慢笔画重写了一回，望过去问，“这回可看清了？”

“看清了，谢谢。”郝光光有气无力地回答，刚刚对叶子聪生起的不满因他突然的友好淡去了大半。

见郝光光终于不生气了，叶子聪小脸顿时放起光来，刚扬起嘴想笑突然觉得自己这样表现得未免太过明显了，勉强拉平嘴角收起笑，稍稍摆回了几分少爷架子装装样。

这种想摆谱又怕郝光光生气、不摆谱又觉得太没骨气的矛盾心思折腾得叶子聪坐都坐不舒服。

郝光光没注意到叶子聪的别扭，她大部分精力都放在学写字上，自尊心受了打击，开始打心里想要好好儿学写字，不想被小她十岁的孩子甩出去太远。

于是，两个到一起就掐架的一大一小连续近一个时辰相处得极为和谐，一个认真教，一个认真学，因为叶子聪收起了大半的少爷脾气，而郝光光又下了功夫，是以进展要比没什么耐性总是凶郝光光笨的叶韬教时要快得多。

中午叶子聪离开时，郝光光已经能做到横是横、竖是竖，握笔姿势也正常了。

申时，郝光光去杨氏那里看画。

怀着喜悦去见杨氏的郝光光走进待客的偏厅时笑容顿时僵住，除了她，居然还有其他访客在，其中之一正是她避之唯恐不及的男人——魏哲，另外两个则是叶韬和苏文遇。

“真、真热闹啊。”郝光光僵笑着说完转身就想逃走，结果不巧被笑着走过来的杨氏拉住了手臂，只得僵着身子不情不愿地被带到了方桌旁坐下。

“莲儿去将画拿来。”杨氏揉了揉因作画而泛酸的肩膀命令道，见郝光光像个石头似的坐在那一动不动，奇怪地问，“光光怎么了这是？”

“郝……姑娘可还记得在下，在王家我们曾有过一面之缘。”魏哲看着郝光光含笑打着招呼。

郝光光猛地打了个激灵，脸上表情更僵了，眼珠子转了几下，有点迟钝地傻笑着说起连她自己都听不懂的话：“是、是，魏大人您好，您可真是个大人啊，大好人。”

屋内顿时一阵诡异的沉默，众人望向郝光光的表情都带着几分怪异，将本来就紧张万分的郝光光看得更紧张了，手脚都不知放哪里好，只想逃跑，但杨氏一直亲切地握着她的手，她不好意思走。

叶韬阴沉着脸看了眼郝光光，抿了抿唇对魏哲道：“叶某的这个妾脑子不太好使，见到大人物就紧张，让魏大人见笑了。”

“怎么会，郝姑娘如此甚是可爱。”魏哲轻笑着回道。

闻言，叶韬不再说什么，只是眸中神色不但不见轻松，反倒莫名地阴郁了几分。

“夫、夫人，您这忙，我还是先回去吧？”郝光光将视线放到温婉的杨氏脸上，杨氏的笑像是有安抚人心的作用，令她一直不安的情绪稍稍放松了几许，不再说胡话了。

杨氏微微一笑：“莲儿马上就将画拿来了，你看完了再走不迟。”

话刚说完莲儿就将画拿来了。

“这幅画不敢说十分像，但七八分神韵应该还是有的。”杨氏接过画卷将其递到郝光光手中，帮着她慢慢地将画轴展开。

这时魏状元突然开口了，语气中带了几分笑意：“伯母谦虚了，您的画技堪比高手，方才小侄看了，伯母将小侄姑母当年的风姿都画了进去。”

“魏贤侄这一张嘴可真会哄人，练武出身的男子很少有你这等体贴的心思。”杨氏被夸得眉开眼笑，意有所指地扫了眼面容冷淡的叶韬。

他们说了什么，郝光光无心去在意，全部注意力都放在画中淡雅脱俗的美人上了。

画中美人身段窈窕，身着一身曳地长裙，正侧着玲珑身段对人微笑。

这是怎样的仙姿玉貌啊！一双仿佛会说话勾人心魂的灵动杏眼儿、小巧精致的鼻梁、薄厚适中好看的唇形……任何赞美之词放到画中人身上都显得苍白无力，因为女子的美貌已经超凡美好得令人看了一眼就再难忘记其琼姿花貌、螓首蛾眉。

杨氏将其神韵画得很出神，美人半侧着身子对人微勾嘴角，杏眼儿含笑，当真是回眸一笑百媚丛生，画中含笑的美人完完全全担得起“一笑倾城”这四个字。

“这、这人……”郝光光看得双眼发直，手猛地一颤，若非画卷一部分正拿在杨氏手中，怕是已经滑落在地了。

“如何？画中女子与你娘亲比起来谁的容貌更胜一筹？”杨氏拿过画小心地卷起来问道。

叶韬和魏哲的视线均投放到了脸色突然煞白的郝光光脸上，神情不约而同地严肃起来，就一旁什么也不知道的苏文遇一直好奇地打量会儿这个，又打量会儿那个。

“画中之人是我姑母，十八年前病逝，听伯母说郝姑娘的母亲亦有一双杏眼并且容貌堪称绝色，魏某好奇，于是便过来想看看。”魏哲说话时双眼正紧紧地盯着郝光光的表情。

“你姑母？”郝光光还没有从震惊中缓过神来，眼睛发直地望向魏哲。

“正是，画中之人正是魏某姑母，郝姑娘反应如此特别，莫非……你识得画中之人？”魏哲一双锐利的黑眸微眯。

叶韬眉头微皱，瞟了眼神魂明显没有归位的郝光光，语含不悦地向魏哲道：“魏大人说笑了，叶某的妾氏身份普通，岂会识得令姑母？”

“哦？是吗？”魏哲意味深长地笑了笑。

“光光？”杨氏抬手在发呆的郝光光眼前晃了晃，握了握她骤然转凉的手讶然道，“怎么手这么凉？”

“没什么。”郝光光猛地回过神来，缩回手心神不宁地对杨氏笑了笑。

“怎么神不守舍的，难道你以前也见过别人画过她？”杨氏问，她自是不会想到郝光光认识画中人身上去，因为画中人病逝时郝光光还没出生。

深吸了口气，稍稍缓和了一下紧绷的情绪，郝光光以着还算平稳的声音回道：“没有见过。”

“没见过？那方才你那般反应是为何？”魏哲咄咄逼人地追问。

终于想明白了一些事的郝光光，突然觉得魏哲没那么可怕了，视线平静地对上魏哲探究的双眼，微笑：“只是觉得她太美了，美得令我神魂颠倒，以至于失了方寸，魏大人见笑了。”

郝光光浑浑噩噩地自杨氏房中出来，回房后一直心不在焉的，丫鬟与她说话也常常答非所问。

那画中人她认识，不仅认识，还非常熟悉，那可是她亲娘啊！

郝光光方才说谎是有原因的，郝大郎曾交代过她下山后如若有朝一日看到她娘亲的画像千万不要说认识画中之人，威胁说此事事关重大，会引来砍头之祸。

郝大郎说得太正经，以至于郝光光再马虎都不敢掉以轻心。

她知道自己天生不是做戏和说谎的料，想骗过那两个精明的男人可能性不大，骗不过也无所谓，她只要不承认就成了。

宰相外孙女多么显赫的身份，能证明她是魏家后代的人证物证均没有，就算她承认了又能如何？只有一双眼睛与魏家千金相像，除此之外她还有哪点像是与魏家人有关系的样子？

若真承认了估计还会被人嘲讽说是攀龙附凤乱编身份！郝光光知道自己称不上聪明，但还没笨到糊涂的地步，跟自己小命有关的事情她脑子转得还是比较靠谱的。

“老天可真会玩弄人。”郝光光感慨着。刚刚杨氏不经意的一句话更是令她震惊万分，她说当年画中女子在京城名声极响，连当今皇帝年轻时还对她神魂颠倒过！

天哪，那可是当今天子！

郝光光心肝一直颤抖着，感觉就和做梦一样。

她可真要对自己老爹刮目相看了，那么美丽高贵、追求者无数的娘居然被老爹抢到手了。

“再揉就揉过头了吧？”一道微含不悦的声音突然传来，吓了郝光光一跳。

“吓死了，你能别时不时地来这么一出吓唬人好吗？”郝光光微恼地瞪向叶韬，见他的视线正定格在一处，顺着他的视线往下，正好看到了她那只已经消了大半但依然微微肿着的脚。

脸忽地一热，飞速将脚缩回裙摆里暗骂了声臭流氓。

“我早就进来了，是你一直没发现。”

郝光光心虚，哼了一声小声嘀咕着：“看人家脚看得眼都直了，还好意思道别人不是。”

“你在说什么？”直觉不是好话的叶韬黑眸紧紧盯着郝光光的脸问。

“没什么，就是想说今晚继续休息成不成？白天练了很久字，累得慌。”此时真是一点练字的心情都没有。

“了解，今日我也没耐性教你识字。”叶韬意味深长地看着一脸浮躁的郝光光，将手中的画卷递过去，“这是自我娘那里拿来的，你就留着做个纪念吧。”

看着递过来的画卷，郝光光愣住了，感觉到投放到她脸上打量的视线，到底是接受还是拒绝，郝光光犹豫了。

似是看出了郝光光的矛盾心情，叶韬没催促，将画轴放在了平时郝光光练字的书案上，道：“夫人既然有意相赠，你就收了便是。”

郝光光舒了口气，点头应道：“哦，明日我去谢过夫人。”

叶韬闻言摇摇头：“不必，夫人连戴了多年的镯子都送给你了，还会在乎一幅画？用不着特意过去谢，除非……这幅画对你来说有不同的意义。”

郝光光被叶韬意有所指的话噎得立刻打消了念头，不悦地瞄向试探她的叶韬：“反正是你不让我谢的，并非是我不懂礼数。”

“你还懂得礼数这种东西？”叶韬像是听了什么天大的笑话般，轻笑着摇头向郝光光的方向走来。

郝光光盯着大步走过来的叶韬，迟疑着问：“你、你不会今晚还要在这里睡吧？”

“有何不可？不在这里留宿如何防贼？”叶韬坐在床上脱靴子准备上床休息。

“我不会偷东西的！你回你房里睡好不好？”被一再暗指是小偷的郝光光拼命压下怒火。

“若仅仅是偷东西还好，我叶氏山庄还不在意少一点东西，怕的就是他偷人。”叶韬拉过被子像是睡自己床似的，非常自然地枕在瓷枕上躺好。

郝光光气得肝直疼，横眉竖目道：“你少污辱人了，我是好人家的姑娘，岂会做出‘偷人’这等龌龊事！”

“乱发脾气，幼稚。”叶韬翻了个身，懒得理会突然变身为刺猬的郝光光。

郝光光很想大骂出口，可是没那个胆子，只得忍气吞声地如前一晚一样贴着墙壁躺下。

又过了很久，听到叶韬匀称的呼吸声响起的郝光光终于放松了身体慢慢入睡，她睡得并不踏实，一会儿梦见魏哲说你是我姑母的女儿快跟我走，一会儿梦见郝大郎长吁短叹地说你怎么就惹上魏哲了，一会儿又梦见叶韬脱得光光的压住她说你是我的妾要履行义务，最后叶子聪叉腰哈哈大笑说原来你还不够格当我继母，只是个小小的姨娘啊……

就在郝光光做着各种噩梦而眼皮直动、冷汗直流的时候，叶韬突然转醒，望着离他有一臂之远的郝光光好一会儿，眉头因想起天黑前魏哲对他说的话而不自觉地轻皱。

“近日你在调查什么我一清二楚，我们明人不说暗话，若郝姑娘真的是我表妹的话，我希望你能放人让我将她带走，我魏家的人岂能委屈给你做妾！”魏哲说这句话时脸上有着不容反驳的坚定。

“你很想走的对吧？若魏哲要带你走，你是答应还是不答应呢？”叶韬抬手捏起一缕郝光光的滑溜的黑发把玩起来，胸口泛起一股似酸非酸、似怒非怒的陌生情绪，困扰得他无法安然入眠。

次日，叶云心又来陪郝光光练字，临近晌午时叶云心说在屋里憋得久了太闷，拉着郝光光出去散心，顺便让郝光光稍稍走动下便于脚伤恢复。

郝光光搭着叶云心的肩膀小心地行走着，没敢走太远，就在院外不远处的凉亭里歇下了。

“听说这两日韬哥哥都在你房里留宿的？”叶云心见此时郝光光心情还不错，忍不住问道。

“别提他了，说什么防小偷，哪里有小偷？”郝光光白了叶云心一眼。

“咦，魏状元来了。”还想继续问什么的叶云心看到渐渐走近的魏哲，连忙站起身规矩地说道，“魏大人好。”

“不必多礼。”魏哲笑着走了过来。

听到魏哲的声音，背对着他的郝光光下意识地起身就想逃走，脚刚迈出去突然想到自己其实没必要这么怕魏哲的，于是收回脚重新坐了下来。

“这位是叶姑娘吧？可否容魏某与郝姑娘单独说几句话？”魏哲走进凉亭温和地对正睁大眼睛明显很兴奋的叶云心说道。

“好，没问题。”叶云心说完也不顾郝光光的反应，一脸激动地走开了，留下魏哲与郝光光单独相处。

魏哲在郝光光对面坐下来，望向不闪不躲的郝光光，笑道：“前两次你见到我总想逃，怎么这次突然不躲了？”

郝光光很自在地冲魏哲没心没肺地一笑，答道：“因为突然觉得您是个大好人，于是就不躲了。”

对郝光光明显不实的回答不甚满意，魏哲皱了皱眉，想起重要的事倒没在这件事上与郝光光辩解，扫了眼四周突然说道：“姑母生前常用的事物我保存了一些，这些都可以用来睹物思人。”

听到魏哲提起娘亲，郝光光立刻防备起来。

“我没有恶意，当年我还年幼，与姑母关系甚好，曾不止一次地想若姑母生了个女儿，定会将其当亲妹妹一般宠爱照顾，可惜姑母红颜薄命，愿望没有达成，为此遗憾了二十年，此时见你与我姑母有几分相似，便起了要认你做义妹的心思。”魏哲慢条其理地说道。

“义妹？”郝光光诧异。

“正是，不知你意下如何？请相信我没有恶意，经观察我发现你并不喜欢在这里生活，‘妾’这个身份想必也令你所不喜。时间有限，我挑明了讲，后日一早我离开，若你不想一辈子困在这里当个小小的姨娘的话就随我一道走。”魏哲表情渐渐严肃起来，压低声音对郝光光说道。

郝光光听得心惊胆战的，做贼似的四处乱望。

眼角锐利地扫到某个快步走过来的男人，魏哲嘴角一扬，以更低的声音对郝光光道：“还有一件事，那个差点儿打死你的王小姐我已抓到，正秘密关在地牢里，如何处置她我想你更有发言权。给你一天的时间考虑，明晚之前想办法给我答案。”

郝光光脑子嗡嗡的，瞪着一脸自在的魏哲，心因激动和紧张咚咚跳个不停，刚要张嘴说些什么，结果叶韬不悦的声音先一步自身后不远处响起：“你的脚还没好乱跑什么？！”

“叶庄主不是正在书房忙公事吗？来得可真快。”魏哲含笑打趣的脸与叶韬铁青的脸形成了强烈的对比。

“魏大人很轻闲啊，居然还有空与‘叶某的妾’聊天。”叶韬将那四个字咬得极重。

“正巧碰到了而已。”魏哲随口解释。

郝光光头皮发麻，根本不敢回头去看明显在生气的叶韬。

叶韬冷淡地扫了眼丝毫不见别扭与愧疚的魏哲，大步走向正缩着头的郝光光，不由分说地将其拦腰抱起，冲突然收起笑眉头皱起来的魏哲道：“魏大人请便，叶某先将这个不让人省心的妾送回房了。”

魏哲暗中捏紧拳头，淡淡地扫了眼僵在叶韬怀中一动不敢动的郝光光，对叶韬道：“魏某回房了。”

叶韬点了下头抱着郝光光快步走开，当离开魏哲很远之时方将视线投向浑身僵得跟个石头没两样的郝光光，气怒道：“以后不许与魏哲单独见面！”

郝光光闻言抿紧唇，别过头不说话。

此举更是刺激到了心气不舒的叶韬，收紧抱着郝光光的双臂威胁：“敢不听话，小心吃不了兜着走！”

叶韬怒气冲冲地将郝光光扛回房里，“砰”的一声将房门关上。

郝光光顿觉不妙，被扔到床上后手脚并用爬到床里侧，双手握拳置于胸前摆出防备姿势，警戒地问：“你要做什么？”

“我做什么？我发现不做些什么的话某人是越来越不听话了！”叶韬阴沉着脸抓过恨不得贴到墙上的郝光光，一只手将其双手固定住，俯下身狠狠地向她的唇吻去。

“唔。”郝光光瞪大眼睛拼命挣扎，双手被禁锢住动不了于是便用完好的左脚去踹，结果因姿势原因，踹的力道和方向均不到位，导致一脚下去对“精虫上脑”的叶韬来讲就跟小猫挠痒痒一样，身体动都没带动一下的。

澎湃的怒火在碰到郝光光柔软的嘴唇时神奇地消去大半，叶韬换了个舒服的姿势揽紧“不老实”的郝光光，稍稍放轻了唇上的力道。

不同于叶韬由愤怒转为平和的享受，郝光光完全是由震惊变为惊恐。

不知过了多久，在郝光光僵直的身体逐渐瘫软，翻着白眼要晕过去之时，叶韬终于达到了“惩罚”的目的，餍足地松开束缚着郝光光的双臂，轻咳一声后强装威严地道：“这只是一记小小的教训，以后记得要听话！”

瘫坐在床上猛喘气的郝光光低着头瞪着绣着鸳鸯戏水的红床单，不敢抬头，她怕一抬头眼中的愤怒排斥会再次激怒眼前的狼，听到叶韬警告的话语，郝光光只随意点了下头。

对刚刚的失控叶韬感觉颇不自在，觉得自己不宜再待在房里，摸了摸鼻子有些狼狈地出了房间。

等叶韬离开后，郝光光抄过床边所有能摔的东西全部砸了个遍，连被子褥子也全被她掀地上去了。

“小、小姐。”如兰、如菊、如雪三个丫头瞠目结舌地看着发飙的郝光光，紧张地站在房门口不敢靠近。

“都给我滚出去！”

三个丫头吓得一溜烟消失在门口。

臭王八、大变态、疯狗……郝光光在心里将所有能想象得到的骂人词全骂了个遍，若说在刚听到魏哲的话时有点犹豫的话，那此时她是完完全全地下了决心要离开！

什么不许与魏家人接触的交代她不管了，就算老爹生气那等她老死后去了阴间再寻他老人家认罪，此时若不离开，在叶韬这土匪控制下，她怕是这辈子都别想像个正常人一样生活了！

想起魏哲最后交代她的那段话，郝光光放弃泄愤开始思索起如何逃跑这一事来。

说实话，魏哲说的存有娘亲的遗物这一点非常吸引她，娘亲死得早，老爹估计是不想见到遗物怕引起伤心于是将所有娘亲的东西都烧了，那个曾被叶子聪偷走的钱袋是唯一被保留下来的东西，就因如此她才那么重视这个磨得有些旧的钱袋。

与魏哲逃走的好处多多，能离开叶韬是其一，有娘亲的遗物是其二，其三便是他抓住了那个差点害掉她小命的王姓蛇蝎美人！郝光光向来就是有恩报恩，有仇报仇之人，要她忘了王小姐那是不可能的事！她已经迫不及待想要给王蝎子两刀子出出气了。

“哎呀，你怎么将东西都扔地上？”叶云心讶然的声音自门口处传来。

郝光光抬头看了惊讶的叶云心一眼，没说话。

“你嘴唇流血了，快擦擦。”叶云心拿出干净的白丝帕走过去给郝光光轻轻擦起唇上的血渍来。

郝光光接过帕子胡乱擦了两下，将帕子还了回去：“回去后洗洗还跟新的一样，若嫌脏的话别扔了，送给我。”

“乱说什么呢？我有说要扔掉吗？”叶云心白了郝光光一眼，将沾了血渍的帕子折好塞回袖口。

“我们是不是朋友？”郝光光突然问。

叶云心诧异了下，随后挺胸答道：“当然是朋友了。”

“那好，如果我有什么难事需要你帮忙，你不要推辞可好？”郝光光目光炯炯地望着叶云心。

“为朋友两肋插刀的事不一定非男人做不可，我们女人也是可以做到的！”叶云心豪气冲天地保证道。

“记住你这句话。”

“我说到做到。”叶云心坚定地道。

“好。”

“这么严肃，究竟是什么事需要我帮忙啊？”好奇心被挑起来的叶云心眨了眨纯真的大眼睛问。

“还没想好，等想好了再告诉你吧。”心烦意乱的郝光光因为叶云心毫不保留的保证而心情好转，说话时脸上带了一点点笑。

“真吊人胃口。”叶云心嘟哝着，瞧了眼地上的一片狼藉道，“我去将如兰她们叫进来吧，屋子这么乱像什么话。”

“去吧。”郝光光没有阻止。

入夜，叶韬再次留宿郝光光房中，对此郝光光已经无力去争执什么了。

半梦半醒间，郝光光听到院内似有打斗声，迷糊地睁开眼问：“外面可有人打架？”

同样泛有睡意的声音响起：“大概是小偷来了。”

“居然真有小偷……”郝光光听了会儿发现声音止了，想着也许小偷被逮住了。

“不然你以为我为何连续三日宿在你房里？睡吧，外面自有护卫处理。”叶韬说完后闭上眼重新睡。

“哦。”主人都不理会家里闹小偷了，她自是更不会操心。

次日，郝光光问如兰：“昨夜的小偷抓住了吗？”

如兰回道：“没有，那偷儿逃得快。”

“那么厉害。”郝光光摸着下巴赞叹道，对于敢来叶韬家偷东西又能成功逃跑的偷儿甚是佩服，如果那偷儿就在她面前，她一定会抱着他的大腿大呼：英雄相见恨晚啊！

这一天是关键的一天，因为要给魏哲答案，可是叶韬那厮居然卑鄙地下令对她严加看管起来，不让她踏出院门半步。

为此，郝光光气得脸都白了，满腹火气无处发，最后抄起一把铁锹将院子里所有的花花草草全铲了，若非被如兰她们拉着，郝光光差点儿就一把火点着了这些烂“叶”子！

没法送信，郝光光急得在屋内直打转。

“小姐，心心姑娘来了。”

“快迎进来。”郝光光眼睛一亮，从来没这般高兴见到叶云心过。

“外面怎么突然多了那么多守门的？”叶云心走进来后疑惑地问。

“谁知道，你那韬哥哥大概是想显摆一下他家下人多吧。”郝光光没好气地回道，给如兰她们使了个眼色让她们都出去。

“你能帮我个忙吗？”郝光光望向叶云心，有点不确定地问。

“什么忙？”叶云心对郝光光做贼似的样子感到疑惑。

“就是帮我传个信。”虽然知道叶云心与叶韬的关系更近些，对她来说很具风险，但是此时郝光光已经是热锅上的蚂蚁焦头烂额了，她连门都出不去，魏哲是男人又不可能堂而皇之地跑来女子的居住之地来寻她，只能豁出去赌一赌了。

“帮谁？传什么信。”

犹豫了下，郝光光一咬牙伏在叶云心耳朵边低语了一番。

“什么？！你、你……”叶云心惊诧地指着郝光光一句完整的话都说不出来。

“你忘了昨天你是怎么保证的了？只此一件事，若是背地里去告密我永远都不会再理你！出尔反尔的人最讨厌，我不希望你是那种卑鄙无耻的小人！”郝光光瞪着叶云心威胁道。

叶云心脸色变幻了几番，最后居然生出了几分因刺激而兴起的激动来，双颊泛红，两眼有神地望向郝光光：“你放心，我一定会偷偷将话送到。”

“不要被叶韬他们发现。”郝光光叮嘱着。

“知道。”叶云心说完就跑出去了。

郝光光在屋内坐立不安，自从遇上叶韬开始所有倒霉的事她都遇到过，这一次希望老天放过她，让她称心如意一回吧！

大概过了半个时辰，叶云心回来了，郝光光冲上去拉着她问结果。

叶云心一脸的得意，说道：“已经传达了，魏大人说明日他会晚点走，到时见机行事。”

一切太过顺利，郝光光突然不相信了，一脸怀疑地问：“那么顺利？没有被人怀疑？”

瞪起眼，叶云心佯怒：“我说没事就没事，因为、因为我寻东方哥哥帮忙了。”

郝光光恍然，原来某人是施了美人计，怪不得，只是不知对东方冰块儿来说到底是“义”更重要还是“情”更重要。

“谢谢，传了信儿我就放心了，记住不许告诉任何人。”郝光光再三叮嘱道。

“放心啦，我既然选择了帮你就不会出卖你。”叶云心斜了郝光光一眼。

闻言，郝光光放心了，她只需将话送到就好，剩下的相信魏哲会有办法。

次日，本来决定清晨就要出发的魏哲因为杨氏头有些晕，于是不得不将行程拖延了半日。

看过大夫喝了些药，杨氏便在床上躺着休息，叶韬在详细问了大夫确定杨氏没事后方放下心出门办事。

这一日郝光光继续被监视，不得出院门一步，连杨氏身体不适想去看一眼都不被允许。

自己出不去，别人也进不来，急得郝光光什么似的。

郝光光什么都不拿，只将一些银票和簪子钗之类的值钱物带在身上，马和八哥已经顾不上了，她自己都泥菩萨过河了，哪还有精力顾及其他。

就在她在房里急得团团转之时，突然有消息传来说魏哲已经与杨氏离开了山庄。

“什么？他们已经走了？”仿若晴天一道响雷劈在身上，郝光光惊得差点儿自椅子上掉下来。

“是，刚走没多久，主上送完他们后也出庄办事去了。”如菊如实回答道。

郝光光失魂落魄的，不相信魏哲就这么走了，难道是叶云心说谎了，其实她根本就没将信儿传到？还是说魏哲在寻她开心根本就没有带她走的打算？

被残酷的事实打击得想哭，就在郝光光眼泪差点儿要掉出来时叶云心突然来了。

见到叶云心郝光光噌的一下站起身就要发火，刚要开口见叶云心一直向她使眼色。

郝光光情绪不佳地对如兰她们说：“你们先下去吧，我与心心待会儿。”

“是。”三个丫头出去后，郝光光眼睛一瞪抓过叶云心咬牙低声质问：

“你昨日究竟有没有将口信传达给魏大人？”

叶云心手臂轻轻一动，挣脱开了郝光光的钳制，淡淡地道：“我不是叶姑娘，我家大人命我来给小姐易容。”

完全陌生的声音令郝光光吓了一跳，仔细端详了下“叶云心”，模样不见哪里不同，衣服也是叶云心的，若仔细看的话只有个头稍稍不同些，比叶云心本人要高三四厘米的样子。

“你是魏大人的人？”

“是，时间紧急，小姐别多问。”假叶云心将门插上，又检查了下门窗，确认无误后将郝光光拉到梳妆台前开始麻利地给她装扮起来。

原来叶云心是真的将口信送到了，魏哲也没有寻她开心，郝光光激动地望着镜中一点点地在变化样子的自己，激动得双手直颤，她终于要离开这个牢笼了吗？

被易了容的郝光光照着镜子久久回不过神来，摸着脸傻乎乎地望着镜中的“叶云心”，若非捏着脸会感觉到疼，她都要以为自己是做梦梦到鬼了，否则明明是自己照镜子，怎么就照出了另外一个人。

“快换上衣服。”因将假脸皮给郝光光贴上而露出本来面目的女子催促着，手脚麻利地将身上衣服脱下给郝光光穿上了。

心跳越来越快，郝光光双眼放光，激动中带着紧张，这等为了自由充满了挑战与危险性的豪赌是她有生以来头一遭。

一切准备妥当，女子严肃地望着正往怀中塞银票的郝光光：“旁若无人地走出去，切莫心虚。”

又交代了下出了院子后去哪里会遇到什么人如何打暗号等事项，最后女子将自己打扮成郝光光的模样躺床上假寐去了。

魏哲安排得很详细，郝光光刚出房屋时还有点紧张，在如兰她们都神色自然地唤她“心心姑娘”后突然就放松了，连与叶云心认识那么多年的人都一眼看不出来什么，只要自己不露出马脚来就不会有问题。

因不会模仿别人的声音，郝光光就模仿着叶云心的表情对打招呼的丫头婆子们笑，不开口说话。

运气不错，没有人突然拉住“叶云心”说话，于是郝光光按照女子的交代走去听风阁，见到个穿着翠绿色衣裙手拿碧绿竹箫的女子，彼此交换了暗号后随着她去了梅园，然后换成另外一名女子带着郝光光走。

郝光光数了下，途中一共换了七个人带她行走，走的路线蜿蜒曲折，可以说算是“绕远”出山庄的，虽然平时神经大条些，但此时事关跑路，郝光光一路都精神高度集中，她发现平时隐藏在暗中的暗卫还有经常巡逻的侍卫突然不见了大半。

兴许是魏哲将人引开了，越接近正门郝光光心跳得越是厉害，因为叶氏山庄规矩挺多，庄内的人不得随便出入，若要出门还需拿着“出入证明”才成，她手里没有……

担忧之时，眉目清朗笑得分外好看的苏文遇突然出现，对领着郝光光的人点了下头后示意郝光光随他走。

见郝光光眼中明显带着疑虑，苏文遇笑得更欢了：“怎么，怕我将你带出去拐卖了不成？”

先前带路的人走过来轻声说：“遇少爷会帮忙将小姐送到公子手上。”

闻言，郝光光放心了，冲着苏文遇友善一笑，乖乖随着他出了山庄。

庄内的人若出去需要各种令牌很是麻烦，但苏文遇不是山庄的人，又因是叶韬同母异父的亲弟弟算是半个主子，每年会来住上一阵子，人缘好、为人风趣，山庄上下都识得他并且对他印象极好，是以苏文遇出入不需令牌，也没人敢阻拦。

“你为何要帮我？”出了山庄有一会儿，离魏哲的接应越来越近时稍稍放松的郝光光忍不住问起来，苏文遇居然帮助他大哥的“妾”逃离，这没道理啊。

“呵呵，不只我帮你，东方兄允了心心妹子的请求也在帮，要不然‘小嫂子’你如何能这么顺利地出庄？”苏文遇调皮地冲郝光光眨眨眼，一副不知天高地厚的模样。

“不许叫我小嫂子！”郝光光气得跺脚。

“可是大哥的妾我直呼名字不好，叫大嫂又不合规矩。”苏文遇状似很为难地道。

“叫我郝姑娘吧！”郝光光瞪了苏文遇一眼，暗骂这小子绝对是故意的。

“好吧，暂且先叫你郝姑娘。”苏文遇看起来心情很好，一直在笑。

“你为何会‘叛变’你兄长，不怕他收拾你？”郝光光狐疑地问。

“你不觉得我哥哥日子过得太压抑太一本正经，急需一番刺激调剂一下身心吗？”苏文遇侧过头来望向郝光光，冲她调皮地扬了扬眉，“将你送走他必然会大发脾气，也算是为他枯燥的一成不变的生活增添乐趣了，至于我嘛，大概会被他大骂一通然后赶回京城去。至于东方兄就自求多福去喽，为了讨好自己的女人而放走别人的女人，啧啧，自私到一定程度了是不是？你说他怎么会是这种人呢？真看不出来。”

好哇，这完全是个唯恐天下不乱兼幸灾乐祸的主，郝光光无语地瞄了他几眼懒得再问，有他这样的弟弟和朋友，真是叶韬和东方冰块儿的不幸。

不多时，魏哲骑着马出现，下马向苏文遇道过谢后将郝光光提上马置于胸前迅速离开。

魏哲一路无言，郝光光知道他为了她耽搁了许多时间，而且此时还没有离开叶氏山庄的势力范围，尚不算安全，于是也不敢说话，只希望路上不要出意外。

两人抄小路行走，行至一处河边时停下，趁着四下无人，魏哲扔给郝光光一件丫鬟服，又递给她一小瓶药水教她怎么用后便避嫌地走开了。

郝光光按着魏哲所说的用法将药水在脸部四周都点了圈又按摩几下，脸皮松动后去河里清洗干净。

恢复了本来面目的郝光光匆匆将衣服换下，发型也改了改，簪子全部拔下，将长发随意编了个大麻花辫子绑起来，对着清澈的河水照了照，完全是一副眉清目秀的爽朗丫鬟样子，郝光光很满意。

再次骑马上路时，郝光光问：“我们是过去与夫人他们会合吗？”

“对。”

“那遇到了夫人，我这样……”郝光光问得有点犹豫。

魏哲闻言嘴角一勾，纵马的速度未见减缓，心情颇好地道：“苏文遇刚不怕死地将你带出来，你想伯母能如何？”

郝光光眼睛一亮：“睁一只眼闭一只眼！”

“东方曾欠我一个人情，所以这次才勉强肯帮忙助你逃走，途中的暗卫被他调走，你无须担心，叶韬会被东方绊住。”魏哲为郝光光解惑。

“我们安全了？”郝光光闻言俏脸儿因兴奋而泛起红晕。

“差不多，驾。”

虽有贵人帮忙，就算再有把握魏哲也不敢掉以轻心，依旧按原计划行事，会合后弄出了十辆与杨氏乘坐的一模一样的马车，让打扮得与杨氏、魏哲、郝光光等人七八分相似的手下分别乘坐马车往不同的方向行去，以此来迷惑追赶而来的叶氏山庄的人。

郝光光与杨氏同乘一辆马车，见到郝光光时杨氏大为惊讶，得知自己小儿子也参与了这一出闹剧后哭笑不得。

“唉，其实叶韬那孩子就是强势了些，他对你还是很好的。”杨氏惋惜地道。

郝光光闻言差点儿做出要吐的表情，但杨氏待人亲切温和，是个好女人，于是一切不礼貌的举止只得作罢，勉强挤出个笑脸道：“夫人说得是。”

看出了郝光光明显不相信，杨氏无奈一笑：“还记得那幅画吗？我当时画得很用心，原本是想带回京去留作纪念的。”

郝光光闻言脸上立刻流露出感激来，由衷谢道：“多谢夫人割爱，光光早就想去道谢了，无奈被庄主百般阻拦没去成。”

“呵呵，若真想谢就去谢韬儿吧，是他执意要将画拿走送给你的，那孩子说画对你来说有着特殊的意义。本来很舍不得，见他坚持才改变了主意，这么多年来他第一次有求于我，我这个做母亲的又如何忍心拒绝？”杨氏感慨道。

“什么？那幅画是庄主为我求来的？”郝光光惊讶出声。

“对，所以我才说他是重视你的，要不然谁会为了无关紧要的人讨东西？这可是我进苏家门二十年来他第一次向我讨东西，以往为了不给我添麻烦或惹来闲言碎语，他从来不求我什么。”杨氏说话时眼中流露出心疼，望着愣住的郝光光语气温和地说着心事，“所有人都觉得我最疼爱的孩子是遇儿，实则韬儿才是我最放不下的那个，当年的事对他的性子有所影响。起初见你这般活泼可爱，以为你兴许能让他稍稍改变执拗冷硬的性子，岂料……”

“夫人说笑了，光光哪有那等本事？他可是很嫌弃光光的。”听到画像的由来时郝光光最初心头划过道异样，稍稍感动一下下，但一想起在叶氏山庄她所经历过的种种，感动立消，觉得叶韬之所以这么做并非是因为重视她，而是别有所图！

“你这孩子对韬儿成见颇深，这也怪不得你，是他的行为有失偏颇。”杨氏揉了揉眉心，对郝光光如此排斥提防儿子的表现感到无奈。

“你这般出来是想去哪里？何时与魏哲走得这般近了，居然令他下了这么大的工夫将你带出来？”杨氏不知想到了什么，问话时表情变得很严肃。

看出了杨氏在防备什么，郝光光立刻开口解释道：“先前光光就与义兄有过一面之缘，这次相遇因义兄觉得我与他已逝去的姑母有着几分相似，于是便起了要认我为义妹的心思，正巧前两日我被庄主……压迫得很惨，很想逃出来，便去求义兄，他禁不住我百般恳求，于是便答应了，方才在路上他已正式收了我为义妹。”

魏哲已经帮了她很大的忙，郝光光很感激，于是将责任全揽到了自己身上。

对这些杨氏不感兴趣，她在意的只有一点，问：“你对魏哲那孩子可有不寻常的感情？”

“没有！”郝光光惊得直摇头，万分肯定地对杨氏保证道，“光光对义兄只有兄妹之情，夫人放心。”

看郝光光语气诚恳，并不像说谎的样子，杨氏稍稍放了心，担忧地问：“你到时去哪儿？”

“义兄说让我暂时在他的别院歇脚，他回魏家住。”光光继续向杨氏保证她与魏哲之间很清白，不会住在一起。她虽然很不屑叶韬，从来不当自己是他的妾，但她尊重杨氏，所以该有不该有的保证她一股脑儿都说了。

杨氏微微皱了皱眉头，最后像是想通了什么，舒展双眉，重新流露出笑容来。

“夫人笑什么？”郝光光好奇地问。

“快到京城了，高兴而已。”杨氏如此回答道，其实她想说的是：“就算你逃了出来，用不了多久就会被韬儿抓回去，逃也是白逃。”

郝光光不明杨氏的想法，听她说快到京城了，大为欣喜，掀开帘子往外看：“快到京城了吗？”

一旁骑着马的魏哲闻言，冲郝光光微微一笑，阳光照在他身上像是在他身上镶了一道金边，令他的贵气与俊朗更添一筹，用令人闻之感到心安的沉稳声音回道：“没那么快，还得有两个时辰。”

还有两个时辰就成功了，郝光光感觉自己浑身的汗毛孔都兴奋得舒展起来，脸上的笑容更是久久不散。

离开叶韬真是太好太好了，没有什么比这个更让人振奋的了。

看着郝光光越来越欢快的笑容，杨氏眼中的同情之意越来越浓。

郝光光以为她是在同情自己的儿子丢了“妾”被狠狠削了面子，殊不知杨氏其实是在同情她，因为此时郝光光有多高兴，等被捉回去的时候就会有多难受。

一个时辰后，魏哲又加快了速度，后面已经有叶氏山庄的人在追赶，由于先前有十伙人打扮成他们的样子四散出发，分散了大部分叶氏山庄的注意力，此时他们已离开叶氏山庄近百里，算是离开了叶韬的势力中心，追来的人数量不多，暗中保护魏哲的人完全应付得了。

就这样，没费太多力气对付了几拨追来的人，天黑之时众人终于赶到了京城，叶氏山庄的人这下是彻底追不上了。

到了天子脚下，郝光光仅有的一丝担忧紧张也为之消失，只觉得京城比金山银山还要美，站在天子的地盘上，仿佛天和地都变成了闪闪发光的金子，映得郝光光的心也为之变得金灿灿起来。

“哈哈，我终于自由啦！！！”郝光光一骨碌躺倒在马车内，在一旁杨氏错愕的目光注视下兴奋得手脚乱舞，完全一个被关久了突然被放出笼子的泼皮猴子。

就在郝光光因为成功逃出而大喜特喜之时，叶氏山庄上下则因为丢了“郝姨娘”而陷入了一片愁云惨雾之中……

【第 9 章】要出门了

叶氏山庄的人这几日都不敢大声说话，人人缩着脖子做事，都怕一个不小心惹得他们主上不高兴会项上人头不保，人人过得可谓是战战兢兢。

这几日叶韬的火气特别大，那张无往不利，向来令人看了会忍不住两眼发直、脑袋犯晕的俊脸最近阴沉沉的，能迷乱女人心的俊眸含冰，以往上至阿婆大婶下至稚龄女娃被叶韬好看的凤眼看上一眼都会心花怒放，美得不知今昔是何夕，可是在这个“特殊”时刻，再花痴再胆大的女人只要被叶韬宛如地府阎王般森冷可怕的眼睛一扫都会吓得脸发白、腿打战，只差没尿裤子了，什么风花雪月、飞上枝头的美梦想都别想！

众人都知道，他们一向以身作则赏罚分明的右护法被英明神武的主上狠狠骂了一通，最后被赶出去找人。

是个男人都容忍不了自己的女人逃走，哪怕他不喜欢这个女人，叶韬这种男人自然更加容忍不了自己的弟弟和亲如手足的伙伴兼下属联合瞒着他将郝光光放走。

东方佑说自己是偿还魏哲一个人情才做下了如此错事，但气急了的叶韬听了只冷冷一笑：“还人情是其一，哄你的心上人开心才是主要的吧？这两日能随意出入郝光光院子的只有叶云心一个！有人禀报说郝光光离开前一日叶云心去寻过魏哲，而之前她曾找过你。”

在叶韬泛着怒意的眼神注视下，东方佑不甚自在地低下头，没开口。

他承认帮郝光光逃走这件事做得挺不地道，很对不起叶韬，就像叶韬说的那样，还人情是其一，想达成叶云心的愿望是其二，当然这两点还没有重要到令他不惜惹怒叶韬的地步，最主要的一点是苏文遇说的话。

苏文遇说叶韬从来没将哪个女人放在心上过，包括叶子聪的娘，只是夫妻相敬如宾而已。而对待郝光光明显不同，面对郝光光时他会气急败坏，会常常使出平时很不屑的卑鄙手段，如此他到底是真打心里看不上、看不起她还是对她是特别的，总要试一试才知道。

试过后若是叶韬对郝光光没有感觉，那就这么放了一个被压迫的善良小姑娘也不失为功德一件，就算叶韬再气，毕竟是无关紧要的妾氏，时间一久自然就不当回事了。而若是通过郝光光的逃离令叶韬发觉到自己对她的感情不一般的话，那经过这一刺激兴许就能促成一段姻缘呢！

就是这样，秉着一点私心又确实是为叶韬着想的情况之下，东方佑与苏文遇联手帮助魏哲将郝光光弄出了叶氏山庄，并且在叶韬发现后命人去追时暗中做了些手脚阻拦了。

“去京城将郝光光给我完好无缺地找回来，找不到的话你也别回来了，叶云心你也别再惦记。敢放走我的女人，就要做好会娶不到自己心上人的准备！前日说要做主将叶云心许配给你的话我暂时收回。这事叶云心那丫头也掺了一脚，简直是被纵容过头了，她短时间内嫁不了你也是自找的！”身着黑色披风的叶韬背手而立，脸色阴沉，无形中给人一种不容忽视的压迫感。

东方佑额头上滚下一滴冷汗，礼貌地冲叶韬一抱拳：“属下定当全力将郝姨娘安然带回，到时再来主上面前请罪。”

“哼。”叶韬情绪欠佳，转过身不再理会一脸歉意的东方佑。

就这样，东方佑当晚饭都没来得及吃便带着两名得力手下向京城方向出发，而叶云心则被罚禁足抄写女戒女则，郝光光被带回来之前她是别想解禁了。

唯恐天下不乱的苏文遇料对了，他被叶韬训斥了一顿后当晚便被赶出了山庄。

叶韬扬言除非他允许，否则苏文遇不得再踏入山庄一步！叶韬是动了真怒，没有将苏文遇和东方佑当场揍得半死是他还算理智，尚念及旧情而已。

苏文遇被赶出去时，在山庄门口处当着门卫和附近护卫的面摇头叹气扮可怜，捏起了兰花指尖着嗓子唱起戏来：“为了那冷心肠的女人……将亲弟赶出庄外……露宿街头……饥寒交迫……痛哭流涕……泪眼汪汪……哥哥你真是好狠的心哪啊啊啊……”

那怪腔怪调逗得旁人肩膀直抖，紧闭着嘴憋笑憋得厉害，但为了小命谁都没敢笑出声。

连续几夜叶韬都没胃口，夜里睡得也不踏实，开始在自己房里睡不着，后来跑去郝光光的房里去睡，结果更睡不着了，这下可苦了如兰她们，个个如临大敌般小心翼翼地侍候着阴晴不定的叶韬。

京城。

郝光光来到京城已经三日，她被安排在魏哲的别院中，据悉这别院是魏哲两年前掏私房钱购置的，所以魏家的人不会太过注意这里。

魏哲安排了几名好手看护着别院，顺便保护郝光光，别院里本来就有一些仆从，是以郝光光来后直接便有收拾得舒适的房屋住，有可口丰盛的饭菜吃，还有丫鬟可以使唤。

因京城不比其他地方，这里路上随便一个人都可能非富即贵，魏哲嘱咐初来京城准备跃跃欲试的郝光光尽量少出门，实在憋不住想出去的话也要让下人随身保护着。

“这几日你要安分，最好不要抱有偷偷逃跑的念头，叶韬发现你逃了定会着人来京寻找，他的势力不小，少了我的人随身保护，无论你逃到哪里都可能被他的人找到。既然认了你做义妹，为兄自会担起兄长的责任照顾你，无须客气，放心在这里住下便是。平时我甚少来住，你不住也空着，下人们的月钱还是要照发，所以不必觉得占了我多大便宜而感到内疚。”魏哲知道郝光光不想与魏家有太多牵扯，料到她想找机会一走了之，于是便有了这一番话。

“义兄啊，让你手下会易容的好手教教我易容术吧？”郝光光眼珠子转了转，巴巴地望着魏哲开口求道。

魏哲闻言无奈一笑，宠爱地摸了摸郝光光的头道：“那都是手艺活，不外传的。”

郝光光脸顿时垮了下来，她想学会易容，到时才不怕什么叶韬之流的找。

“别想有的没的了，安心住下，姑母的东西以后想看便看，记得不损坏了便可，这几日我会很忙，不能时常过来看你，若有事尽管吩咐管家传话。”

“哦。”郝光光因不能学到易容术有点沮丧，低下头郁闷了会儿突然想起一件事，抬头问，“义兄，那个王小姐目前身在何处？我想现在就去会会她。”

魏哲含笑定定看了郝光光片刻，意味深长地道：“这个不急，等你适应了这里，为兄稍稍轻闲之时便带你去见王小姐。”

“好吧。”郝光光不想麻烦魏哲太多。

郝光光适应能力极好，她这种人在哪里都能过得很自在，前提是不受人压迫的话。

库房里存有很多当年魏哲姑母用过的物事，比如锦被、丝帕、衣服、琴和笔墨纸砚等物，郝光光无聊时就会来库房睹物思人，后来干脆将被子床罩都拿出来洗了晒干后拿来盖了。

盖着娘亲的被子，拿娘亲的笔墨纸砚练字，屋内也摆了一些娘亲当年用过的摆设，生活在处处有母亲影子的环境下郝光光感觉很踏实，感觉那久违的亲情又回来了。

没有叶韬压迫，也无人再喊她“郝姨娘”，这里的人只拿她当魏哲的义妹对待，恭敬地喊她一声小姐，郝光光对此非常满意，过了好一阵子被压迫的日子，突然变得自由起来，是个人都会珍惜的。

老实了没两日，郝光光实在是闷得慌了便知会了管家，带上两个身手还不错的丫鬟出门逛去了，此处乃是京城中心，繁华程度自是不必说。

魏哲很是大方，给了郝光光许多银子，是以逛街遇到什么好玩的好吃的郝光光可以随意买，反正身后有帮忙拿东西的。

逛得满头大汗累了时便去一家酒楼用午饭，酒楼里很热闹，有个说书的正口沫横飞地说着故事，听的人一片叫好声，郝光光走进去时正好到了结尾处，精彩的没听到，寻了个地方坐刚点完了这里的招牌菜便听说书先生说明日讲魏家千金的事。

听到这句话郝光光手中的筷子吧嗒一下掉在了桌子上，在两名丫鬟疑惑的注视下赶忙将筷子拾起来。

明日讲娘亲的事，那她无论如何都要来听一听，其实她之所以这么老实地待在别院里没有逃走，一是害怕真如魏哲所说的那样失了他的庇佑叶氏山庄的人会将她抓回去，其二便是想多了解一下关于娘亲的事，身为子女，她知道的还没有无关紧要的人多，怎能甘心。

“这里环境不错，菜闻着味道很香，想必吃起来不会差，明日我们还来。”郝光光尽量神色寻常地对死也不肯坐下与她同吃的两个丫鬟说道。

丫鬟都是听从主子差遣的，只要郝光光不乱跑生事她们就不会阻拦，于是点头。

魏家乃京城大户，魏相在官场摸爬滚打数十年其势力可见一斑，魏哲认了个义妹并且对她颇为重视的事早就传到了魏相耳朵里，几日来暗中观察着的人一日不落地将郝光光平日里的言行举止细细记下登记成册送至魏相手中。

于是在郝光光毫无察觉的时候，有关她的一些事早已经被魏相知晓。

叶氏山庄。

东方佑出外办事，短时间大概回不来，叶韬不能左右手都不在身边，于是便将在外奔波劳碌的左沉舟唤了回来。

在听说了郝光光逃走叶韬勃然大怒的来龙去脉后，左沉舟抚掌大笑，直呼东方那小子有种，气得叶韬差点儿又将他轰出庄外去。

郝光光走后，叶子聪心情很不好，每日无论是练武还是学知识进度都慢了一点，被叶韬知道后自是免不了一顿训责。

受了委屈的叶子聪每回都拿郝光光没有带走的小八哥出气，几番下来，八哥明显瘦了许多，眼神也忧郁了，就连郝光光教它的对叶氏父子说的奉承话都没力气说了。

这日，左沉舟去书房向叶韬禀报公事，谈了近一个时辰的要事，起身要离去时见叶韬疲惫地揉眉心。

顿下脚步，左沉舟没忍住突然开口道："自郝……姑娘离开后你是否就一直没睡好过？"

提及这个话题，叶韬本就不甚好的脸色变得沉郁起来。

左沉舟见状莞尔一笑，目光在叶韬眼中的红血丝及眼下的黑眼圈下扫过，不怕死地说道："你有没有想过，若一个男人完全不在乎一个女人的话，可能在她离开后茶饭不思，整个人阴沉恐怖得人见人怕鬼见鬼愁吗？"

左沉舟走后，叶韬想着他刚刚问的话，眉头紧锁，思绪不知跑往了何处。

诚然，郝光光的逃跑令他愤怒，但这段时间来一直困扰着他的难道就仅仅是愤怒吗？还有，他愤怒的究竟是什么？是怒郝光光敢挑战他的尊严逃跑，还是怒她"有眼无珠"？

叶韬对自己的能力及男性魅力从来都很有自信，可是这些令他引以为傲的东西在面对郝光光时突然就失灵了，若非每日照着镜子看到的影像与原来的自己一般无二，他都要怀疑自己是否成了丑八怪，不然何以郝光光除了在第一眼见到他时流露出惊艳呆傻的模样，往后就一直在躲？甚至还给他闹逃跑！

那个女人不温柔、不贤惠、没才学，长得又不倾国倾城，只会气人还做些白痴的事，自从决定将她纳为妾时开始他便已将她当成了责任、当成了自己人，吃穿用度哪样不是极尽精致？连丫鬟他都一次给她拨过去三个，若非她明显表现出不喜丫鬟侍候的模样，再给她拨过去三十个都不是问题。

治伤时因看了她清白的身子，一时脑热决定给她个交代，谁想这个换成别的女人会感激涕零、受宠若惊的决定在郝光光眼中比洪水猛兽都要恐怖，他承认就是这明显的排斥令本来觉得收不收不甚重要的他立时改变了主意，决定非要了她不可！没有哪个男人愿意被女人这般排斥鄙夷，这只会挑起他们的挑战欲。

于是，他用了不甚光彩的手段将郝光光带回了山庄，又不顾她的意愿强行给了她妾氏的身份，整个山庄都已知道郝光光是他的妾氏，这不是她反对排斥就能改变得了的。

其实收服一个女人最有效快速的方法是直接强要了她的身子！他也有想过，只是在气得差点儿将郝光光变成自己的女人那晚，箭在弦上之际他忽然打消了这个念头。

强行将想要离开的郝光光带入山庄限制了她的自由已非君子所为，若在明知她不情愿之时还强行要了她的话那自己与畜生又有什么两样？再说，他堂堂一庄之主还不至于掉价到靠“强暴”来收服一个女人的地步。

自以为对她已经极尽宽容，只要她不逃跑，在山庄内，随便想去哪里就去哪里，与一堆婆子丫头胡说八道他也不去管；她不识字，他百忙之中抽出时间来亲自教她；很讨厌那只叽叽喳喳的八哥，只是因她喜欢便没有将它扔出去。

总之种种他都在迁就郝光光，几次被她挑起怒火都没有真正将她怎么样，换成别人早没好下场了！对于这个永远不知长记性为何物并且不知天高地厚的女人，他的脾气会变得极差，相反他的忍耐控制力却愈见增长，很矛盾的现象，就像他的心情一样矛盾。

按说像郝光光那样总气得他青筋暴跳的女人应该对她敬而远之才对，但不知怎么的，他偏就想有事没事地去管管她、吓吓她，虽时常被她的言行激得怒气非常，但那一日他的精神会出奇的好，难道真如贺老头儿所说的那样时常被气一气有利于身心健康？

他承认有时对她太过严厉霸道，那也是情有可原。郝光光骂他、打他时难道不能生气？她与其他男人走得近难道不能生气？试问哪个会乐见自己的女人与别的男人亲近？尤其那个男人目的还明显不纯，那两日他将郝光光看得牢些也是不得已而为之，难道要眼睁睁看着她傻乎乎地被魏哲带走？京城宰相家只怕比叶氏山庄要恐怖得多，就她那又纯又蠢的性子，到了魏家不被那一宅子女人啃得连骨头都不剩才怪！

“真是养不活的白眼狼！”叶韬越想越气，站起身在书房里开始来回走动，他从没对哪个女人上心过，这郝光光简直是胆大包天、狼心狗肺，养只宠物还懂得感恩呢，她可倒好，他将她当千金小姐般侍候着，结果她不感恩，不知足就罢了，还跟别的男人“跑”了！

魏哲风华正茂，文才武略非一般人所能及，尤其是他还长着一张能诱惑女人的俊脸……

叶韬只觉一股异样的感觉瞬间蹿至四肢百骸，令他再也待不住，冲外喊：“狼星进来！”

狼星立刻进来，向叶韬抱拳。

“速速去京城将右护法找回来。”叶韬铁青着脸沉声命令道。

叶韬站在书房内望着书案的方向微微眯起眼，攥紧拳头低喃，“这次不用别人，我亲自将你这个吃爷不向着爷的小白眼狼带回来！”

京城。

郝光光再次去了那家酒楼。

“今日说书的内容居然跟魏家大小姐有关，真是稀奇，不来听听怎么行。”刚进来的年近不惑的男人在郝光光不远处的八仙桌处坐下来，对与他年龄相仿的同伴感慨着。

“就是，想这二十年来可是没有一个说书先生敢说魏家的事，既然有个不怕死的要说，我们自然要来听一听。”另一名中年男人脸上带着些许好奇回道。

不只是这两个男人，后来陆续进来的几个人也有人小声说一些类似的话，听入郝光光耳中令她好生纳闷，难道魏家千金的事是不可随便谈论的不成？那今日……

心中突然涌起一股莫名的感觉，郝光光拧眉站起身，想走。

“小姐？”随郝光光出来的两名丫鬟见状好奇出声。

冲动一晃而过，郝光光摇了摇头又重新坐了回来，决定不予理会刚刚莫名涌出的念头，既然魏家千金的事不得随意乱谈，那她就更要听一听才是。过了这村可就没那店了，对她来说，没有什么能及得上娘亲的往事重要。

不多时，说书老先生摇头晃脑地来了，往台前一站喝水润喉准备相关事宜。

郝光光点的菜已经上桌，刚动筷子便见到一个熟人走了进来，那人不是别人，正是助她逃出叶氏山庄的苏文遇。

苏文遇看到郝光光时面露诧异，转身对跟着的几名公子哥轻声说了几句话，随后独自走过来毫不客气地在郝光光对面的位子上一坐，笑呵呵地道：“真巧，居然在这里遇到你。”

“确实，京城看来也不大嘛，在这里都能碰上苏小弟。”郝光光回以一笑。

“苏小弟”三个字令苏文遇嘴角的笑意差点儿挂不住，瞪了瞪眼突然想到什么，冲郝光光扬了扬眉幸灾乐祸地道：“真以为到了京城就万事无忧了？居然还敢乱跑，不怕我哥哥追来将‘小嫂子’你捉回去！”

“不许叫我小嫂子！”郝光光没抓住重点。

“除非你不叫我苏小弟。”苏文遇适时讨价还价。

瞪了眼拿起筷子吃她桌上菜来的苏文遇，郝光光妥协了：“好，我不叫你苏小弟。”

“这才像样。”苏文遇吃了两口清蒸鱼，又喝了一口铁观音，指着桌子上的菜对郝光光道，“快吃啊，别客气。”

闻言，郝光光连气都不知道怎么生了，对苏文遇自来熟的厚脸皮模样没辙，不过这样的苏文遇，郝光光愿意与其相处，也拿起筷子吃了起来。

说书的准备就绪，摸了摸八字胡开始说了起来：“今日说的是魏家千金，谈起魏家千金来，想必各位在座的中年人士都听说过她，那可是真真正正的美人，其风姿美貌至今都无人能及啊。”

郝光光的注意力被吸引了大半，放慢吃菜的动作认真地听起来。

说书先生夸得太厉害了，酒楼内个别年轻小辈不信了，嚷嚷道：“有那么美？小爷来京近两个月都不曾听说过魏家千金的芳名，你说她美就真美了？我说怕是她的模样都不及琼香院花魁半分吧。”

被质疑的说书先生不高兴了，吹胡子瞪眼：“魏家千金芳名远播之时你怕是还在你娘怀里吃奶呢！在座各位曾有幸见识过魏小姐模样的人都来帮忙作证，小老儿所说是否夸张了！”

“无知小辈，自己孤陋寡闻别在爷儿们面前丢人现眼了。”

“敢拿那种地方的女人与魏家千金比，小子活腻了吧？”

“那种地方的人给魏大小姐洗脚都不配！”

“…………”

几名当年有幸听说过或是见过魏大小姐的中年人纷纷炮轰起那名年轻男子来，年轻男子见势不妙，饭菜都顾不得吃落荒而逃了。

“无知小儿已走，我们继续说魏大小姐的事。”说书先生气消了大半，一手拿折扇一手摸着八字胡继续摇头晃脑地说了起来，“这魏大小姐不仅貌美，还多才多艺，为人也好，魏家上下都将她放在手心里捧……”

郝光光不知不觉间放下筷子，开始认真地听起来，随着说书先生讲的内容，她逐渐明白当年娘亲很得魏家上下喜爱，魏相当年儿子不少，女儿却只一个，因儿子个个不争气，而女儿却是学识人品均为上等，魏相夫妇对女儿的宠爱远高于那些不争气的儿子。

因左相这个身份乃一人之下万人之上，是以其子女在京中各大场合会经常露面参与，就这样，魏大小姐小小年纪时便因其出众的美貌被京中众多人士所吹捧，在她及笄后踏入魏家的官媒更是数不胜数，连先皇都看中了将他后宫粉黛全比下去了的魏大小姐，无奈年已老，身体健康欠佳，心有余而力不足，不想这般美貌的女子便宜了别人家，于是便动了将其许配给太子的念头。

当年太子年过二十，虽长相颇佳，但贪恋美色，年纪轻轻东宫便已美人无数，能力头脑也只一般而已，是以哪怕女儿能当上太子妃，先皇去世后甚至能母仪天下，宠爱女儿的魏相夫妇都不乐意将女儿送入宫去，每每被请进宫先皇只要稍稍提及这个念头，都会被魏相夫妇四两拨千斤糊弄过去。

这事不仅魏家长辈不同意，魏大小姐自己也不同意，太子殿下她见过几次，很不喜欢看到她就惊艳得走不动路的男人，被众星捧月了十数年，寻常男子自是入不得她的眼。

当魏大小姐告诉父母自己的理想夫婿是哪种人时，魏相夫妇连连摇头笑话她傻，以女儿的家世，哪怕不进宫，也要嫁入其他家世显赫的名门望族才是，越是有身份的男人越不会只有一个女人，想嫁给后宅清静的男子绝无可能。

心高气傲的魏大小姐容忍不了娶了自己的男人还会想要其他女人，那是对她的污辱，京中一众适婚男子她全看不上眼，总觉得男人穷些不怕，长得不英俊潇洒也不怕，只要身怀绝技能护她安全并且只宠她一个人就好。

对于抱有“幻想”的魏大小姐，家人都抱玩笑态度看待，几位兄长嫂嫂时不时地还来酸几句她痴心妄想，或是说她脑子坏掉了，各个名门公子哥都看不上，小心最后嫁个小偷或乞丐！

谁想，以为任何一个男人都看不进眼里去的魏大小姐某日居然动了芳心，得她青睐的非名门贵族，而是当时正令京中捕快大为头疼的“好神偷”，之所以会是这么一个称呼，是因为此偷儿每偷完一样东西都会在人家的地盘上留下耀武扬威的三个丑陋无比的大字“好神偷”。

听到此处，郝光光双眼发光，激动得双手一直紧攥着，她知道那个“好神偷”绝对是她老爹！

一直跟随着说书先生讲的内容或惊喜或担忧或激动的郝光光完全不知道在她情绪外露之时，有个人一直在观察着她的表情，那人此时正坐在她斜对面的二楼包厢里，因窗户关着，那人将窗户纸捅破了个小洞，是以郝光光很难发现到异常。

正听到激动处，想知道爹和娘是如何相识并且相爱时说书先生突然停了，说了句令她听了很想给他一拳的话：“预知后事如何，请听下回分解。”

“这臭老头儿，真想抓回去揍一顿！”郝光光瞪着收拾东西要离开的说书先生，恨不得在他身上瞪出俩窟窿来。

“气什么？说书先生是不可能一次将故事都说完的，那样酒楼还怎么吸引顾客继续来消费？”吃了八分饱的苏文遇看着又气又叹地吃不下饭的郝光光，好笑地直摇头，突然想到上次在叶氏山庄刚看到魏大小姐画像时她的反应也很怪异，于是好奇地问，“奇怪了，魏家千金的事与你有何关系，怎的每次事关到她时你都反应不同寻常？”

闻言郝光光心中打了个战，立刻收起怒火，缓了缓起伏的情绪像个无事人似的笑：“好奇不行吗？很少来这种大的酒楼听说书，偶然听到个还不一次说完当然生气。”

苏文遇对这些不感兴趣，便没再继续这个话题，吃饱喝足后摸着鼓鼓的肚子满意一叹，看着刚收回心思准备吃饭的郝光光，眼珠转了转，恶作剧地一笑：“告诉你一件事，昨日东方兄被紧急召回山庄，哥哥不让他寻你了。”

要捉她的人回去了，这是好事啊，郝光光闻言双眼放光，激动得刚想鼓掌欢呼，苏文遇下一句话顿时将她惊得魂吓飞了一半。

“因为我哥哥打算亲自来京捉你回去！”

苏文遇的话带给郝光光极大的不安，她这还没逍遥多久呢那叶大变态就要来了，真要被抓到，她怕是连明日的太阳都别想见到了！

“小姐，你怎么招惹上叶氏山庄的大人物了？”其中一个丫鬟望着急匆匆往回赶的郝光光纳闷问道。

郝光光埋头走路，心情浮躁得很，没好气地回了句：“我才没招惹那大变态，是他死缠着我不放。”

两名丫鬟闻言愣了下，对视一眼，没再多问，紧随着心急火燎的郝光光回了别院。

回去后郝光光去寻管家，要他去给魏哲传个口信儿，若魏哲晚上能有空的话最好过来一下。

叶韬即将到来的消息令郝光光所有的好心情消失殆尽，连中午时想多点了解父母往事的迫切感都淡去了大半，叶韬之于她就像是赶不跑打不死的害虫，她跑去哪儿他就追去哪儿，简直是上辈子欠了他的一样。

度过了一个非常难熬的下午，黄昏之时郝光光没等来魏哲，倒是等来了一个年过花甲的老头子。

此老头儿头发花白，手拄一根碧绿拐棍，走路极稳，腰板儿丝毫不见佝偻现象，令人觉得那根拐棍完全就是个摆设。

来人双目精烁，忽略时间在其脸上留下的痕迹，看得出此人年轻时绝对是俊美风流的，细细观察会发现老头子的脸与魏哲有一丝丝相似。

能不被阻拦地走进这里，虽年已老但气势不减，如此人物究竟是何人郝光光心里已经有了底儿。

微感诧异，在猜到来者可能是谁时心中有股莫名的情绪小小地翻腾了一下，所幸没多会儿就被她控制住了。

院内的下人见到老爷子均战战兢兢起来，福身要行礼，结果刚行到一半老头子便打了个手势，众人会意，低着头匆匆退下，将空间留给他和郝光光。

扫了眼神色不咸不淡的郝光光，老爷子迈着四平八稳的步子走过来指了指房间的方向："去屋里说话。"

这绝对是个刚愎自用不好相处的老头子！郝光光一边腹诽着一边跟在老头子身后进了屋。

老头子在屋内主座上坐下，手里依然握着拐棍，精明不失内敛的双眼在郝光光身上打量了几下，随后以惯于发号施令的不容拒绝语气冷声问道："你自哪里来，父母都是何人？"

这种高高在上俯视一切生物的语气和态度最令郝光光反感，心中那股子悄悄冒出一点头儿的孺慕之情顿消，郝光光大咧咧地往身旁椅子上一坐，背靠椅背双臂环胸，冲着因她的动作而面露不悦的老头儿扬了扬下巴反问道："老爷子您这是自哪里来，问晚辈父母有何贵干？"

"放肆！这就是你对长辈该有的态度？"老爷子质问的声音中含着浓浓的不悦。

郝光光眨眨眼，疑惑不解地望着气得差点儿胡须翘上天的老头子："晚辈又不知您是何人，岂会将父母的事透露？"

"顶嘴这么厉害，会猜不出我是何人？"老爷子眼神愈加犀利起来。

郝光光没被吓到，对于这种眼神，她早被叶韬锻炼得能够面不改色心不跳地泰然回视了。

郝光光微微一笑，挑了挑眉道："若晚辈没猜错，您老应该是义兄的祖父？"

"不懂规矩的小丫头，你爹不愧是偷儿出身，教出的孩子都这么目无尊长！"魏相对郝光光的第一印象非常之不满。

见老头子没反对，那她就是猜对了，眼前之人就是魏哲的祖父，同时也是她的外祖父！

除了魏哲外，又一名亲人近在眼前，可是郝光光此时很难有喜悦、激动之情，因为这老头子言语中不但看不起她，更看不起将她拉扯大的郝大郎！

郝光光板起脸来朗声回道："是偷儿那也是我爹，您就算是当朝左相也没有随意道我爹不是的道理。”

魏相嗤笑：“我为何不能道你爹的不是？就算他本人在这里，只要本相一句话他立刻就得给我跪下。”

知道魏相没有说大话，当大官的泰山要女婿跪下，“心中有愧”的女婿跪下也无可厚非，郝光光无从辩解，但心中不快，是以扭过头不搭理这个不好相处的老头子。

“回答我，你父母是何人，现在何处！”魏相皱着眉继续质问。

“我爹名叫郝大郎，我娘叫郝大娘，娘亲于我五岁时病逝，我爹半年前也去了。”郝光光语带苦涩，这个老头儿难道没调查出来她爹娘已经不在了？还反复问，这不是故意在她伤口上撒盐吗？

“你娘过世了？怎么过世的？！”高高在上的魏相闻言神情大变，急促追问起来。

郝光光诧异望过去，见刚刚还不可一世的老人家此时居然情绪大乱，心想难道他已经神通广大地将她的身世全调查清楚了？

“娘亲生完我后身体一直不见好，好像还有着什么想不开的心事，隐约记得当年大夫诊治时说娘亲身体欠佳还心有郁结，就这样才早早去了。”郝光光低头闷声回答道，说话时手紧紧攥着母亲留下来的钱袋。

闻言，魏相握着拐杖的手青筋暴起，因情绪起伏过大整个身体都发起抖来，闭了闭眼道：“你那个爹是怎么照顾你娘的？有够无能！”

原本还在伤心着的郝光光一听这话怒火顿生，跳起来大声反驳道：“老爹对娘亲和我都是一等一的好！娘亲的死，老爹比谁都难过。别说他那么好的丈夫世间少有，就算我爹真对我娘不好，敢问这与左相大人您有什么关系？！”

郝光光一生中最敬爱佩服的人就是郝大郎，他说的话她一直是奉为圣旨在听的，容不得别人对他有一星半点儿的不敬。

“混账！反复对长辈不敬简直不可理喻，果然是你娘死得早没人教你如何做人！”向来受人敬仰巴结的魏相被个小丫头不敬，他哪里受得了，光滑的大理石地板被他手中的拐杖戳得咚咚作响。

“别的我不管，只知为人子女者在‘陌生人’诋毁父母的时候就要挺身维护，若因畏惧强权任由父母被辱那才叫作不会做人！”郝光光吼的声音一点儿不比魏相小，俏脸上寻不出一丝惧怕的痕迹，只有捍卫亲人名誉的执著与勇气。

魏相深吸几口气，最后关头稳住了恼火没有将郝光光怎么样，对她因护着

“郝大郎”而对他不敬的行为感到相当不满，瞪着郝光光那双因冒火更显美丽并且熟悉的杏眼儿良久，最后问：“你娘可有对你提起……提起你外祖家的事？”

“没有！”郝光光翻了个白眼没好气地回道，这个问题当初叶韬也问过。

“听说你会破迷魂阵？还是你爹教的？他还教了你什么，偷？”魏相这几句话问得语气平静了许多，令人听不出是鄙夷或是其他。

郝光光扬了扬头骄傲地回答：“老爹教给我的东西可多了，教我轻功，教我破各种阵法，还教我各种道理，其中一条是不得总说他人亲人的不是，这是一个人的道德素养问题。”

啪的一下，魏相重重拍了一下桌子，怒道：“胡闹！你可知我是你什么人？”

“您是官，草民是普通百姓，您要杀要剐草民没有说不的份儿。不过魏相大人，您不会真想将草民宰了吧？您的肚子可是能撑船的啊！”郝光光说完后身体很配合地瑟缩了一下，眼露惊恐，自称都改了，不知是真怕还是假装害怕故意气人。

“不可理喻！”魏相使劲儿揉了揉眉心，对郝光光的不着调没辙，面布阴云问，“你娘是才女，琴棋书画样样皆通，你娘的本事你学到了多少？”

“一样都没学到。”郝光光非常诚实地回答，气得魏相差点儿背过气去。

“你是说你什么都不会了？”魏相颤抖着手不可思议地指着郝光光。

“草民还是识得几个字的，对了，前几日已将握笔的姿势学会，所以不算什么都不会。”郝光光回答得颇为骄傲。

“你！”魏相闻言无话可说了，没想到来此一趟差点儿被气死，不想再待下去起身便往外走，满腔的怒火全发泄在了拐杖上，杵得当当作响，花甲之年的老爷子有这么大的力气，明显身体状况颇佳。

魏相走后没多久魏哲匆匆赶了过来，见到郝光光便问；“我祖父可是来过了？”

“嗯，来了没说几句话就走了。”郝光光摊摊手无所谓地说道，对于那个老人开始时她是很气，此时已经不气了，毕竟她的态度也不好，双方扯平。

“听说你们好像闹得颇不愉快？”魏哲显得有些疲惫的俊脸上满含担忧。

“他们乱说的，魏相大人宰相肚量宽，能撑得下船，才不会与我这个无名小卒一般见识。”郝光光安慰地笑笑，通过与魏相的一番话她猜到他是已经将她的身世调查得八九不离十，既然他已知道那魏哲应该也很确定她的身份了。

魏相为何听到她娘早逝的消息时那么激动，她猜是时间过短调查出来的东西不全面或是有些消息不确定，来见她想必是要确认一下调查结果而已，至于老爷子是否得到了他想要的答案她不清楚，只知魏相对自己不懂礼仪规矩又琴棋书画样样不通这件事实颇受打击。

魏哲莞尔，揉了揉郝光光的头轻笑："你定是将他老人家气得不轻，以后注意了。"

郝光光躲过魏哲祸害她头发的手，做了个鬼脸道："知道了，啰唆。"

魏相来找她的事郝光光没怎么太放在心上，他们又没相认，没什么可操心的，她担心的是叶韬要来的事。

"义兄，今日我得到消息说叶韬很快就亲自来京城了。"郝光光说起这件困扰了她好几个时辰的事时脸顿时垮了下来，语气也不见先前的欢快。

"他居然亲自来？"魏哲诧异，东方佑前两日便到了京城，他的人一直在提防着，谁想对方还没出手叶韬还要来。

"东方佑被叫回去做事，叶大变态要亲自来，不知我到底欠了他什么。"

"我知道了，你放心，有我在，自会护你周全。"魏哲保证着。

"既然魏相都找来了这里，叶韬也会知道我在这里，到时他来了怎么办？"郝光光急得如热锅上的蚂蚁一样在屋内四处乱转。

被郝光光夸张的反应逗笑了，魏哲打趣道："你就那么怕叶韬？祖父那威严惯了的人都不见你怕成这样。"

"那怎么能一样。"

看着在自己羽翼下保护的人因为另外一个男人的到来而心惊胆战成这副模样，魏哲心中着实不是滋味，停顿了会儿缓去心中泛起的异样情绪后开口道："明日起我搬来这里住。"

"啊，这不太好吧……"郝光光停住脚步面带犹豫地望向魏哲。

魏哲闻言不是很高兴，眉头一拧："有何不好？难道你怕叶韬来了会误会？"

"才不是。"郝光光不明白他怎么就想到那去了。

"不是就这么定了，我在叶氏山庄时叶韬防我防得夜里都宿在你房里贴身保护着，现在他来了京城，我没道理还在魏家住。"

郝光光闻言恍然大悟："在叶氏山庄时有一晚我住的院子里闹了小偷，那小偷莫非是义兄？"

魏哲轻咳一声，表情不甚自在地转身往外走，不忘交代道："你早些休息吧，我回去交代一声，明晚就搬过来。”

“好。”有人因当“小偷”被发现不好意思了，郝光光掩嘴偷笑，如此一闹困扰了她一整日的担忧淡去了不少。

郝光光不敢随意出门，因惦记着酒楼里说书先生还没说完的故事，让丫鬟去听。

丫鬟复述的自是不及说书先生精彩，但郝光光连听带猜的，也稍稍了解了个大概。

魏大小姐与“郝大郎”的情事很具戏剧化，好美色的太子殿下对美若天仙的魏大小姐势在必得，而魏家人不舍得将花朵般的女儿送去皇宫。

魏家暧昧不明的态度激怒了太子，跑去皇上皇后面前告了一状，最后一直玩暗示没挑明了讲的皇帝终于按捺不住将魏相夫妇叫进宫中说了一通大道理，道理无非是魏家千金德行才学均难有人及，与太子殿下可谓是天上一对地上一双之类的话，正好太子到了该立太子妃的年纪，魏家小姐还未有夫家人选，魏相乃当朝宰相，其女嫁进东宫再合适不过云云。

总之虽然没有下旨将魏大小姐指给太子，但是皇帝话里话外意思已经很明确，等于是将窗户纸捅透了。

魏相夫妇开始发愁，这里面不仅仅是觉得配给太子可惜了闺女，更重要的一点是左相这个位子很扎眼，已经算是位高权重，若是将女儿嫁进东宫几年后真成了皇后，那魏家这个强大外戚必会成为新皇的眼中钉，这于情于理都不是好决策。

谁想，就在魏相夫妇愁肠百结整日为此寝食难安之时，他们那一直抱有“天真”想法的女儿突然对他们说有了心上人，而这心上人不是别人，正是一个月前夜探相府偷东西的“好神偷”。

这神偷姓甚名谁无人知晓，只知这是个近来令人万分头疼的人物，专偷达官显贵的宝物，偶尔会顺走点银钱去接济百姓，是以这么一号人物可谓是令达官显贵们恨得咬牙切齿，却令穷苦百姓喜欢得恨不得叫其祖宗。

神偷跑入魏家来并非偷东西，而是慕名想来看看闻名京城的大美人魏小姐是否名副其实。

某些人的缘分就是那么奇怪，本来是抱着好奇心态瞄几眼就走的神偷在看到艳冠群芳的魏小姐时惊为天人，一时不察惊动了府中侍卫，于是还没来得及对见到他并未吓得尖叫的魏小姐说些什么便施展轻功逃跑。

能作为令官府头疼的神偷其中最基本的一样本事便是轻功卓绝，“好神偷”便是如此，魏相家中能者无数，愣是没有一人抓得着他的，这种情况可是有史以来头一回。于是就这样，模样不算英俊的男人凭其在相府来去自如的本事给眼光极高的魏小姐留下了很深的印象。

后来几日贴身丫鬟陆续带回来一些关于这个神偷不断接济百姓的消息，于是一向崇拜英雄又心地良善的魏大小姐对功夫好又为百姓着想的“好神偷”好奇起来，几乎是有些盼着神偷继续“夜访”相府了。

没有令她失望，神偷几日后再次光临相府，依然没有被抓住。几次下来，魏相气得跳脚，府中侍卫急得满嘴火疱，魏府上下恨不得将这个每次来什么也不偷就纯瞎捣乱的偷儿抽筋剥皮以泄心头之恨。

就在魏家上下加紧防偷儿之时，谁也没料到他们那美若天仙的大小姐居然与那频繁光顾相府的偷儿互生了好感，等众人察觉到异常时魏大小姐已经情根深种，非偷儿不嫁了。

这可是天大的事，堂堂相府千金居然对个下三烂的偷儿动心并且誓要嫁他，这传出去不仅于她的闺名有损，对魏家的名声也会大受影响。

想都不用想，魏家上下没一个同意的，从没对唯一的女儿恶言相向的魏相大发脾气，严令她不许再出门，多派了数十名下人，对她严加看管起来。

后来不知怎么的，魏家千金中意“好神偷”的事被传了出去，皇帝大怒，不再顾魏相的意愿，大笔一挥写下圣旨命太监去魏家宣旨去了。

当魏大小姐听说自己被指给了太子后一急一气病倒了，病得还不轻，初始时病情不算严重，只是心有郁结，养个几日就会好，但不知怎么的，魏大小姐的病突然就变得严重了，寻常大夫纷纷摇头表示无能为力，连御医来了也治不好，最后就这么着，病情愈加严重，最后名动京城的美人没多久便香销玉殒了。

至于“好神偷”自魏家千金离世后再没出现过，有人猜他是对魏家大小姐用情至深，受不住心上人死去的打击殉情了，还有人猜测是魏相因心痛爱女之死将悲伤全部化为仇恨投注在神偷身上，因心上人之死而大受打击的“好神偷”神情恍惚，身手大失水准，于是被擒处死了……

这些内容都是说书先生所讲，至于个别涉及皇室尊严的“秘密”则是郝光光联想的。

郝光光躺在床上久久不语，兴许前面一小半都是真事，而结局部分便不是了，父母都没有死，母亲如何与父亲走的、魏家对此事的真实态度如何均无人知晓，当年准太子妃与人私奔那么大的事若非保密得好，魏家恐怕真是要吃不完兜着走了。

郝光光很想知道具体些，无奈这怕是除了魏相夫妇外无人知道的秘密了，又或许连魏相夫妇也做不到所有细节都一清二楚呢。

大概是一辈子也不会了解的了，郝光光感到遗憾，爹爹那种人虽然样貌一般，但身材高大很有安全感，功夫好又宠她们母女二人，为人风趣，与他在一起根本就没有烦心事，小时候她经常看到娘亲被老爹逗得笑不拢嘴，虽然他们当时日子过得很拮据，但快乐。

自下午开始，便有仆从将一干魏哲常用的物事陆续搬了过来，下人们都没闲着，忙着收拾出一个院落来准备给魏哲住，这院落离郝光光的只隔两个院落，能起到避嫌的效果，同时若一个院子有状况另外一边能尽快发现。

太阳还未落山之时魏哲来了，将郝光光带出去吃晚饭。

身旁有魏哲在，郝光光倒是不那么紧张，叶韬就算亲自过来也要将庄内事宜都安排好了才成，如此一两天之内想必是赶不到的。

魏哲是个好看的男人，走在街上，大姑娘小媳妇的看到他都会忍不住多看两眼，走在他身旁的郝光光很无辜地遭受了许多白眼。

"你收了个义妹的事被多少人知道了？我恐怕已经成了全京城小姐们的公敌了吧。"郝光光颇为无奈地说道。

魏哲闻言莞尔一笑："哪有那么夸张，我又非潘安宋玉。"

"就算相貌比起那二位略逊些，那将身世和本事加上怕是就不比他们差了。"两人说笑之中走进了一家看起来字号很老的大酒楼。

"魏状元您二位请。"店小二屁颠屁颠地跑过来殷勤地将两人请进了二楼包厢。

"带你尝尝这里的招牌菜醉鸡，你来京城几日为兄还没带你出来逛逛呢。"魏哲点了几道菜后对郝光光说道。

"公事要紧，再者说经过今日，我可不敢与你一道出门了。"郝光光做了一个夸张的后怕表情。

"呵呵，你这鬼精灵。"魏哲被挤眉弄眼的郝光光逗笑了，摇了摇头说，"谁跟你在一起都不会无聊的，怪不得……"

"怪不得什么？"

"没什么，对了，用过晚饭带你去个地方。"

"什么地方？好玩儿吗？"郝光光来了兴趣，双手托着下巴眨着一双好奇的眼睛问。

"好玩儿，先保密。"魏哲决定先卖关子。

菜陆续上桌，魏哲明显是这里的常客，店小二跑来跑去的欢实得很。

"这是醉鸡，京中很多人都喜欢吃，你尝尝。"魏哲说道。

郝光光夹了一小块儿鸡肉放嘴里，很香，肉质很嫩，酸辣之中带了丝淡淡的酒味，咽下去后唇齿留香，更令人回味。

"好吃！"郝光光吃得两眼放光，毫不客气地又夹了一筷子吃起来。

"别光顾着吃它，其他菜也尝尝。"

"嗯嗯。"郝光光哪里还顾得魏哲说什么，一个劲儿地往嘴里塞东西，不能怪她吃相太差，这些好东西她这辈子就没吃过几回，在叶氏山庄倒是过了把小姐瘾，吃了好一阵子的好饭好菜，但这醉鸡不愧为这里的招牌菜，叶氏山庄的厨子做不出这个味来。

醉鸡里放了点水果酒，吃得多了酒量不好的郝光光双眼微微泛了些醉意，说着话总忍不住傻笑，看得魏哲直叹气。

饭后，魏哲带着郝光光去了他说的地方。

微微的醉意被冷飒的秋风一吹淡去了许多，郝光光甩了甩泛木的脑袋问："多久到？"

"马上就到了。"

不多时，两人在一处看起来比较偏僻的院落前停下，魏哲让随从在外面候着，带着郝光光走了进去。

"带你去见一个人。"将郝光光带到泛潮不见阳光的地牢前，魏哲说道。

地牢……郝光光脑子灵光一闪，惊呼："莫非是王蝎子？"

"进去瞧瞧就知道了。"魏哲打开密室地板，带着郝光光慢慢往地牢里走。

越是往里越潮，顺带还夹杂着臭骚味，若非里面有差点儿要了她命的王蝎子在，郝光光说什么也不进去，这里比她当初被叶韬惩罚而待过的地牢不遑多让。

"她就在里面，要如何处置由你决定。"魏哲将火折子递给郝光光，然后便停住不走了。

"我过去说几句话就来。"郝光光捏着鼻子往里走。

地牢深处用锁链锁着个女人，形象点说应该是个发丝凌乱已狼狈到看不出穿的是什么颜色衣裙的女人，哪里还有以往的绝色之姿，那张能令男子失魂的美丽脸蛋儿此时已经脏乎乎像个女乞丐。

“王蝎子？你死了吗？”郝光光离王西月还有段距离时停下，对坐靠在墙角闭着眼不知是睡着了还是晕死过去的人问道。

王西月慢慢张开眼，目光接触到火把时被刺痛，立刻闭上眼过了好一会儿才再次睁开，起初没认出郝光光来，在对方自我介绍后方知晓是谁，被关了近半个月的地牢，吃尽了苦头，已经没有精力去辱骂求饶，是以王西月直接将郝光光当空气看，扫了一眼便闭上眼继续睡。

“喂，不认识我了？忘了我这个救你命的恩人差点儿被你灭口的事了？”郝光光不满地质问。

“要杀要剐悉听尊便。”王西月用沙哑难听的嗓音有气无力地说道。

王西月太过冷静的反应刺激到了郝光光，郝光光重重呸了一口道：“我可不像你一样心如蛇蝎，杀人是要坐牢的，何况那样未免太过便宜了你，留着小命慢慢折磨才是正理。”

没什么表情的王西月闻言终于有了反应，原本无神的大眼立时泛起怒意。

“义兄，拜托你将这个女蝎子的武功废了吧，免得她再找人玩杀人灭口的游戏。”郝光光回头对远处站着的魏哲说道。

“她的武功已经废了。”魏哲淡声回答道。

“原来已经废了，怪不得她这副要死不活的模样。”郝光光嘀咕了两句，重新打量起瞪着她的王西月来，拧着眉头想了一会儿最后道，“关着你平白浪费义兄的人手和粮食，就把你洗干净送去给白小三当媳妇吧。”

“你！你不要欺人太甚！”王西月激动起来，铁链因为她突来的怒火晃荡得哐啷直响。

“欺人太甚四个字是形容你的，本小姐我可是善良得很呢。”郝光光见仇人如此狼狈，心情大好。

“你不是叶韬的女人吗？怎的又傍上魏哲了？长得丑还如此水性杨花，简直……哎哟。”王西月牙齿被打掉一个，凶器是一粒石子，是魏哲动的手。

“决定要如何处置她了吗？”魏哲问。

“决定了，将她洗干净让人送去白家吧，反正她赖以保身的武功已经废了。”郝光光被地牢里的臭味熏得受不了，急着要离开。

“这样就出气了？”魏哲望着郝光光问。

“嗯，把她嫁给白小三等于一次报复了两个讨厌的人，简直一箭双雕！”郝光光拉着魏哲的袖子就走，刚吃饱就闻臭味，她开始反胃了。

“既然如此，那好吧。”魏哲与郝光光不顾身后破口大骂的王西月，双双离开了地牢。

回去的路上，郝光光道谢道："多谢义兄将王蝎子抓住并加以惩治。"

"举手之劳，正巧遇上，并非特地去捉拿的她。"魏哲不想郝光光觉得自己欠了他一个大人情，如此解释道。

"那也是帮了我很大的忙了，义兄你真是个好人。"郝光光感叹着，想起先前她百般逃避魏哲的种种就想骂自己，魏哲简直比叶韬好成百上千倍。

两人回去时天色已晚，临近别院门口时郝光光目光突然被一匹马吸引住，那马通体雪白，屁股处有一撮拳头大小的黑毛，那正是她的白马！

郝光光心中顿时涌起不祥来，她的马在这里，难道……

"这么晚了，你们二人这是自哪里回来啊？！"叶韬冷淡中带有怒火的声音突然响起，吓得郝光光猛的一个激灵，"扑通"一声自马背上掉下来摔了个大跟头。

【第10章】随行

“哎哟，我的腰。”郝光光趴在地上疼得小脸皱成一团。

“怎么这般不小心。”

“比猪还笨！”

两道男人的声音同时响起，一道是语含关心，一道则是恨铁不成钢，鲜明的语气对比，就算不去分辨声音上的差别，郝光光亦能知道骂她比猪笨的话是出自何人之口。

叶韬和魏哲两人不约而同上前对郝光光伸出手，伸至一半又同时缩回手不悦地看向对方。

“我的女人就不劳魏状元费心了。”叶韬冷声说完后上前不由分说地将郝光光一把抱起。

“我的腰要断了！要断了！”被捞起而抻到腰的郝光光突然尖叫出声。

叶韬被郝光光吼得僵住，一时不知如何动作为好。

魏哲适时开口道：“光光你忍着些，进房让丫鬟给你揉揉就好。”

那句“光光”听在叶韬耳中感觉极其刺耳，忍着火气，抱着人的双臂尽量维持着一个姿势，旁若无人地将郝光光抱进了卧房。

女子的闺房寻常男子不便入内，是以魏哲留在了外间，眼睁睁看着某个男人像在自己家一样非常自然地进了郝光光的卧房。

扭了腰，郝光光痛得都快将牙咬碎了，好容易躺到了床上便一动都不敢动，一个劲儿地流眼泪。

“上次见到魏哲你扭伤了脚，这次见到我又扭腰，你就这点儿出息吗？”叶韬双臂环胸，站在床前无奈地对僵直躺在床上的郝光光摇头。

“疼、疼……”郝光光浑身僵得跟木头一样，唯恐动一下就会触到腰。

郝光光这类似抱怨撒娇的神情和语气令叶韬一愣，不去辨别郝光光如此是纯属无意或是其他，总之前一刻因目睹她与魏哲在一起而陡升的怒火淡去了许多，叶韬神情一缓，俯下身道：“扭到腰而已，我就能给你治好。”

说着伸手去解郝光光的腰带，眨眼的工夫腰带便已解开，大手畅通无阻地摸向了郝光光的腰上。

“啊！！！流氓啊！！！”郝光光放声尖叫。

“别叫！我在给你治扭伤。”叶韬低斥，手上动作不停，两只大手在郝光光纤细光滑的腰上轻轻游动了几下后寻好位置，双手微一使力，“咔擦”声响后郝光光的叫声顿时变了个调儿。

“过会儿你的腰就没事了。”触感格外好，叶韬不舍地抽回手，慢慢地重新将郝光光的腰带系好。

“你绝对是故、意、的！”郝光光手扶着腰控诉地瞪着叶韬，这一瞪发现他的眼角眉梢都透露着疲惫，像是几日没睡好又赶了远路一样。

“你动一下试试。”叶韬没理会郝光光的话，淡声建议道。

“小姐出什么事了？”两名丫鬟闯进来大声询问，对立在床前的男人露出强烈的敌意。

“这是我们小姐的闺房，男人不得入内！”两名丫鬟眼中透着浓浓的谴责。

“其他男人不得入内，我可以入。”叶韬眼睛一直看着郝光光，语气平淡地回道。

“除非是小姐的丈夫，否则任何男人都不得进女子闺房。”

“我是她丈夫。”叶韬不耐烦地瞪了眼如母鸡护崽的两个丫鬟。

“胡说，我们小姐至今还是黄花大闺女，你自称是我们姑爷请问可有文书作证？”两个丫鬟起初有点害怕，后来越说越觉得自己有理，大步走到床前，两人并立牢牢将郝光光护在了身后，与叶韬形成了明显的对峙状态。

叶韬眉头紧紧拧在了一处，想发脾气但明白这里不是自己的地盘，打狗还要看主人，于是收敛火气对依然不敢动弹分毫的郝光光道：“你的腰已好，动动就知道，我先出去。”

说完后，叶韬看都没看两个丫鬟一眼便走了出去。

“小姐你的腰好点儿没有？”碍眼的男人走后，两个丫鬟均松了口气。

郝光光一手扶着腰，小心地慢慢翻了个身，等这个动作做完后感觉到腰只微微疼一下，并没有先前那么严重了，于是明白叶韬给她捏的几下并非是占便宜，是真的在治腰。

“小姐，你的脸怎么那么红？”

“没、没什么，我的腰也没什么。”郝光光胡乱摇脑袋。

“小姐能坐起来吗？”

“你们扶我起来试试，要慢点儿。”郝光光将手递过去，在两个丫鬟的帮忙下以极慢的速度坐起来，背后垫上了靠枕。

郝光光清楚地记得当叶韬摸上她的腰处时引来的酥麻感，腰上的热度还未散去，令她的脸也在隐隐发热。

就在郝光光不解且排斥这股莫名的反应之时，听到了外间两个男人的对话，注意力立时被吸引。

“叶庄主还真是一点儿不见外，魏某义妹的闺房闯得像是进了自己家一样。”魏哲含笑的语气中带着些微的讽刺。

“哪里，听说光光已经认了魏大人为义兄？自家人何须见外。”叶韬笑着说道。

“魏某是光光的义兄，而非叶庄主的义兄，何来自家人一说？”

“光光是我的……”

“叶庄主！”魏哲立刻打断叶韬的话，表情严肃，“光光已是魏某的义妹，虽刚认没多久，但魏某真的在将她当亲妹妹对待，不想听人说她是谁谁的妾这句话，除非那人能拿出有力的证据！”

听到魏哲的话，郝光光大受感动，嘴角挂起笑来，从来都是叶韬给别人脸子看，终于盼到有人敢对叶韬“不敬”了，简直美妙至极，果然认了有身份的义兄是明智的。

叶韬顿了下，道：“这事是叶某欠考虑了，之前因不想太过强迫光光，便没有强行备下文书等事宜硬逼她成为叶某的妾，确切来讲此时光光仍还是自由之身。”

“既然如此，叶庄主这般旁若无人地接近光光于她名声有损，以后切莫再犯！天色已晚，魏某不便留客，叶庄主赶一天路想必累了，还是早早回去休息吧。”魏哲见叶韬没再一口咬定郝光光就是他名副其实的妾氏，语气缓和了许多。

“前些时日敝庄招待了魏大人几日，今日叶某风尘仆仆来到京城，魏大人不礼尚往来一下吗？”

正听着壁角的郝光光闻言心顿时提了起来，心急地下地。

刚才腰还在疼，哪里能做大动作，两名丫鬟赶紧扶住郝光光制止了她要下地的动作。

这一耽搁，郝光光刚要发火便听到了魏哲拒绝的话，如此才放下心重新坐回了床上。

“情况不同，不可相提并论。敝舍简陋，就不多留叶庄主了，见谅。”魏哲丝毫没被说动，拒绝的态度很明确。

叶韬没有勉强，起身准备离开，走至门口时停住：“魏大人，你搬来与光光住一间院子于光光的名声也有损，叶某不希望外面传出对光光不利的话！”

魏哲闻言俊颜上立刻涌出薄怒，攥紧拳头抿了抿唇，最后淡声对屋外候着的管家道：“送叶庄主。”

“是。”管家礼貌地将周身散发着低气压的叶韬送出了门，送完人来向魏哲回话时背后与额头都渗出了一层薄汗。

叶韬走后，郝光光让丫鬟扶着走了出来，对脸色不是很好看的魏哲道：“义兄，叶韬不会半夜来玩阴的吧？”

“无妨，夜里我会加强防卫。”魏哲见到郝光光时脸色缓了过来，笑着安抚道。

“可是义兄白日要去忙，那叶韬……”

“没想到他会这般快便赶了来，不过这事你无须担心，为兄已经安排好。”魏哲沉思着道。

“什么安排？”郝光光问，有魏哲就近保护着，她倒是能心安许多。

“明日你便知道了，兴许这个安排你不会喜欢，但若是想躲着叶韬的话这个法子却是最安全的。”魏哲一脸正色地说道。

郝光光像是感觉到了什么，急问：“不会是要将我带去魏家吧？”

“去魏家暂住与被叶韬带回去被迫做妾，你做何选择？若选后者，那为兄便什么都不再管。”魏哲说完起身就要走。

“义兄。”郝光光见状赶忙走上前，歉疚地望着魏哲道，“好容易逃出来又岂会愿意被抓回去？义兄如何安排光光听从便是。”

魏哲紧绷着的表情慢慢缓和下来，转过身略带歉意地对郝光光道：“抱歉，义兄能力有限，不能保证给你绝对的安全，只能出此下策，等叶韬离开后你再离开魏家，他身为一庄之主忙的事情多，不会在京城逗留过久的。”

只是在魏家躲几日倒是可以忍忍，郝光光权衡完轻重后笑道：“那一切就有劳义兄了。”

“你我兄妹无须见外。”

这一夜郝光光睡得不太踏实，有点动静就会支起耳朵来，好在一夜平静无波地过去了，她千防万防的男人没有当“小偷”，想必是太累了想养精蓄锐吧。

第二日一早，魏哲出门了，留下一些护卫保护郝光光。

提心吊胆了一上午，叶韬没有来，吃过午饭后没多久魏家来人了。

一辆豪华精致的马车停在门口，掀帘走下一位六十岁左右的老妇人，身材微微显得有些富态，略圆的脸上带着故作放松的笑意，虽然年纪大了身材不再纤细窈窕，但整体看来依然是位美丽的老太太，自她那张有着风霜痕迹的脸上可以看出她年轻时必是位美丽的女人。

两个丫头一左一右搀扶着老妇人，一名看起来地位不低的婆子在前头带路，众人簇拥着老妇人进了门，别院里的下人见到来人纷纷恭敬起来，招待起来客来格外地上心周到。

这一幕正好被骑马赶来的叶韬看到，拧紧眉看着正门口停着的那辆马车，下马倒退几步在路旁一个茶楼处停下，将马拴好后走进去，寻了个便于观察情况的位子坐下。

“客官您要点什么？”小二见叶韬气宇不凡，赶忙迎上来点头哈腰地问。

“来壶碧螺春。”

“客官您稍等。”

没想到魏哲居然要将郝光光带去魏家！叶韬拧眉望着门口的马车冷笑，这不是要将郝光光送去牢笼中吗？魏家人上门怕是郝光光也已经同意了这样的安排。

方才有一刹那他是想阻止的，此时他改变了主意，郝光光总将叶氏山庄视为龙潭虎穴避之唯恐不及，既然如此让她先去魏家住几日“体会”一番又何妨？

见到走进房中的老妇人，郝光光不由得愣住。

“这是我们老夫人，姑娘还不快过来拜见。”前面领路的婆子见郝光光傻呆呆地站着，开口催促道。

郝光光之所以发愣，是因为这老妇人与母亲很像，看这行头便知其是魏家的主母——她的外祖母，可以说母亲长得只有一点点像魏相，更像魏相夫人些。

“老、老夫人好。”郝光光有点紧张，快步上前向老夫人躬身作了个揖。

穿男装久了行为举止未免会带一点点男子的习惯，郝光光没有像千金闺秀那样规规矩矩地福身行礼，而是毫无章法地作揖。本来她想抱拳的，因意识到对长辈这样问好有些不合适，中途才改的作揖。

“噗。”一帮丫头婆子见状轻笑出声，被老妇人瞪了眼赶紧收起笑。

魏老夫人上前亲切地握住郝光光的手，眼眶微微发红，声音有些激动：“乖孩子，跟着老婆子回家吧。”

握着自己的双手在微微发颤，郝光光知道这是激动隐忍的反应，心中不由得一软，回握住魏老夫人的手，乖巧地点头：“光光随老夫人去相府暂住几日。”

“好、好孩子。”魏老夫人脸上立刻笑出了一朵花儿，拿出丝帕轻轻拭了下眼角对身旁的下人道，“还愣着做什么？快去帮着将……五小姐的物事送上马车。”

“是。”几名丫鬟随别院的下人去收拾郝光光的东西了。

“老夫人，这五小姐的称呼光光可承受不起。”郝光光吓了一跳。

“谁说承受不起？哲儿认了你为义妹，论排行就是魏家小五！”老妇人拍了拍面露惶恐的郝光光手笑道。

“老夫人，光光不敢高攀魏家，就让下人叫我光光姑娘吧。”郝光光快哭了。

见郝光光不愿，魏老夫人也不便勉强，叹了口气道：“你这孩子怕什么？算了，如你的愿，暂且让她们唤你光光姑娘吧。”

“光光谢过老夫人。”郝光光舒了口气，这老夫人慈蔼多了，比魏相好说话得多。

郝光光没来几日，东西并不多，两个小包袱便已解决。

没有多做停留，郝光光随着老夫人出门，刚走出正门，一股强烈的注视感自某个方向传来。

下意识地望过去，起先看到的是她熟悉到不能再熟悉的白马，心蓦地一惊，目光微移，正好对上了正望过来的男人。

慌忙收回视线，有些手忙脚乱地随老夫人身后上了马车。

“怎么了？”魏老夫人见郝光光像是受了惊吓般猛拍胸口，诧异地向马车外望了望，并未发现异常。

“没什么，刚刚不小心被个丑得吓人的男人惊到了。”郝光光僵笑着回道。

“哦，原来如此。”看出了郝光光目光中的闪躲，魏老夫人体贴地没再继续这个话题，慈爱地笑了笑。

马车正好自叶韬所在的茶楼前路过，车内传出的话语清晰地被耳力甚佳的叶韬听到，一口茶差点儿喷出来。

居然敢说他丑得吓人！好！很好！！叶韬好看的黑眸中恼火一闪而过。

马车上，魏老夫人一直拉着郝光光的手，不停地打量她，一会儿叹气一会儿笑，大多时候则是望着郝光光的一双杏眼陷入回忆中，像是在透过郝光光看另外一个人。

“孩子，听说你一直都生活得很清贫？”魏老夫人用手摸着郝光光指腹上未曾消去的一层薄趼心疼地问道。

郝光光在叶氏山庄住的几日，双手已经被养得白嫩了许多，趼消去了一些但还没全部消去。

“清贫但自在快乐，我喜欢那样的生活。”郝光光轻笑着，她一点儿都不在意手上的趼子，这些可是她在山上和老爹一起生活的最好回忆。

“你娘……在你很小的时候就去了？”魏老夫人说这句话时手下意识地将郝光光的手攥紧，双眼流露出几分隐藏不住的悲痛。

郝光光眼睛一热，点了下头道：“是的。”

“孩子，与我说一说你娘的事可好？”

“好。”感觉得出魏老夫人的悲伤，郝光光一下子就喜欢上了这个老夫人，听说书先生说当年魏相夫妇很宠女儿，白发人送黑发人的那种难过丝毫不亚于她死了娘。

郝光光记忆中关于母亲的事不是很多，只拣了一些印象较深刻的事简略地说了说。

魏老夫人听得很认真，不时地拿起帕子擦眼角泛出来的泪。

不多时，相府到了，回忆因此中止，一老一少都抹了抹泛潮的脸缓和好情绪后下了马车，相府外候着管家还有几个有点身份的管事先生和婆子。

“给光光姑娘见礼。”老夫人淡声交代道，下了马车后的老夫人立时变了副样子，不再温和可亲，而是举手投足之中均透着不可忽视的威严。

“光光姑娘好。”管事和婆子们见老夫人这般重视郝光光，于是表情一整，纷纷礼貌地唤起来。

“呃，大叔大婶们好。”这些人一看就是相府有些身份的，郝光光不敢托大，笑着向他们抱拳回礼。

见到如此特殊的回礼，众人错愕，碍于一旁老夫人严厉的目光无人敢说什么，规矩地迎着一干人等进了相府，两个婆子将郝光光带下去梳洗，说是一会儿要先认认相府的几位女主子。

一路走过去，郝光光的脚步沉重起来，这里无论是丫头还是婆子说话做事都是规规矩矩的，就连看起来十三四岁的小丫头都循规蹈矩得很，比她更像小姐。

官家在礼仪方面极为重视，这里的下人与叶氏山庄的完全不同，置身于做什么都一板一眼的相府中，丝毫规矩不懂的郝光光感觉浑身不自在。

院子不大，打扫得很干净，种着一些花花草草，郝光光听下人说这里是四小姐住的地方，以前三小姐四小姐同住一个院落，后来三小姐出嫁于是院子便成了四小姐一个人的，现在郝光光来了，就与四小姐比邻而居。

像个布偶似的按着别人的安排行事，洗手、换衣服、梳头然后出门去拜见相府中的各个女主子，其间郝光光一直是听令行事，别人要她做什么就做什么。

魏家内宅中的掌权人自然是老夫人，其次是长媳，也就是魏哲的娘魏夫人，因魏大爷早早过世，魏夫人寡居，如此情境本来不利于她掌权，但因儿子争气，是以魏大夫人稳稳当当地坐魏家内宅中第二把交椅。

以下是魏二夫人、三夫人、四夫人、五夫人，其中二夫人与大夫人一样是嫡媳，后面三个都是庶媳。

二、三、四、五位爷与他们死去的大哥一样，没什么本事，靠着魏相这座大山在朝廷领了有点油水的闲职，但赚的远不及花的多，正事不见做多少，惹出的大小祸事反倒挺多，魏相平时除了操心国事外还需经常给不争气的儿子们“擦屁股”，一擦就是十几年。

府中共有三位少爷，大少爷魏哲是嫡出，二少爷和三少爷分别是四爷和五爷所出，两位少爷自小被魏相管得严倒是不像他们父辈那么一无是处，但与出类拔萃的魏哲相比便逊色多了。

郝光光被人带着见过了五位夫人还有两位未出门的少爷，未出阁的四小姐也见过了，给每个人见礼时都被笑话了，郝光光也不在意。

该见的人都见过后，郝光光拿着各房送的见面礼往回走，与她一起的是与她同龄的四小姐魏莹，魏莹很有大家闺秀的模样，走路不像郝光光那么随意，每一步都走得规规矩矩。

郝光光实在受不了魏莹迈的小猫步，而且近一个时辰的忙活感觉累了，想赶紧回房休息，与魏莹不熟，勉强走在一起只有尴尬的份儿，于是加快步子打算先行一步。

“光光妹妹，你走那么疾做甚？”魏莹软软的声音传来，令郝光光不得不放慢了脚步。

“口渴，想回房喝点水。”郝光光如是回答。

“在相府女子不得快步行走，没看连丫头们走路都不紧不慢的吗？”魏莹说话间赶了上来，拿眼角瞟着郝光光道。

“我这般走路惯了。”感觉出魏莹不喜欢她，郝光光也没有巴结讨好她的意思。

“光光姑娘贫民出身，自然就不像我们家小姐这般顾虑得多。”魏莹身旁的丫鬟开口笑道。

郝光光没理会咯咯笑起来的几个丫鬟，懒得看她们脸上流露的自我优越感，迈开步子往前走，没多会儿便将众人甩到了后头去。

回房坐在椅子上，郝光光双手托着下巴开始思考这几日要怎么过，刚刚逛了一圈下来，见到的各位女主子看起来都不怎么喜欢她，她现在顶着魏哲义妹的头衔也不算什么正经小姐，她们对她看不上眼也没什么奇怪，郝光光觉得相府中对她比较好的除了魏哲外，就只有知内情的老夫人了。

“唉。”郝光光忍不住叹气，果然是豪门深似海啊，在这样的环境中生活得有多憋屈，她庆幸自己是在山上那个自由充满欢乐的地方长大，想笑就笑，想跳就跳，在这里连走路快些都会引人侧目，她在相府所有人眼中大概是个异类吧?

“光光姑娘，老夫人命厨房特地送来的糕点，你尝尝。”魏老夫人身边的大丫鬟春桃端着一盘看起来就觉得很好吃的糕点走了进来。

“有劳姐姐亲自送过来，回去代我谢过老夫人。”郝光光起身接过糕点盘笑道。

“老夫人说光光姑娘很合她老人家眼缘，奴婢看着老夫人很是喜欢光光姑娘呢，喜欢的程度说不定还要高过四小姐。”春桃道。

“得老夫人眼缘是光光的荣幸，光光也很喜欢老夫人。”郝光光笑得更真诚了。

春桃走后，郝光光坐下品尝起点心来，很可口，这点心其实并不胜于叶氏山庄的，但贵在心意，是老夫人命人特地送来给她吃的。

见各个女主子花去了很多时间，令郝光光非常不习惯，好在晚上诸位男主子回来后没那么麻烦了，魏哲带着郝光光去向魏相等人一一见过礼。

男人们不像女人那样讲究，郝光光拜见时轻松许多，很快便完事了。

晚饭时众人在饭厅一起用的饭，男人一桌，女人一桌，郝光光坐在魏莹的下首用餐。

吃饭有专门的下人负责布菜，每个人都细嚼慢咽的，连喝汤半点声音都不发出来，在各个打量的目光下，郝光光也不敢快吃，拿出从来没有过的耐心学着在座女人们的动作小口小口地吃饭，一口饭嚼三四十下才慢慢咽下去，要多别扭就有多别扭。

每道菜最多吃三口，再喜欢也不得夹了，这是相府的规矩，因这莫名其妙的规矩，郝光光没吃好，只觉得才刚来半天，怎么就觉得像是过了半年一样？

好容易到了就寝时间，郝光光沐过浴后躺在床上准备睡觉，大半日一点儿都不自由，早累了，没多会儿便睡着了。

半夜，郝光光翻了个身，迷迷糊糊中感觉身旁睡着个人，顿时吓醒，睁大眼看过去，还未适应屋内光线，只看到一团黑，伸手一摸摸到一具温热的身体，熟悉的触感与男性气息令她立时便明白了这是谁。

“不许出声，你想引来人围观吗？”叶韬迅速捂住郝光光要惊呼的嘴。

“呜呜。”郝光光受了惊吓般猛点头。

叶韬移开手，一把将浑身发颤的郝光光揽进怀里，额头顶着她的额头低声质问：“我长得很丑？嗯？”

白天她说给老夫人的话他听到了？郝光光头皮蓦地发麻，顾不得去想叶韬是如何避过相府人耳目跑来的她房里，连忙解释：“叶庄主误会了，我说的不是你，真的！”

“是吗？”

“是是是。”

“这事我们先不谈，还记得先前我警告过你什么吗？”叶韬语气突然变得危险起来。

“什、什么？”不好的预感袭来，郝光光下意识地往后缩。

“企图逃跑的后果是什么？”语毕，叶韬抓过往床里头缩的郝光光一个翻身将其压在身下，捂住她要尖叫的嘴，低下头在她的耳垂上轻轻一舔，沙哑着问，“想起来了吗？”

“…………”

郝光光眼睛逐渐适应了黑暗，瞪视着压在她身上的男人连呼吸都不敢大声，她当然知道叶韬口中所指是什么，她若逃跑，落在他手中就要拿贞操来“承认错误”。

叶韬欣赏了会儿郝光光害怕的模样，然后不再客气，捏住郝光光的下巴便低头吻了上去。

为了尽快来京城，庄内事务他加紧处理，觉都没顾得上睡，匆匆赶来京城后看到的却是她与魏哲结伴归来的和乐情景，辛苦多日收获的是她与别的男人相谈甚欢，不但如此还住在一起！

恼火、妒火、欲火，三火焚身，几乎是一碰到郝光光的唇，叶韬便失去了理智。

“呜呜。”郝光光心为之狂跳，握紧拳头就往叶韬身上招呼，脑袋来回摇晃，但无论怎么晃嘴巴都被牢牢“咬住”，嘴被堵无法求救，呜呜声又过小，外面的人很难听得到，急得她满头大汗，拳头上力道愈加大起来。

叶韬无视打在身上的小猫拳，抚摸着郝光光滚烫的脸稍稍放松唇上力道，轻抵着她的唇低声道：“敢逃跑就要有承担后果的勇气。”

“救……呜。”一得自由刚要开口呼喊的郝光光再次被捂住了嘴，愤愤地瞪着叶韬，若他仅仅是出现在她床上很快就走的话，她自是不希望引来人围观，但若他想强行要她，即便再丢人她也要喊！

“我又不要你的命，喊什么救命？”叶韬嗓音因欲望更显低沉性感，像是要惩罚郝光光的不乖一样，另外一只手熟门熟路般伸进郝光光的中衣绕过兜肚，直接探向了柔嫩光滑的肌肤。

“呜呜。”郝光光牢牢抓住衣内带有侵略性的火热大掌。

叶韬任由郝光光抓住手，鼻尖轻轻顶着郝光光的俏鼻，两人呼出的热气在彼此口鼻间暧昧萦绕，叶韬暗沉的双目透出的热度像是要将身下之人烧起来，喉咙滚动了下低声道：“当初我曾说过，你若是逃走我便将你变成我的女人，身为一庄之主，岂能言而无信？”

你言而无信的地方多了！郝光光在心里辱骂着，叶韬的手没有拿开的意思，心中一急，张嘴叼住他掌心一小块儿肉用力咬去，恼火有多大，牙齿用的力气便有多大。

“嗯。”叶韬因掌心传来的疼痛闷哼出声，没有收回手掌，任由郝光光去咬去发泄。

当血腥味弥漫在嘴间时郝光光才自愤怒中脱离出来，松开他的手闭紧嘴巴。

咬时很解气，咬完了又有些害怕。

“咬完了，气可是消了？”叶韬将手掌自郝光光嘴上移开，用另一只手在被咬破的手掌处轻点穴道止了血，随后取过郝光光的手帕轻轻擦拭血渍。

“你也说了不曾过礼，没有文书，我不算是你的妾氏，你这般夜闯女子闺房又做这种事与那下三烂的采花贼有何不同？”郝光光察觉到叶韬的身体不像之前那么火热冲动，不由得松了口气。

“夜会美人反倒成了下三烂的采花贼？那当年你……‘好神偷’几次三番夜探魏府的行为算什么？”叶韬虽忍住了欲念，但依然压在郝光光身上不愿下去。

“你！人家‘好神偷’才不会夜闯女子闺阁做这种事。”郝光光怒视叶韬，她不容许有人说她爹娘半点儿不是。

“做什么事不重要，反正都是夜探相府私会美人，不过当年的魏家大小姐是名副其实的美人，而你……”叶韬啧啧出声，目光存疑地打量起郝光光来。

被鄙视了的郝光光不知哪里冒出来的劲头，一把将叶韬推开，拉过被子盖住自己怒道：“我是不是美人还由不得你来评判，嫌我不够美还不停地打搅我的生活，你变态啊！”

被推开的叶韬侧身躺在一边，支着头望着郝光光，没有因郝光光的话而生气，反倒神色严肃地问，“你与魏哲真的只是义兄妹关系？”

“你什么意思？”郝光光将自己包得严严实实的，心跳逐渐恢复正常，只要叶韬不发怒不耍流氓，她就能心平气和地与他说话，哪怕是在床上。

“你只将魏哲当义兄就好，不许有别的，否则今晚没完成的事我一定找机会做完！”魏韬捏起一小缕郝光光的头发，眯着眼警告道。

郝光光刚想说你管得着吗？紧急时刻立刻忍住，不情不愿地道：“知道了，你还不走？一会儿被发现了你就走不了了。”

“我能理解成你这是在担心我吗？”叶韬脸上扬起笑意，凑近郝光光的脸问。

“去去去，少往自己脸上贴金。”郝光光头往后扬，避开叶韬接近的俊脸嗔道。

是该走了，叶韬不再逗弄郝光光，正色道：“与你同住一个院子的那丫头你要注意点儿，不出两日她可能会‘丢东西’，你自己放聪明些。”

“丢东西？难道要陷害我？”郝光光诧异地睁大眼，她虽然不是出生在大富之家，但却从来没偷过别人的钱财（请帖除外），若是魏莹真丢了东西，魏家上下定会怀疑她这个与魏莹同一个院子住的“外来穷光蛋”！

“不算太笨，还有点救。”叶韬半闭着眼，如同一只慵懒的猫。

“你是如何得知的？她会丢什么并且将东西藏在哪里？”郝光光担忧地问，问着问着突然觉得不对劲儿，瞪大眼质问道，“莫非你来我房里之前还跑去四小姐房里了？”

“闭嘴！我堂堂一庄之主至于像宵小一样不停夜闯女子闺房吗？”

“你出现在我房里难道不是？”郝光光小声嘟哝着。

“我叶韬只会偷闯你这个笨女人的闺房！再乱怀疑信不信我现在就要了

你？！”叶韬生气了，脸色变得很难看。

郝光光不敢再乱说话，想想也觉得自己想多了。

“那、那你能告诉我四小姐是将东西藏在哪了吗？”郝光光小心翼翼地问。

“告诉你也成，不过要先收些利息。”

“什么……啊啊啊。”郝光光再次被叶韬用手捂住了嘴，眼睁睁地看着某个男人无耻地在她脖子上用力吸了两口。

“好了，我是不会让自己的女人冠上‘偷儿’这顶帽子的。”叶韬在郝光光脖子上种了两颗“草莓”后起身。

“你、你这个……还没告诉我她将东西放在哪里了！”郝光光气得直喘气，心跳再次被叶韬的举动搅得紊乱。

“这事无须你操心，到时负责看戏就好。”叶韬说完不多做停留，轻轻打开窗子一跃而出，没有发出任何声响。

“臭流氓，无耻男人！”郝光光抚着被“吸”痛的脖子愤愤嘟哝着，脸烧得厉害，想起叶韬离开前说的那句“我叶韬只会偷闯你这个笨女人的闺房”，不知怎的心窝处像是有支羽毛在挠似的有点发痒。

第二日一早，丫鬟进房服侍郝光光起床，挂床幔时不经意扫到郝光光脖子上的红印，诧异地问：“光光姑娘脖子怎么红了两小块儿？”

“什么？”郝光光闻言迅速捂住脖子，心虚得连头都不好意思抬。

“咦，昨晚上明明还没有呢。”小丫鬟眨着一双纯真无邪的大眼凑过来。

“有、有什么奇怪的？这是被蚊子叮的。”郝光光红着脸说谎。

“蚊子？现已入冬了啊。”冬天哪里会有蚊子？丫鬟诧异。

“哦，说错了，不是蚊子，是小虫子！”郝光光嘟着嘴大声说道，怕小丫鬟再在这个问题上疑惑个没完，赶忙转移话题，“老夫人何时有空？我要去寻老夫人陪她老人家说说话。”

问及正事，小丫鬟停止去思考收拾得干净整洁的房间何以会有虫子出没，乖巧地回答：“老夫人吃过早饭后要去拜佛，然后处理府上事务，大概巳时三刻左右才会有空。”

“知道了。”郝光光背过身子迅速穿好衣服，幸亏是冬天，衣服穿得多衣领也高，否则她脖子上被叶韬“咬”过的痕迹就遮不住了。

早上郝光光在房里用的饭，下人不了解情况，怕郝光光无聊于是拿过来几本闲书给她解闷儿。

郝光光拿着书欲哭无泪，她哪里看得懂，谢过送书来的丫头将书搁在一边了。

老夫人房里来人传话说怕郝光光无聊，叫她没事时可以在相府里四处转转，多去各房里转转陪夫人们说说话什么的。

于是郝光光只得起身让丫鬟带着一边逛一边去各个房里请安，相府很大，一处处的院子逛下来时间很快就到巳时三刻了。

“老夫人此时有空了吧？”郝光光问。

丫鬟看了看天色，道：“差不多了，光光姑娘要不要过去瞧瞧？”

“走吧。”郝光光让丫鬟带路去老夫人院里了。

郝光光刚走进老夫人的院子便迎上了春桃，春桃说：“真巧，老夫人正要奴婢去唤光光姑娘呢。”

“老夫人唤我？”郝光光讶然。

“是啊，相爷也在，光光姑娘快过去吧。”春桃笑着催促。

“好。”听到魏相也在，郝光光的喜悦顿减。

走进房中，一眼便看到坐在上首的魏相夫妇，郝光光走上前躬身作揖道：“相爷、老夫人好。”

老夫人微笑着说：“光光在相府可住得习惯？”

不同于妻子的和颜悦色，魏相拧着眉，对郝光光不伦不类的行礼方式感到不满。

“让老夫人惦记了，那么多人侍候着，光光住得很习惯。”迫于魏相威严的目光，郝光光回答得有点拘束。

“紧张什么？将这里当自己家便是，别站着了，快坐下。”老夫人给一旁的丫鬟使了个眼色。

丫鬟见状立刻扶着郝光光将她引至椅子上坐下，然后又端来茶水和糕点。

“好了，你们都下去吧。”老夫人挥了挥手，将屋内的几个丫头都支了出去。

屋内就剩下他们三个人，郝光光直觉有要事要谈，也没敢喝茶吃糕点，挺直腰板儿等着两位长辈开口说事。

“光光今年有十六了吧？”老夫人问。

“是。”

“你曾与白家有过婚约，未曾圆房便离开了白家，而后又与叶氏山庄有些牵扯，这些经历于姑娘家的名誉有损。你如今来了魏府，以魏家的势力可以给你安排个全新的身份，如此那个曾嫁过人又与叶韬有过牵扯的人便与你毫无关系了，不知你意下如何？”老夫人耐心地询问。

“换新的身份？那岂不是连光光的姓氏名字都要改掉？”郝光光惊得差点儿蹦起来。

“怎么，就那么喜欢姓郝？”一直没出声的魏相不满地哼道。

郝光光焦急地站起身，对魏相夫妇鞠了个躬道：“光光的姓氏名字均为爹娘所赐，岂能随意换掉？多谢相爷、老夫人厚爱，光光觉得‘郝’这个姓氏挺好。”

“不识抬举！不换个新身份，你又如何配得起哲儿？！”魏相不悦地拍了下椅子把手。

“啊？”郝光光蒙了。

“别吓着孩子。”老夫人嗔怪地看了眼老伴儿，望向被吓到的郝光光，轻声安抚，“光光别怕，他就是这副脾气。”

“老、老夫人，你们说的什么配不配的，光光不明白。”郝光光问话时声音带有几分发颤，视线在魏相夫妇两人脸上来回徘徊。

老夫人叹了口气，开口解释道：“哲儿已二十有二，还不曾有合适的妻子人选，难得见他对哪个姑娘这般上心喜爱，正好你对哲儿应该也有些好感，如此给你安排个全新的身份嫁进我们魏家来未尝不是一件美事。你若是同意，时机成熟后老爷便进宫请旨赐婚，这点面子圣上还是会给老爷的。”

嫁给魏哲？郝光光大受惊吓，刚来相府一日就已感觉度日如年，这里的规矩还有复杂的人际关系令她想到便感头疼，若是真嫁进来一辈子可就算是拴在这里了，哪里还有自由可言？何况郝大郎生前要她远离魏家人，若成了魏家的媳妇怎么对得起老爹！

“相爷、老夫人，这事义兄可知晓？”郝光光小心翼翼地问，她不觉得魏哲对她有男女之情，顶多只是兄妹间的照顾宠爱。

“还不曾说，待他晚上回来再提不迟。”老夫人见郝光光一点儿欣喜羞涩感都没有，心顿时有些没底儿。

“老夫人，义兄对光光并非男女之情，光光对义兄亦是如此，何况光光出身贫寒，规矩礼仪一窍不通，不敢高攀，光光在此先行谢过相爷、老夫人的厚爱。”郝光光缓过情绪后，对着二老揖了个礼。

“出身贫寒有什么打紧？我相府不需要个富儿媳来添砖加瓦，至于规矩礼仪现学便是，一年半载的也能学得像模像样。”魏相瞪着郝光光不悦道。

学那些笑不露齿、坐有坐相、吃有吃相近乎受虐的规矩……郝光光立刻打了个大冷战，僵笑道："相爷，光光有自知之明，学不来那些千金闺秀的东西的。在叶氏山庄曾学过认字，结果几日下来也只学会了握笔而已，至于那些规矩光光定是无论如何也学不会的。"

魏相脸顿时沉得更为难看，对着郝光光吹胡子瞪眼："你榆木脑袋啊！"

"也不算是，光光学轻功学阵法这类好玩儿的东西很快的。"郝光光小声回道。

"荒唐，哪有姑娘家学这些的？你以后可是要嫁人相夫教子的！"魏相板着脸训斥。

郝光光被训得抿起了唇，垂眸望向地上。

"别那么凶，吓着了孩子。"老夫人嗔怪道。

魏相不再说话，哼了一声别过头去。

"我们不强迫你，光光回去后好生考虑下，毕竟是终身大事，嫁给个知根知底又对你好的男人是女人最大的福分。"老夫人对扁着嘴不高兴的郝光光说道。

"谢过老夫人，光光会考虑的。"考虑如何离开。

"先回去歇着吧，顺便想想方才我们提及的事。"老夫人温和地道。

"是。"郝光光拜别了二老后回房了。

傍晚魏哲回来，被二老叫去后没多久便来寻郝光光。

"义兄，相府光光住不习惯，明日一早就走可好？"这是郝光光思考了半天的最终决定，她来这里是为了躲叶韬的，结果人家照样能半夜潜进她的房里。

魏哲闻言眼中涌过一道愕然，轻拧了下眉道："要走？不怕叶韬了？"

提及叶韬，郝光光突然感觉有点不自在，为防被魏哲看出什么，赶忙垂下头掩饰住眼中的心虚道："不敢瞒义兄，光光是习惯了自在的生活，相府的人待光光虽好，但终究不是可以随意笑闹的地方，兴许近日内我能老实一些，但时间一久定会本性毕露，到时只会给魏家添丑。"

"就当相府是自己家，平时如何现在亦如何，有为兄为你撑腰还怕什么？"魏哲安抚。

"多谢义兄近来对光光的照顾，光光不想再麻烦魏家了，明日便走。"郝光光抬起头下定决心道。

"是今日我祖父祖母提及的事令你不安了吗？还是因为莹儿？"魏哲倒了

杯茶淡声问道。

“四小姐怎么了？”郝光光诧异。

“她……没什么，祖父祖母提的事你不必放在心上，方才我已劝通了二老，以后他们不会再提了。”

郝光光大大地松了口气，欢快地笑道：“相爷和老夫人实在是抬举光光了，我贫民出身又什么都不会，如何配得上义兄？能做你义妹就已经很荣幸了。”

魏哲望着一脸轻松的郝光光，喝进嘴里的茶明明香醇可口，却不知为何感觉不太是滋味，放下茶杯似是不经意地随口问：“不与我凑成对原来令你这般高兴，莫非是我太失败？”

“你我是兄妹，彼此只有兄妹感情，如何做夫妻？再说以我这副德行，真要嫁过来，义兄岂不是亏大了？到时怕是想哭都没地哭去。”郝光光没心没肺地笑着打趣。

魏哲定定地看着郝光光，抿了下唇，正色道：“我不觉得亏，更不会去哭。”

郝光光愣住了，视线与魏哲的对上，笑容突然间有些把持不住，慌忙垂下头道：“义兄真会说笑。”

魏哲见状几不可闻地一声轻叹，手指把玩着茶杯顿了下后道：“与你说笑的。”

郝光光略微紧张的情绪突然放松，抬起头笑嗔：“义兄平时看着一本正经，原来也会捉弄人。”

笑了笑，魏哲望向郝光光道：“这下困扰着你的事已解决，如此还要走吗？”

“义兄。”郝光光略微为难地看着魏哲，话在嘴里打了个圈最后依然坚持道，“光光已经想好，还是觉得离开为好。”

魏哲眉头微微一皱，道：“我是不会勉强你，你与老夫人说说吧。”

“晚饭后就与老夫人提这事，是光光不识抬举，给义兄添麻烦了。”

“见外了。”魏哲轻笑，站起身道，“我先回房。”

晚上用过饭后，郝光光去了上房寻老夫人。

老夫人有些激动，拉着郝光光的手不放，脸上哪里还有平时面对相府中人的威严，就差没当场抹几把辛酸泪了。

郝光光不知如何是好，连忙安慰老夫人道：“老夫人，光光先在义兄的别院里住着，白天可以过来看望老夫人。”

“为何不愿在相府里住？难道是听说了莹儿做的错事气不过？”老夫人面带焦急地望着郝光光。

“四小姐？”郝光光疑惑了，先前魏哲也提了这事，莫非魏莹没耐性到今天就“丢东西”了？

老夫人没去研究郝光光讶异的表情，叹了口气道：“那孩子不懂事，你别与她一般见识吧。”

看来四小姐已经出手了，只是不知怎么的阴招没耍成功，灵光一闪，突然想起昨夜叶韬说的话，难道是他帮她解决的？

郝光光猜到是怎么回事，暗骂了一声魏莹后回握住老夫人的手道：“老夫人放心，光光没放在心上。”

“真是个乖孩子，可惜不能成为我们魏家的媳妇儿。”想到这件事老夫人就叹气。

郝光光好言相劝，这里她是真不想再住下去了，今日魏莹“丢东西”了，谁知道明日会出什么糟心事？她不去惹人不代表没有人来惹她。

“好了，明日让哲儿送你吧。”老夫人终于松了口，没有认亲的情况下魏家没有资格强留她。

“光光知道。”郝光光擦了下泛潮的眼角。

入夜，郝光光洗漱完毕后叫住了要去耳房睡的丫鬟，要她留下睡。

“光光姑娘，奴婢不能睡主子床的。”小丫鬟闻言直摇头。

“昨晚做了噩梦吓得没睡好，今晚若不寻个人陪着会不敢睡觉。”郝光光编了个理由道。

“奴婢……”

“别主子奴才什么的了，我又非真正的千金小姐，讲究那么多做什么？快过来睡。”郝光光往床内侧移了移，将外面那一半床位空出来，唤个丫鬟过来好防狼。

丫鬟无办法，乖乖地走过去挨着郝光光躺下。

觉得万无一失了的郝光光立刻便睡着了，半夜翻身时无意中碰到一只手，有点大有点硬，不像是女人的手，睡得迷迷糊糊的郝光光纳闷儿地睁眼，透过月光朦胧中看到睡在自己身侧的丫鬟突然变大了一号。

“天！”

“醒了？”叶韬声音中含着几丝睡意。

“你怎么又来了？小月呢？”郝光光猛地坐起身四处张望。

“在地上。”叶韬伸手拉住郝光光的胳膊微一用力将她扯入怀中抱住，闭上眼准备继续睡。

“大冷天的你让她睡地上？”郝光光挣扎着要起来，无奈叶韬抱得死紧挣脱不开。

“有地热，无妨。”

“可是她没盖被子会着凉。”

“那么关心相府的丫鬟做甚？”叶韬不悦地睁开眼。

“你这男人委实可恶，闯女人闺房不算，居然还将人家小姑娘扔地上去！”郝光光气得骂道。

“她自找的，谁让她占了我的位置。”叶韬说得理所当然。

“什么你的位置？这里又不是你的地盘，何况她是因为我才……”郝光光说到一半突然打住。

“怎么不说下去？”叶韬了然轻笑。

“哼。”郝光光恨得咬牙切齿，若是小月因此染了风寒岂不是她害的？抓住叶韬身上盖的被子咬牙道，“将你的被子给她盖上。”

叶韬闻言挑眉：“你确定？”

“废话！难道真让她生病不成？”郝光光气得想一脚将他踹下床。

“随你。”叶韬松开郝光光，抓起被子随手一扔便甩到地上熟睡的小月身上，然后掀开郝光光的被子毫不客气地钻进了被她体温焐热的被窝。

“啊，你出去！”郝光光大惊。

“你这是在打我吗？”一句话成功令激动地捶打叶韬的郝光光吓得一动不敢动。

“你、你告诉我四小姐陷害我的事是怎么解决的。”郝光光脑子轰轰作响，牢牢抓住衣带不让叶韬的手伸进衣内，只想转移叶韬的注意力。

叶韬像猫逗弄老鼠般大手在郝光光的衣带附近暧昧地徘徊着，不知她发现没有，这两日她仿佛习惯了他的碰触，只要不做得太过分，被他摸几下或咬几口，她的反应没有先前那么大了，比如现在。

“简单，收买了她房里的丫头。”

收买四小姐的丫头有那么容易？一定是色诱！郝光光腹诽着。

想着叶韬诱哄纯真小丫鬟的画面，莫名地觉得极其刺眼。郝光光不悦地推了叶韬一把：“夜深了我要睡觉，你还不赶紧走？”

不明白郝光光何以突然要起小性子来，没有被推搡影响到分毫的叶韬抓住郝光光的手道：“帮你解决了麻烦，你就是这般回报我的？”

“哼，要你好心。”郝光光没好气地道。

“没良心的小东西！”叶韬抓过郝光光在她鼻尖上咬了一口。

“哎呀，你属狗的呀？”郝光光捂住被咬疼了的鼻子，差点儿尖叫出声。

“这是警告，以后不许让丫鬟睡你床上，否则我直接将她点穴扔外面冻着去！”叶韬好整以暇地威胁道。

“你！”郝光光告诉自己要忍，否则一失控会将相府的人都引来。

“好好儿睡觉，今晚我不会对你如何的。”叶韬说完后闭上眼命令道。

被子只有一条，他决定占一半她是无论如何也抢不回来的，郝光光气馁，嘀咕了几句后翻个身，扯过大半条被子将自己盖了个严实。

叶韬没有理会郝光光的小动作，累了的他闭上眼准备睡觉。

有叶韬在，郝光光出奇地没有失眠，反倒是很快睡着了，睡得极香。

次日清晨郝光光醒来，想到半夜发生的事一惊，迅速转过身，叶韬已经离去，床边站着一脸困惑的丫鬟小月。

“奴婢半夜睡觉掉到地上，还将被子扯了下来，奴婢居然一点儿没发觉，真是笨。”小月越说头埋得越低，耳根子都红透了。

知情的郝光光既心虚又愧疚，连忙问：“睡了一宿地板，可有哪里不舒服？”

小月不好意思地看了眼郝光光回道：“就是身上有些酸疼，无大碍。”

仔细打量了小月几眼，见她不像是要生病的样子，郝光光心中愧意稍减，小小撒了个谎：“昨晚我也睡沉了，没发现你已不在床上，既然身体不适今日你就多休息吧。”

被关心的小月很是感动，开心地向郝光光道谢，将郝光光谢得越发抬不起头来。

下午，郝光光坐上马车被魏哲护送着回了别院。

【第11章】欺人太甚

郝光光在魏哲的别院住了两日，因不想一直麻烦忙着公事的魏哲分神照顾她，于是某个夜晚寻了个机会靠着上佳的轻功逃了。

可惜运气不好，虽千辛万苦地避过了魏哲的人，但是在逃出没多远后居然被叶韬安排的人发现并且逮了个正着。

“强抢民女，卑鄙无耻！”逃跑途中被叶韬逮住带回叶氏山庄名下别院的郝光光破口大骂。

“你本来就是我的，何来强抢之说？”叶韬嘴角噙着志得意满的笑将郝光光放在床上。

“土匪啊！我义兄不会放过你的！”

原本噙笑的叶韬闻言脸色突然一沉，声音似是暴风雨过境般阴森寒冷：“你义兄在你心中分量不小啊！”

逃跑失败，气蒙了的郝光光理智早跑飞了，大声道：“我义兄样样都比你强，他是正人君子，你是无耻小人！”

“好、好！”叶韬阴沉着脸脱下靴子上床。

郝光光感觉到情况不妙，既惊且怒，扬声尖叫：“你要做什么？”

“做什么？当然是做你口中‘无耻小人’会做的事！”叶韬速度飞快，几乎是话一说完便将外衣脱下，只着了一层薄薄的里衣。

看着表情危险的叶韬，郝光光头皮发麻，犹自反抗道：“叶韬你这样做是不对的，不怕令天下人耻笑吗？”

“既然是‘卑鄙小人’，还怕什么被天下人耻笑？”叶韬双眼眯起来，将郝光光逼到墙角。

“你若是不对我用强的话就是好人，是大大的好人！”郝光光攥着衣领颤声说道。

“怕了？刚刚骂人时的胆子呢？嗯？”叶韬边说边将手伸向了郝光光的衣服。

郝光光背贴在墙上，双臂牢牢护在胸前眼泪汪汪地道：“叶庄主您若是到了发情期请去青楼找姑娘好不？放过我这个要才没才要貌无貌的丑八怪吧。”

轰的一下，仅有的一点儿耐性理智都被郝光光磨没了，叶韬解开床幔，扯过郝光光以强而有力的男性躯体压住哇哇乱叫的人，扣住她的下巴咬牙道：“敢用那两个低等字眼来形容我？有什么后果可是你自找的！”

“别、别脱我衣服！”郝光光根本护不住自己的衣服，被叶韬连撕带扯，不多时身上便一丝不挂，惊惧交加之下哇的一下哭了，口中不停地喊着爹和娘。

“叫谁都没用！”叶韬视线在郝光光光瑟瑟发抖的光裸身体上巡视了一圈，眸中颜色顿时变得更为暗沉。

“啊啊啊！！！”被叶韬大占便宜的郝光光放声尖叫，声音高到仿佛能将房顶掀掉。

有些意乱情迷的叶韬被郝光光像是死了儿子般疯狂的尖叫声惊得兴致顿降，皱眉瞪向闭紧眼大叫的郝光光：“你就算叫哑了嗓子也无人过来。”

“我就叫、我就叫，叫死你！”郝光光受的冲击过大，暴红着一张小脸儿喊着毫无逻辑的话。

“随你，不过稍后你若还这样叫的话，我想……”叶韬的身体紧紧贴住郝光光，在她的耳旁低声说着令人大为抓狂的话。

尖叫戛然而止，郝光光气得差点儿背过气，她被叶韬的无耻击败了，果然男人脑子里装的都是下作的东西！

因为贴着泛有女人体香的身体，叶韬的欲望以着几可燎原的速度疯长，前几次的擦枪走火他都在关键时刻忍住了，这次他不打算再忍！

迅速褪去身上的衣服，掀开被子将自己与郝光光盖住，叶韬搂住与他一样一丝不挂的郝光光，唇自她的额头开始慢慢向下吻，边吻边说：“早就警告过你逃跑了的后果，前两次是给你机会慢慢适应，这次无论如何都不会阻止我将你变成我的人！”

这次要来真的了？存有几分侥幸心理的郝光光闻言瞬间汗毛直立，惊恐万分，号得更厉害了：“你为什么就偏揪着我不放啊？”

正埋首在香软锁骨上的叶韬哑着声音道：“只能是你，我发现没有你在身边我会浑身不适。”

“有你在身边我才会浑身不适！”郝光光在心里呐喊着。

嗓子已经喊哑再喊不但毫无威力不说还令嗓子刺痛，男女体型力气的差距令她想挣脱成功纯属做梦，感受着叶韬身上不断传来的热度，郝光光无力地意识到自己今晚怕是在劫难逃了……

放过郝光光很多次的叶韬，今晚没有再好心放过对他又抓又咬反抗不停的郝光光，将她彻彻底底地变成了自己的女人。

事后，叶韬汗湿着身子自郝光光身上翻下，轻揉地抚了抚她疲惫的眉眼，刚刚那番深入骨髓的快感令他身心放松，没想到这样一个不听话总与他对着干的小人儿能给他带来这么大的满足。

视线下移，在床单上未干的血渍处停顿了片刻，叶韬用被子将沉沉睡去的郝光光盖好，穿好衣服走出去对外面的人吩咐了一下，不多时端着一盆温热的水进来，亲自将干净手巾投好拧干后走回床边，轻柔地为郝光光擦身。

擦完后叶韬躺在郝光光身侧睡下了。

没睡多久天便亮了，叶韬是被外面的嘈杂声吵醒的，起身穿好衣服走出门去，沉声问："什么事？"

匆匆跑来准备报信儿的下人见到叶韬仿佛见到救星般，激动地回道："回主上，魏状元带着侍卫闯进来，奴才们快招架不住了。"

下人刚一说完，魏哲便已经带着十几名衣着整齐训练有素的侍卫闯了进来。

"叶韬，将光光交出来！"魏哲脸色极其难看，与满面春风悠然自在的叶韬形成了鲜明的对比。

叶韬的头发只是随意束在腰后，整个人都散发着一种得到莫大满足的懒散感，对着怒目而视的魏哲友好一笑，迎上前道："魏大人来访，叶某有失远迎……"

"停，光光在哪里？"魏哲抬手打断了叶韬公式化的虚礼，皱眉质问。

"光光她……累了，此时正在睡觉。"叶韬的话此时说起来显得很暧昧。

"睡觉？"魏哲敏感地感觉到不对劲儿，双眼锐利地审视起叶韬陡然变得异样的表情来。

"半夜跑路，兴许是乏了。"姑娘家的名誉重要，当着这许多人的面叶韬不便说实话。

魏哲紧盯着叶韬："我要见光光。"

"叶某先带魏大人去正厅歇歇脚，待光光醒后再唤她过来如何？"叶韬微笑着摆出个请的手势。

叶韬越是反对，魏哲越是觉得不一般，遂转头对身后一名女手下命令道："你进去看看。"

英姿飒爽的女侍卫得令后无视叶韬，绕过他直接进了叶韬刚刚出来的卧房。

叶韬见状不悦地抿了抿唇："魏大人您这可是在搜查民宅？搜查令何在？"

魏哲冷笑一声，森冷目光回视叶韬讥讽道：“叶庄主半夜劫走光光，如此可是大丈夫所为？”

闻言，叶韬面不改色地回道：“魏大人是误会什么了吧？叶某是半路遇上的已经离开魏家别院的光光，这才将她带回来，如此叶某好像并没有做错什么难道不是吗？”

魏哲闻言一僵，刚要说什么便见女侍卫自房内出来，见她脸色有些古怪，脚步迈得有些迟疑，双手蓦地攥紧问：“什么情况？”

“公子，光光姑娘她……”女侍卫神情带了几分恼怒和不自然，回头狠狠瞪了眼叶韬后在魏哲伸过来的手心上写下几个字。

“什么？光光被……”魏哲脸色陡变，在女手下坚定地点了点头后怒火狂飙，大步上前对着叶韬的脸便是重重一拳，骂道：“好你个卑鄙无耻之徒，此等德行人品枉为一庄之主！”

魏哲素来修养极好，在人前向来都是彬彬有礼，鲜少有这般控制不住情绪的时候，随行而来的侍卫们见自家主子这般失控，诧异过后纷纷严阵以待，只等魏哲一声令下便与叶韬等人玩命。

叶韬没有躲，直挺挺地挨了魏哲下了狠力的一拳，魏哲乃练家子，这一拳刚打完叶韬的左脸便瞬间肿了起来，嘴角亦渗出了血。

“主上。”叶韬的手下见状纷纷冲上前对着魏哲等人怒目而视。

“你们下去。”叶韬摆摆手让手下退后，抬手擦掉嘴角流出的血后抬眼望向魏哲沉声道：“魏大人，这一拳是因为光光……心甘情愿受的，但也仅此一拳而已。”

半边脸颊疼得发麻，整个头都被打得嗡嗡直响，直接影响了叶韬说话，话语不甚清晰，带着几丝大舌音，若此时气氛不是如此紧张，在场众人说不定都要笑出来。

“哼，你的所作所为又岂是一拳就能解决得掉的？就算叶氏山庄富可敌国又如何？还我义妹的清誉来！”魏哲说完又向叶韬打去。

这次叶韬没有再站着不动，而是躲闪起来，只守不攻，两人一攻一躲持续了有一刻钟时间，叶韬觉得魏哲的恼怒发泄得差不多之时适时开口道：“叶某已经决定要娶光光为妻，本想最迟今晚便去请媒人去魏大人府上提亲，谁想叶某还没来得及行动魏大人便已来访。”

“娶光光为妻？”魏哲闻言突然停手。

“是。”

“呵呵，何以突然改变主意了？”魏哲讽笑出声，望向叶韬的眼中不自觉地流露出几许轻蔑来。

一丝不悦迅速滑过眼底，碍于魏哲是郝光光兄长的身份叶韬忍着不满道：“并不突然，在叶某决定亲自来京城寻光光时便已经做了这个决定。”

“就在不久前光光还只是你口中一个区区的‘妾’，才短短几日就要娶她为妻，未免太过巧合了，有几分可信度？”魏哲语气转冷。

“光光是特别的，仅此一点已经足够！”叶韬眉心跳动着，想他何时如今日这般狼狈窝囊过！挨了一拳大失颜面不说，此时连说实话都被公然鄙视怀疑，他知魏哲在怀疑什么，想必不只是他，整个魏家人也会觉得他突然改变主意是看上了郝光光的“娘家”——魏家。

“光光的特别并非一日两日！”魏哲明显不信，抬手止住手下隐约的骚动，对叶韬道，“今日我将光光带走，至于你毁她清誉的事以后再算。”

“不可，光光不能走。”叶韬立刻拒绝，肿着脸严肃地道，“叶某是有错在先，看在魏大人真心待光光这个‘义妹’的分儿上甘愿受了魏大人打在脸上的一拳，亦算失了颜面，既然魏大人气难消，为表诚意，先前在叶氏山庄魏大人提的要求叶某无条件应允，如何？”

怒气没有发泄完全的魏哲闻言一愣，随后更怒，指着叶韬训斥道：“你这是在‘买’光光吗？你将她当什么了？！”

“魏大人误会了，叶某并无此意。”叶韬抬手轻轻碰触了下肿胀不堪的脸，强忍立刻冰敷的欲望耐心解释道，“叶某发誓对魏家以及对光光均无不敬之心，这个条件就当作光光的聘礼，希望魏大人以大局为重。”

这口气无论如何也咽不下去，但叶韬开的条件的确诱人，若同意了他便是大功一件，只是这对郝光光来说便不公平了，魏哲瞪着叶韬因肿胀而有些滑稽的脸陷入了两难。

就在这时，房门突然开了，郝光光有些无力地倚靠在门框上道：“义兄你来了。”

“光光。”

“光光。”

两道声音响起，一个带着担忧，一个含有谴责，前者是魏哲在担忧郝光光的处境，而叶韬则在谴责郝光光在“累乏”之下居然还不在房里好好儿歇着。

叶韬的一转身，令郝光光看到了他那张触目惊心的脸，眼倏地睁大，原本有气无力的郝光光突然变得精神了，指着叶韬的脸哑着声音解气道：“叶韬你这个小人遭报应了吧，活该！”

说完后不理会脸瞬间黑成一片的叶韬，对正担忧地看着她的魏哲竖起拇指赞道：“义兄打得好，应该将这小人另外一边脸也一并打肿了才对，这样才好凑成一句成语‘打肿脸充胖子’。”

“噗。”在场无论是叶韬的还是魏哲的手下均有人忍不住轻笑出声，被自家主子冷眼扫过立刻捂住嘴，忍得肩膀直抽抽。

见郝光光在遭遇到那种事后还能如此精神奕奕地讽刺人，魏哲担忧着的心稍稍淡去一些，望着并没有因失了贞操就要死要活或是立刻就以叶韬为天的郝光光，感觉颇为复杂，如此特别能令人全身心放松的女子终是与他无缘。

“光光，随义兄回去。”魏哲伸出手来对郝光光温和说道。

“不成。”叶韬淡淡地扫了一眼魏哲，快步走到郝光光身前揽住她的肩膀便往房间里带，半哄半命令着，“回房好好儿歇着，若是你还不够‘累’，我不介意让你再‘累’些！”

郝光光力道不及叶韬，轻而易举地便被他半拖半抱着带回了床上。

“好好儿在房里待着，若不听话再出来，我不介意点你的穴道。”叶韬威胁道。

郝光光恼极，瞪视着叶韬骂道：“丑八怪你怎么不去死！”

脸肿痛着的叶韬闻言眼皮子狠狠一抽，不悦地捏住郝光光的下巴俯身在她左脸颊上用力一咬，在郝光光的尖叫声中松开口满意地端详了会儿白嫩脸颊上的一圈齿印，幸灾乐祸地道：“你此时也成了丑八怪，看你还有何资格笑话我！”

“你、你这个……”郝光光手摸向脸，刚一触到被咬过的地方便“嗞”了一声，猛地推开叶韬奔向铜镜，照着镜子只见镜中的她脸上一圈明显的齿痕，虽没有见血，但那一圈红齿印却清晰地印在了脸上，一个时辰内怕是消不去了。

齿印留在脸上不比其他处，郝光光就算再不注重外表礼仪，也没脸顶着这么个东西出去招摇。

“老实在屋内歇着，否则我要你脸上永远留下这个记号！”叶韬威胁郝光光几乎成了家常便饭，威胁的话自然而然地便出了口。

“王八蛋，我打死你！”郝光光抄起手旁一个笔筒向叶韬砸了过去，力道不小方向也很准，直冲叶韬的后脑勺飞去，可惜叶韬就像后脑勺长眼睛似的身子往旁轻轻一闪便避了过去。

“好好儿歇着。”叶韬没有生气，留下一句话便出了房门。

郝光光看着散落一地的笔筒和毛笔，气得直拍桌子。

她是被外面的混乱声吵醒的，醒来时刚坐起身便觉身子酸痛无比，想起先前发生的事脑子轰的一下，穿好衣服不顾身子的不适出了房间，出去做什么郝光光也不清楚，只是觉得心里憋得慌，老实在屋子里待着难受。

魏哲来为她讨说法这件事令她很感动，虽然相识并不久，但魏哲待她这个义妹真算是顶顶好的了，可是她目前这个样子不想再与魏哲回去，觉得没脸，没有打算留在叶韬身边也没有想去投奔魏家任何一人，究竟该怎么做，郝光光毫无头绪。

失去贞操她固然不高兴也很生气，恨不得将叶韬当成臭虫拍死，但不可否认当时她的拒绝并不过分激烈，事情发展到最后与她自己脱不了干系。

为何没有抗拒到最后，甚至在最后还迷乱了，郝光光不想去思考，就像若与她做那件事的人并非叶韬而是其他男人的话，她是否会有不同的反应亦不想去理会。

她此时对叶韬的感觉究竟是讨厌、排斥、害怕，还是经由这些抵触情绪逐渐转变成其他复杂的感觉或感情，郝光光想不明白，一想就烦，问题太过复杂，以她简单的头脑能理清头绪才有鬼。

脸上顶着个牙印，郝光光无脸见人，只能烦躁地待在屋子里等齿印消去，连魏哲何时走的都不知道，只知他与叶韬似是去了书房谈正事，听下人说谈了有两刻钟左右，然后魏哲便带着侍卫离开了。

听说魏哲走时脸色虽然不好看，但与刚冲进来理论时比起来要平和得多，看来像是与叶韬两人把手言和了。

郝光光得知后心情有一点点失落，联系先前听到的叶韬对魏哲说的那个条件，隐约猜到魏哲似是为了某种利益。

晚上叶韬回来与郝光光共用晚饭，叶韬说话郝光光根本不搭理，埋头猛吃，她早就饿了，直接将身边那个脸消了一部分肿的男人视为空气，他说什么她都当作是放屁。

“来京城已有几日，该回去了，若一切顺利的话两日后你先随我回去，吉日定下来你再来京城小住，等我用花轿迎你进门。”叶韬望着仿佛饿死鬼投胎的郝光光说道。

正与一块儿冰糖肘子苦战，闻言一块肘子肉不小心卡在嗓子眼，呛得咳嗽起来的郝光光手忙脚乱地扔下筷子拿起大馒头就咬，咽下了两口馒头才将卡在嗓子眼里的肉压下去，感觉好多了的郝光光拍了拍胸脯喝下一口茶润了润嗓子后才得已有工夫问问题。

“你说什么？用花轿迎我？”郝光光疑惑地望着叶韬。

“是。”叶韬望着牙印已消的郝光光，心情颇好地道，“我已决定要娶你为妻，身为你兄长的魏哲已经同意，明日媒人便会正式去魏家提亲。”

“……白日做梦。”郝光光嗤笑。

叶韬笑容微敛，认真地望着郝光光：“我是认真的。”

郝光光翻了个白眼，继续吃起饭来，根本没将叶韬“认真”的话当回事，嘀咕道：“先前是妾，这次是妻，下次就成你姑奶奶了吧？”

郝光光不合作的态度令叶韬大为气恼，揉了揉眉心耐心地道：“以前总强行将你当作我的妾是委屈了你，此时改变主意但愿不会太晚，我已意识到你对我来说是特别的，如此……”

这等类似表白的话叶韬说起来感觉很别扭，加上脸部肿胀未消，表情上带了些微的不自然，这股不自然在看到郝光光对他有生以来第一次的“告白”听而不闻后立即消失，黑下脸来怒目而视：“郝光光！”

“叫那么大声做什么！”郝光光吓了一跳，不满地斜叶韬一眼，就算她再没有女人的细腻心思，在与他发生那种事后也做不到像没事人一样。

“我说的话你究竟有没有听到？”

“听到如何，没听到又如何？本姑奶奶不嫁！”

“为何？你已是我的人，不嫁我想嫁谁！”叶韬放下筷子，胃口顿消。

不提这事还好，一提这事郝光光的胃口也大失，啪的一下放下筷子恼羞成怒道：“不许提这事！”

“为何不能提？你已经是我的人这是事实！正妻位子不要，难道是突然觉得当妾好了？”叶韬眸中温度骤降，置于桌上的手蓦地攥紧。

“滚你的妾！不管是妻还是妾，我都不想与你这个无耻之徒扯上关系！”郝光光气得脸上带着一层薄怒，在蜕变成真正的女人后，此刻她那张薄怒的脸蛋上，倒显出几分成熟的韵味来。

叶韬闻言眉头紧皱，双眼一眯一把将郝光光拉过来禁锢在怀中冷声道：“不想与我扯上关系？做梦！”

“你、你这个大流氓，莫非又想强暴我？！”郝光光挣扎着大叫，第一次印象太过不好，那种事给她的感觉除了痛就是乏。

看出了郝光光眼中的惧意，叶韬一愣神，手臂不自觉一松，任她挣脱了出去。

“你若是很排斥被我碰，我以后不勉强你便是。”叶韬隐忍着说道。

郝光光逮着机会迅速绕到桌子对面去，在叶韬最不好抓到的地方坐下，听到他的话忍不住鄙夷地望过去：“你说的话若可信，癞蛤蟆都成蛇它大哥了。”

叶韬怒：“看来你很希望我出尔反尔了！”

“才不是。”郝光光惊得跳起来，脑袋摇得跟拨浪鼓似的，紧张地道，“你最好说话算话，否则我永远都看不起你！”

叶韬双眉皱得死紧，冷哼道：“不必激我，你如今已是我的人，犯不着再强迫你。”

“你须得发誓！”郝光光一想到那件事就胆战。

“好，我发誓。”叶韬觉得自己被郝光光锻炼得耐心日益渐增，也就她敢如此！

“说啊。”

“我发誓，成亲前绝不会再勉强光光，若有违此誓就让我众叛亲离。”叶韬铁青着脸发完誓后不耐烦地看着犹不甚满意的郝光光，“已如你所愿，还有何不满？”

郝光光轻哼一声，小声嘀咕道：“连我不满都要管，我老爹都没你这么多事。”

“郝光光！”叶韬耐性用尽，被逼发誓已觉够没脸的，听到郝光光嘟哝的话简直暴跳如雷，猛地一拍桌子威胁道，“再乱说小心什么东西都不给你吃！”

闻言，郝光光什么都不说了，立刻端起碗扒起饭来。

郝光光老实了，叶韬的火气逐渐沉了下去，冷哼一声拿起筷子继续吃起来。

一时间，屋内两人都默默地自吃自饭，谁也没有再开口说话。

守在外间的丫头将叶韬和郝光光的话都听了个彻底，尤其在听到叶韬“被迫”发誓的话时表情惊得快抽搐了，难以想象他们那向来威严不容忤逆的主上居然会因为一名区区女子发这种幼稚的誓，想必这个光光姑娘在他心中分量应该不低吧？

郝光光很想知道叶韬究竟与魏哲达成了什么协议，但她明白就算问叶韬也不会说的。

一顿饭用得安安静静，叶韬见郝光光缩在桌子另一头埋头扒饭不夹菜，看了一会儿实在看不过去，于是用自己的筷子在刚刚她吃得最多的菜中夹了一大筷子放入她的碗中。

“喝！”郝光光吓了一跳，碗差一点扔出去。

“一惊一乍的像什么话，吃菜！”叶韬轻斥。

看着碗里突然多出来的菜，郝光光抿着唇不动筷子，这些是叶韬夹过来的，两人虽然身体上已经亲密过，但心理上还没亲密到这个地步。

“不吃？需要我喂你吗？”叶韬瞪着郝光光，她那是什么表情？敢嫌弃他？！

“不用。”

明明是喜欢吃的，可是因为这是叶韬用自己的筷子夹的，郝光光吃得很痛苦，一张小脸皱得厉害，仿佛吃的不是可口饭菜而是穿肠毒药。

叶韬嘴唇抿得越来越紧，眉毛皱得能夹死苍蝇，暗斥郝光光不知好歹，深吸几口气，像是与谁赌气般将每道菜都夹了一筷子放入郝光光碗里，不一会儿郝光光的碗里便冒了尖。

“都吃掉！有些事你必须要习惯。”叶韬指着刚夹的菜对僵化了的郝光光道。

真狠！郝光光气都气饱了，瞪了眼叶韬，他那张明明还在板着的脸看在她眼中就是得意和炫耀。

“啪”地放下碗，郝光光将自己的筷子放进嘴里认真舔了一番，然后在叶韬错愕的注视下用被她舔得干净的筷子将每道菜都夹了一些放入叶韬的碗里，恶作剧地望向正对着饭菜瞪眼的叶韬道：“快吃，有些事你也必须要习惯。”

叶韬并不嫌弃郝光光用她的筷子为他夹菜，前提若是她不在夹菜前将筷子恶意舔了的话……

“你自己吃，我还有事。”叶韬瞪了一会儿碗中高高的“小山”，放下筷子起身离开了。

叶韬离开后郝光光乐了，能恶心到叶韬不可谓不是一件美事，这下看他还敢不敢再随意给她夹菜了！

郝光光轻哼着小曲将碗里叶韬夹的菜都扒拉了出去，然后继续吃起来，饭桌上少了一个碍眼的人，胃口顿时好了许多。

入夜，郝光光躺上床准备睡觉时叶韬进来了，这里是他的房间，她没权利轰他走，叶韬已经严厉交代下人不许让她去别的房间睡，是以郝光光只能留在这间屋子里，在这张有着称不上多愉快回忆的床上睡。

叶韬躺上床钻进郝光光盖着的双人被里不顾她的抗议将她揽入怀中。

“你说过不会再强迫我的。”郝光光身子一僵，想起白天发生的事，她还有些泛酸的身体便忍不住颤抖。

“睡觉。”反复被质疑的叶韬冷哼一声，惩罚性地在郝光光的翘臀上轻拍两巴掌。

郝光光更不敢动了，整个身子僵得跟木头似的，睁大眼睛不敢睡觉。

感觉出怀中的小身子在瑟瑟发抖，叶韬狐疑地拧起眉问：“你……是身子还没恢复好？”

这种秘密的问题他居然好意思问！郝光光没好气地回道：“没好！”

本是气话，当不得真的，却被叶韬当了真，觉得郝光光是被他的孟浪伤到了身体，却好面子不好对丫鬟说。

叶韬松开郝光光起身穿好衣服，将被子给郝光光盖好道：“你先睡吧，我出去一下。”

不知道他出去做什么，郝光光希望他一宿都不要回来，叶韬一走，郝光光身子慢慢放松下来，寻了个舒服的姿势，没多久便睡着了。

不知过了多久，睡得正香之际，突然觉得下半身一凉，有根手指摸了进来……

轰的一下，郝光光睡意全消，头发梢都奓了起来，睁开眼抄起旁边的瓷枕便向正“行流氓之事”的黑影砸去。

因又惊又怒，这次可是用了全力，枕头砸到了对方肩膀，听到一声闷哼，觉得这道声音有些耳熟，但郝光光没心思去多想，起身一拳又打了上去。

“你还有完没完？！”叶韬攥住郝光光打过来的拳头轻喝。

“是你？半夜不睡觉居然做这等下流事？”郝光光抽回拳头怒极讽刺，迅速用被子将自己盖住，缩在被子里将被脱至膝盖的底裤穿好。

叶韬不知自哪儿摸出个夜明珠，屋内亮堂起来后，黑着脸举起一个小瓶对像是在看老流氓似的看着他的郝光光道：“这是我刚自外面买来的药，好心没好报！”

闻言，郝光光试着轻轻动了动，下身原本有些酸痛的地方传来一股清凉感，舒服多了，原来叶韬先前是在替她上药。

“这还算好事？也不想想我这样是被谁害的。”郝光光涨红着脸回嘴道。

叶韬狠狠白了眼郝光光，隐忍着将瓶盖扣好放置床头，语气不甚好地对郝光光说道：“明日若还不舒服就再上一遍。”

脸皮就算再厚，可是被个男人说如此私密的事，郝光光也做不到无动于衷，翻了个身背对着叶韬，什么也不说直接睡觉去了。

一夜无话。

次日，叶韬早早出门，据说是去寻媒婆了。

郝光光气闷，她逃不出去，无论走到哪里都有丫头婆子随身跟着，而且一向不招她待见的狼星居然也在，有个轻功高手看着，想逃跑的成功率只会更低。

将近晌午时，苏文遇来了。

苏文遇一身月白色长衫，白净俊秀的脸上带着温和的笑意，令人看了就忍不住想亲近，与叶韬那“生人勿近”的冷脸形成鲜明的对比。

“恭喜嫂嫂，贺喜嫂嫂，我们马上就是一家人了。”苏文遇见到郝光光就躬身行礼，将郝光光吓了一跳。

“别叫我嫂嫂，就叫光光吧。”郝光光侧身避过苏文遇的大礼说道。

“借小弟八个胆子也是万万不敢唤嫂嫂芳名的，传进哥哥耳中可就麻烦了。”苏文遇立刻做出一副害怕的表情来。

“噗。”郝光光被逗笑了，指着耍宝的苏文遇笑，“他哪有那么可怕。”

“就是那么可怕，将你送走的那天晚上他可是毫不留情地将我扔出了叶氏山庄，可怜的我啊……”苏文遇控诉地看着不领情还哈哈笑的郝光光。

“你们在说谁可怕？”叶韬低沉的声音自正门处传来。

“哇，哥你来得好快。”正在说叶韬坏话的苏文遇闻言一惊，连忙转过身对着叶韬摆出讨好的表情来。

“你来做什么？”叶韬皱眉看着苏文遇，表情上明显写着“不欢迎”三个大字。

“听说哥你去请媒人上魏大哥那里提亲了，我过来看看嫂嫂。”苏文遇嬉皮笑脸地解释着。

“人看过了，你可以走了。”

“哥呀，小弟我刚来，连水还没来得及喝一口呢。”苏文遇眼巴巴地看着叶韬。

“回你苏家喝去！”叶韬向一旁手下使了记眼色，让他送客。

“遇少爷，今日不方便，您改日再来吧？”下人走过去笑着对苏文遇说道。

苏文遇叹了口气，垮着脸望了眼不假辞色的叶韬，转过头对正看热闹的郝光光道："嫂嫂，小弟改日再来看你，今日就不打扰你与哥哥恩爱了。"

郝光光闻言气得弯腰就要脱鞋，中途被身旁丫鬟阻止了，拿她和叶韬说笑的苏文遇逃过被女人扔绣花鞋的命运。

苏文遇灰溜溜地被赶出来后，往回走的途中摸着下巴窃笑："防得这么紧，就说老哥你重视小嫂子，还偏死鸭子嘴硬不承认，闷葫芦一个嘿嘿——"

叶韬及其手下办事效率很高，向魏哲提亲的事已经办好，魏哲同意，魏家二老本来不同意，结果不知怎的被魏哲说服了。

郝光光听说魏哲已经同意这门亲事，以她兄长的身份要替她张罗一切成亲事宜时忍不住抗议出声："我爹娘已不在，没有人有权利决定我的亲事！"

叶韬闻言表情露出一丝异样，扬了扬眉反问："魏哲在你心中的地位不是高到非一般人能及吗？"

郝光光想说魏哲只是义兄非亲兄，但却不打算说给叶韬听，哼道："地位高不代表就能做主我的婚事。"

"魏哲目前来说算是你的大半个亲人，本着尊重你的原则才去向他提亲的，若你觉得他根本无权做主，那更好，回叶氏山庄后寻个吉日立刻将亲事办了吧。"叶韬眉眼瞬间放松，笑得跟个偷到腥的猫一样。

郝光光闻言心蓦地打了个战，拿眼角斜了叶韬一眼："我义兄无权做主我的婚事，同样你也不能。"

"无妨，我筹办我的，你不愿意你的，互不妨碍。"两天不到被打击拒绝了无数次的叶韬此时再面对拒绝鄙夷已经能做到面不改色心不跳。

"你！"郝光光气得想翻白眼，叶韬的无耻程度正以每天十倍的速度增长着，简直防不胜防。

"好了，乖乖地等着与我一同回叶氏山庄，其他没用的东西还是不想为妙。"叶韬半玩笑半警告地瞟了愤愤不平的郝光光一眼，笑着离开了。

郝光光所不知道的事情是当初魏哲护送杨氏去叶氏山庄的内幕，杨氏并非是想儿子了去做客的，而是受了皇后的请求，其实间接相当于皇帝的请求去叶氏山庄谈正事的。

叶氏山庄身为天下第一大庄，其财势极其招眼，虽然每年光上交的赋税及各处孝敬的钱物已经不少，但是好色成性的皇帝广纳三宫六院花银子如流水，国库早已入不敷出，于是便将主意打到了天南海北的知名富商头上。

但凡有点钱的人都希望捐个官做做，可这种几乎称得上是常见的现象在叶氏山庄却没人稀罕，皇帝几次暗示叶韬可以让他或是他的亲朋当个不算小的官。

这个条件次次都被叶韬拒绝了，他对做官没兴趣，也不想平白将自己赚来的钱给皇帝花，除了赋税等该有的东西孝敬一番外，其他可谓是一毛不拔。

当今皇帝手腕并不算强，就是因为没本事才导致国库渐渐空虚，也好在边境尚算安全，没有敌国要来入侵，否则以他这个除了贪花好美色外再没擅长之处的皇帝根本保不住国家。

今年因国家两个地方先后遭了大灾，本来就空虚的国库因救灾更加惨不忍睹，皇帝别无他法，便派一些得力手下去富商们手中抠钱，为了不被笑话这些事要秘密进行，因叶韬不爱当官没什么可以利诱，皇帝为难之下突然想起苏家与叶韬的渊源，于是特地命杨氏去叶氏山庄用母子亲情来感化叶韬，让他为了国泰民安，为了天下苍生献上一分绵薄之力。

杨氏的丈夫苏尚书忙，脱不开身，于是便由苏文遇来陪同她一并去往叶氏山庄，冬天行远路颇不太平，以苏文遇的三脚猫功夫真遇到抢匪之流连自保都成问题，根本起不到保护杨氏的作用，在皇帝寻思着挑个人护送他们时魏哲挺身而出揽下了这个职责。

于是说服叶韬“孝敬”国库的责任便落到了杨氏和魏哲两人的身上，魏哲打算趁着办这趟公事顺便将私事也一并解决掉，私事便是将他表妹郝光光自叶氏山庄带出来。

其他势力略小点的商户基本都不敢反抗朝廷，或多或少都孝敬了，但叶氏山庄不同，它虽然赚钱很厉害，但其主要定位是武林世家，武林中的人和事均不归朝廷管，素来武林与朝廷都井水不犯河水。

最后可想而知杨氏与魏哲这趟出行目的没有达到，叶韬不想养一条永远也喂不饱的色龙，于是没有看在杨氏是他亲生母亲面儿上当“冤大头”。

没办成交代的事，皇帝不太痛快，但因为要钱要粮的事实在不光彩，是以就算不满也是在心里，对杨氏及魏哲明面上还是如往常一样，但会经常在某些小事上挑挑错处数落他们令其当众丢脸。

其实这几十年来魏相暗地里敛财不少，但几个儿孙着实不争气，将他辛苦大半辈子捞的油水败光了大半，于是不仅国库空虚，相府也没有人想得那么富裕，于是在叶韬分别许以朝廷及相府一笔可观的钱财后他强占郝光光的事就没人追究了。

其实魏家不为郝光光出头虽然利益使然，但其主要原因还是郝光光没有与他们认亲，魏哲上门打了叶韬一拳算是给了教训，至于魏相夫妇则不便出头，若引来怀疑抖出当年欺君的事，魏家的百年基业可就一并玩完了。

在这件事上叶韬给足了魏家面子，称是被杨氏及魏哲的诚心打动同意背地里给朝廷捐粮捐银子。

因郝光光离开魏哲别院时留了信，是以魏家无法拿半夜在路上劫走郝光光的叶韬怎么样。

叶韬有钱，魏家有权，魏家的权力目前叶韬用不到，难保以后不会有用得到的地方，而叶韬的钱魏家却已经用了或许以后还可能再用，双方各取所需，因为郝光光搭上了一座和谐默契的桥梁。

双方都知叶韬与郝光光成亲后魏、叶两家算是姻亲关系，因为这点叶韬与魏相几个“知情人”相处起来倒是越发地和乐融融。

晚上，叶韬带着郝光光去了魏家，因第二日要走，晚饭两人是在魏家用的，权当是让郝光光与魏相夫妇及魏哲辞行。

席间，老夫人一直照顾着郝光光，亲自为她夹菜，想到郝光光就要走了，眼圈时不时地便红起来，弄得郝光光心中也泛起不舍来。

饭后老夫人拉着郝光光说话，不多时，魏哲来了，老夫人说：“光光随哲儿出去说说话吧。”

郝光光有点不想与魏哲单独相处，无奈被老夫人要求，只得起身随魏哲出去了。

“光光，你在生为兄的气吧？”来到院子光线较暗的背阴处，魏哲停下转过身神色复杂地望着自出来后一直沉默着的郝光光。

郝光光没有走近，离魏哲还有一段距离时停了下来，视线定格在魏哲的靴子上淡声道：“生气谈不上，失望倒是有。”

魏哲闻言眼中滑过一抹愧意，歉疚地道：“虽然很想说是迫不得已，但我为了某些利益放弃为你出头这是不争的事实，我就站在这里，你若是心中委屈或生气，尽管过来打几下出气吧。”

郝光光并没有如魏哲所愿上前打他出气，而是抬起头望过去问：“你与叶韬究竟是达成了什么协议？”

“这事不能说。”魏哲回答时表情有些尴尬。

郝光光有些失望，叹了口气道：“当日义兄打了叶韬一拳算是为光光出气了，何况这些时日义兄没少照顾光光，反倒是相识以来光光没有为义兄做过什么，真要说抱歉应该也是我才对。”

郝光光客气的话听得魏哲眉头直皱，紧紧盯着郝光光：“光光，你若不满为兄宁愿你打骂，也不愿你变得这般客套。为兄看得出来叶韬待你不同，叶氏山庄里的人大多都喜欢你，那里适合你，嫁过去后不……”

“停。”郝光光打断了魏哲的话，深吸一口气道，“别说了，我不想听。”

魏哲顿住，望向郝光光的眼神染上一丝不易察觉的心伤，苦笑道：“我又何尝愿意说这些祝福你与叶韬的话？光光，其实我……”

“魏大人，时候已不早，叶某该带光光回去了。”叶韬突然出现，打断了魏哲未说完的话。

“叶庄主来得可真快。”魏哲冷声讽刺道。

“哈哈，魏大人不知如今叶某恨不得时时将光光带在身边，一刻见不到她都坐立难安。”叶韬大笑着走过来，揽过郝光光肩膀说道。

郝光光猛地打了个冷战，叶韬的话令她恶寒。

魏哲盯着拥住郝光光的那只手臂，眸中温度顿降：“希望叶庄主好好儿待光光一辈子，否则她在叶氏山庄受到一点儿委屈，魏家都不会坐视不理！”

闻言，叶韬不但没恼，反倒收起玩笑表情严肃地望向魏哲道：“魏大人放心，叶某这么多年来仅有的一次要娶妻的念头是因为光光，我自然不会负她！”

“好，我们拭目以待。”两个男人对视的目光互不相让，暗流汹涌。

夹在两个男人之间的郝光光没察觉出他们之间的诡异的暗流，只是被叶韬的话激出了一身鸡皮疙瘩，觉得叶韬这人平时看起来挺冷淡的，谁想说起这些有的没的话来能恶心死一片人。

拜别了魏哲，叶韬带着郝光光去魏相及老夫人那里打过招呼后便回去了。

次日早上用过早饭，叶韬带着郝光光骑着郝光光的那匹白马上路了。

将郝光光置于身前牢牢揽住，纵马驰骋中叶韬心情颇好地大声说道：“天黑之前便能到家，我们要快些，子聪那孩子大概已想你想得紧，此时怕是已迫不及待想要见你了。”

路上叶韬没怎么休息，一直加紧赶路，待日渐西沉才赶回叶氏山庄。

郝光光一路被叶韬环抱着，虽然不及策马奔腾的叶韬出力多，但是被长时间维持一个姿势固定在马背上，颠了一整天，身上又酸又乏。

因天冷被各种棉衣、披风裹成圆球状的郝光光被叶韬抱下来，如当初郝光光第一次来一样，被打横抱着进了叶氏山庄的大门。

郝光光太累，而且天冷导致手脚微寒，没精力去挣扎，就这么一路被叶韬抱进了山庄。

被抱进房中，一挨上柔软的床铺，困意立刻便涌了上来。

“别睡，先洗漱，一会儿用饭。”叶韬嘱咐如雪她们侍候郝光光洗漱，交代完后迈步出了房门。

“小姐可算回来了，再不回来奴婢们就要被少主的冷眼冻死了。”如雪如秋她们提热水去了，如兰一边给郝光光准备换洗的衣物一边抱怨道。

“子聪怎么了？对了，我的八哥呢？”脱着衣服的郝光光问道。

“小八哥自小姐离开后就被少主带走了。”

“被他带走了，还不知要如何虐待我的八哥呢。不行，如兰去将小八哥带过来，他要是不给你就说这是庄主吩咐的。”郝光光催促道。

如兰应了声后就出门了。

洗澡水提了进来，郝光光身上还在泛凉，急需热腾腾的水泡泡。

当被温热泛着花瓣香气的清水包围，郝光光舒服得差点儿呻吟出声。

过了会儿，一个人坐在热气腾腾的浴桶中昏昏欲睡之时，如兰回来了：“小姐，少主说他不高兴，要让小姐哄得他高兴了才会将八哥还来。”

早料到叶子聪不会那么容易听话，郝光光了然轻笑，问：“我不在的日子里他可有虐待我的八哥？”

如兰在屏风处停下，隔着层屏风斟酌了会儿回道：“少主待小八哥还算和善。”

“这别扭的孩子还不知要怎么折腾八哥呢，我一会儿过去瞧瞧。”郝光光担心八哥是一点，还有一点是离开这阵子有点想叶子聪了。

“主上交代了小姐洗过澡后要奴婢们先侍候小姐用饭。”如兰提醒郝光光。

闻言，郝光光摸了摸肚子，还真是有点饿了，想着也不急在一时，于是妥协了：“好吧。”

洗完澡又用过饭，郝光光神清气爽地去找叶子聪了。

“小姐不在时，少主每隔一日便会过来坐坐念叨着小姐。”

“是念叨我还是骂我？”郝光光笑问。

如兰偷偷瞄了眼郝光光，见她心情不错，于是放心回道，“只是抱怨小姐冷血心肠说走就走，其他不好的话没有说。”

郝光光嘴角上扬，叶子聪会说她什么坏话猜都能猜得出来。

没走多会儿就到了，郝光光走进去时叶子聪正趴在方桌上瞪着鸟笼里的小八哥不知在想什么。

“可以将八哥还给我了吗？”郝光光走过去，在发呆中的叶子聪身旁坐下。

小八哥见到郝光光时有一刹那的愣神，随后猛地回神，激动得在鸟笼里扑腾着翅膀连飞带蹿地扑腾了好几圈，连连叫着：“主人，主人。”

“闭嘴！吵死了！”叶子聪啪的一下拍向鸟笼子怒道。

小八哥立刻蔫了，老老实实地缩在角落中不停地拿眼角偷瞄叶子聪。

“不许凶我的八哥。”郝光光一把将鸟笼移到自己身前来瞪着叶子聪斥道。

“你不是不要它了吗？”叶子聪板着一张精致的小俊脸，拿眼角斜郝光光，语气有抱怨有冷漠有气恼，总之就是少爷脾气犯了，不是很高兴。

“谁说我不要它了？”郝光光白了叶子聪一眼后开始仔细打量起小八哥来，见它变得有些忧郁，好在没瘦，毛也没掉多少。

“哼，说走就走，害得一群人被爹爹罚，你也好意思！”叶子聪不满道。

郝光光闻言心中不由得涌上一丝心虚，不自在地挠了挠下巴：“不能怪我，我也是受害者好不好？要怪就怪你那个讨厌霸道的爹。”

“不许诋毁我爹爹！”叶子聪倏地挺直身子，侧头瞪向郝光光大声道。

“啧啧，还真孝顺呢。”郝光光说完后打了个哈欠，起身提起鸟笼子就走，“赶了一天路又困又乏，我得回去睡觉。”

叶子聪不太高兴地道：“暂且容你回去睡一觉，明日记得过来找我。”

这命令霸道的口气与他老子一模一样，郝光光磨着牙道：“明日的事明日再说。”

“你！”叶子聪站得笔直，望着郝光光离去的背影大声道，“明日你必须来！”

叶子聪小霸王似的口气挑起了郝光光的怒火，什么也没说，加快脚步走出了叶子聪的房间，任凭某位少爷在身后哇哇乱叫。

郝光光气呼呼地带着小八哥往回走，边走边在心中说叶子聪坏话。

“光光，谁让你走的？！”走着走着，小八哥突然说了句话，吓了郝光光好大一跳。

拍了一下鸟笼，训斥：“我是你的主人，不许叫我光光。”

小八哥仿佛没听到，继续仰着脖子尖声道：“讨厌的女人，说走就走。”

这语气颇有些像叶子聪，郝光光隐约猜到小八哥在学叶子聪说话。

“没人斗嘴，好无聊。

“本小爷烦得吃不下饭，没良心的女人却在外面吃香喝辣……

“爹爹也走了，更无聊了，就欺负小八哥出出气吧。

“小八哥啊小八哥，我有点想你主子了怎么办？

“…………”

小八哥学舌的话全是骂她的，郝光光折回去想寻叶子聪骂回来，结果小八哥接下来的话触到了郝光光心底的某部分柔软。

“没有人陪我，光光你回来吧……”小八哥这句话的声音有些低，带着几分委屈。

如兰见郝光光在愣神，适时说道：“虽然少主平时总对小姐凶，但明眼人都看得出来少主喜欢小姐呢，他平时在小姐面前闹小脾气那是在撒娇，一般小孩子只有在亲近的人面前才这样。”

“光光当我继母吧，你不会虐待小孩子的对不？”小八哥又想起一句话，摇头摆脑地说起来。

“噗。”郝光光被逗得轻笑出声，对正仰头向她邀赏的八哥道，“你学了这么多话，子聪知道吗？”

如兰也笑了，望着不清楚郝光光在说什么的八哥道：“少主定是不知。”

郝光光也是这么想的，叶子聪那么傲气别扭的性子，哪里容忍得了一只鸟将他的“心里话”说给别人听。

心情颇好，郝光光用手指轻轻敲了下鸟笼子，对小八哥嘱咐道：“你要记着千万不许在子聪面前说这些话，否则小心你身上的毛。”

回房看到坐在她床上的叶韬，郝光光眉头轻皱：“你怎么来了？”

“睡觉。”叶韬简练地回道。

如兰见叶韬在，很识趣地退了出去，将房门关好。

郝光光没再理会叶韬，将鸟笼放在书案上，然后坐在椅子上托着下巴与八哥对视。

“赶了一天路还不累？”叶韬皱眉望着屋中多余的存在——八哥，表情颇为无耐。

感觉到叶韬投射过来的视线，小八哥脖子缩起来。

“累当然累，不过有你在我就不想睡了。”郝光光不大高兴地道。

叶韬闻言没生气，脱了靴子上床躺下，无所谓地道：“随你，你就与那只鸟对视一宿吧。”

望向舒服地躺在柔软被褥中准备睡觉的叶韬，郝光光很不平衡，她此时非常想睡觉，可是偏偏有这么一个人霸占着她的床。

不多时，叶韬便睡着了，郝光光很气，出去将鸟笼子交给如兰她们，回了房也准备睡觉。

脱掉鞋子，郝光光轻轻爬上床，伸腿要跨过占了大半个床的叶韬，就在这时，叶韬突然转了个身由侧卧变平躺，好巧不巧地在翻身时一条腿支起时膝盖顶了下郝光光的屁股，郝光光一个趔趄趴在了叶韬身上。

“嗯？”叶韬睁开犯困的眼睛，看着整个人趴在他身上的郝光光，受宠若惊道，“你这可是在投怀送抱？”

“送你个大头鬼！”郝光光恼羞成怒。

叶韬闷笑出声：“难得你这么主动。”

郝光光咬紧牙关，声音自牙缝里传出来：“你是故意的！”

“我可没说自己是无心的。”叶韬心情不错，说完后翻了个身背对着郝光光梦周公去了。

“无耻！”郝光光生气都懒得生了，强迫自己什么都不要想闭上眼睡觉去了。

不知过了多久，郝光光终于睡着了，这时叶韬睁开眼翻过身轻轻将沉睡的郝光光抱过来。

美人在怀，闻着郝光光身上传来的沐浴过后的清香，叶韬是嘴角含着笑入睡的。

次日，郝光光醒来时叶韬已然离去，洗漱完毕用过早饭后郝光光问如兰：“心心呢？我回来了她怎么没来找我？”

“心心姑娘被禁足了，主上气她伙同他人放走了小姐，于是罚她闭门思过抄书。”如兰如实回答。

“禁足？抄书？”郝光光诧异地瞪大眼，在她这个不喜被束缚又不会写字的人看来禁足与抄书其折磨人的程度远高于失身。

“心心姑娘好可怜的，被禁了足整日辛苦抄书不说，连右护法都见不到，听说心心姑娘这几日天天哭呢。”如兰边说边拿眼角偷瞄郝光光。

果然，强大的愧疚感令郝光光坐不住了：“带我去见她。”

“主上已经发话不让任何人去见心心姑娘。”

“这浑球儿！”郝光光生气了，不听如兰的话大步往外走。

郝光光没能进去叶云心的院，憋了一肚子气，最后怒气冲冲地去书房找叶韬算账去了。

书房的房门被郝光光重重踹开时，叶韬正忙着坐在书册堆成山的书案前检阅盖印章，左沉舟与东方佑正在汇报多日来庄中的要事。

“主上，属下没拦住光光姑娘。”负责守门的人诚惶诚恐地在郝光光身后。

“没你的事，下去。”

守卫出去后，郝光光上前大声道：“一人做事一人当！心心为我所逼迫才选择帮我，你要罚就罚我一个人好了！”

叶韬表情有些难看，嘴唇抿起，一句话都不说。

左沉舟见叶韬后宅要起火，唯恐天下不乱地凑过来冲要与叶韬算账的郝光光道：“我说未来嫂嫂，你这样闯进来被路上的下人看到不光彩，人家会说未来主母这么凶，简直就是母老虎、母夜叉、河东狮……哎哟、哎哟，未来嫂嫂别打。”

“你说谁是母老虎、母夜叉？没事找事欠收拾的家伙，别的不会，火上浇油本事倒是一流。”郝光光拿着微硬的卷轴打得不亦乐乎。

东方佑扯过闹腾得正欢的左沉舟，讪笑着对郝光光道：“光光姑娘息怒，我这便将他弄走。”

郝光光停住，攥着卷轴缓和了下暴动的情绪后道：“果然还是冰块儿你比较上道。”

“主上、光光姑娘你们聊。”东方佑说完扯着左沉舟匆匆出门。

郝光光的精力重新移到叶韬身上，啪地将卷轴往书案上一扔，站在书案前居高临下地质问叶韬：“心心一个天真活泼的小姑娘，被你一连关了半个月好意思吗？”

虽然郝光光站着，一副兴师问罪的模样，但也是做做样子，一点儿都不及坐着的叶韬看起来有气势。

“愧疚了？以后可还敢再逃跑？”叶韬轻抬眼皮淡声问。

“现在我回来了，你是不是该放她出来了？”郝光光凭着一腔热血与怒火胆气十足。

叶韬眼睛在郝光光叉着腰的两手上轻轻一扫，道：“这是叶氏山庄的内务事，只有叶氏山庄的主子才有权利插手，你……就不劳费心了。”

“你！”

叶韬望着脸青红交错的郝光光，轻笑：“还有事吗？”

郝光光一口气咽不下去，决定不理会叶韬的逐客令，放缓语气道：“心心这么可怜，你还不让她见东方冰块儿，有点过分了。”

叶韬眼中闪过不悦，下颌紧绷，冷声道：“是最近太纵容你，敢对我指手画脚了？嗯？”

那声“嗯”宛如一桶冷水倏的一下浇灭了郝光光的熊熊怒火，理智嗖地飞了回来，郝光光半忐忑半疑惑地打量叶韬的脸色。

看出了郝光光打量的目光，叶韬心底轻笑，表情上却严肃得一塌糊涂：“没事就回房，以后再像今日这般冒冒失失地闯进来，我可不会再姑息！”

退缩之意即将上涌之时叶云心委屈带泪的小脸顿时映入脑海中，郝光光忍着害怕咬牙切齿地道：“坏人姻缘是要下地狱的！”

说完后，郝光光如一阵风嗖的一下跑出书房。

郝光光回房便猛往肚子里灌茶水，喝饱了抓起个苹果狠狠咬下去，气呼呼地道：“男人没一个好东西！”除了她爹。

过了一会儿，叶子聪来了。

两人斗了会儿嘴后，郝光光神秘兮兮地道：“子聪啊，求你一件事行不行？”

叶子聪对着眼珠子滴溜乱转的郝光光嘴角一扬，很不客气地道：“别想了，我是不会帮你去见心心姑姑的。”

“臭孩子！老娘想在你身上占点便宜就这么难是不是？”郝光光大怒，一巴掌拍在叶子聪的肩膀上。

叶子聪哧溜一下滑下椅子，跳出老远去，冲郝光光做鬼脸：“你才不是我老娘，想做我娘就赶紧嫁给我爹爹去。”

“揍你，让你小子不听话！”郝光光拿起一根鸡毛掸子追着叶子聪就要打。

于是一个追一个跑，两人在房里闹腾了近半个时辰才散。

晚上，叶韬回房时郝光光已经洗完了澡正坐在床上想事情。

“在想什么？”叶韬忙碌了一整天，在自己房里洗漱完毕后就来郝光光房里了。

郝光光看了眼叶韬，没说话，继续埋头思考。

“什么事这般费神？”叶韬身心放松地往床上一坐，揉了几下酸疼的脖颈后开始脱靴子。

“究竟怎么样你才会放心心出来？”

叶韬拉下床幔上床，听到郝光光的问题嘴角一勾：“在书房我已说过，只有叶氏山庄的主子才有权利管这事。”

郝光光忍着要破口大骂的冲动，再次问：“你是说只有我嫁给你才能将心心放出来？”

“可以这么说。”叶韬躺上床，闭上眼道。

抿了抿唇，纠结了好一会儿后郝光光像是下了天大的决心般严肃地道：“我同意嫁给你！”

叶韬像是早料到一般，嘴角扬的弧度更大了：“并非我逼你，是你亲口答应嫁过来的。”

郝光光开始磨牙，愤愤地道：“我知道，不劳你提醒！”

“嗯，天色已晚，睡吧。”叶韬声音中已经带了些许困意。

郝光光躺了下去，睁大眼睛望着床顶睡不着，想了想以商量的口吻道：“可以提前将心心放出来吗？她被关那么久很可怜的。”

“允你。”叶韬心情不错，很好说话。

闻言，郝光光松了口气，闭上眼准备睡觉前郝光光眼中快速滑过一抹狡猾的笑意。

从郝光光同意出嫁的第二日开始，叶氏山庄便忙活起叶韬与郝光光的婚事来。

合八字、定吉时、备彩礼、采买成亲所用的一切吃喝用穿等物事、准备请帖，等等，众人没有闲着的工夫，山庄内的花花草草也开始重新布置。

被关长达二十日的叶云心在郝光光三催四求之下终于被放出来，重获自由后许是还不适应这项转变，整个人变得安静了许多，郝光光一有空就去找叶云心说话。

这日，郝光光又去寻叶云心，叶云心正对着绣了一半的帕子发呆。

“想什么呢？”郝光光一屁股紧挨着叶云心坐过去质问。

叶云心回过神来，放下绣帕托腮叹气：“我气呀，我爹他们见我被关得老实了，居然去跟韬哥哥说要他以后多禁我几次足。”

“啊。”郝光光眨了眨眼，显然没想到叶云心的家人这么有趣，哭笑不得地道，“原来是为这事，我还以为你是为了那冰块儿而生气。”

提到东方佑，叶云心表情瞬间变得黯淡了：“我清晨去找过他，好容易鼓足勇气问他对我是何想法，结果他……”

“他怎样？伤你心了是不是？”郝光光愤愤地说道。

叶云心眼圈红了，喃喃道：“他、他只说了句抱歉。”

“什么？连句解释都没有？”

“对于不重要的人，有什么可解释的。”这就是叶云心一直闷闷不乐的原因。

“不该吧，你之于他岂会是不重要的人？”明眼人一看就知道东方佑对叶云心有情。

“就是不重要！韬哥哥不在庄内他都不敢来看看我，哪怕只是向我家人打探打探也好。亏我还一直想他会不会担忧我，简直是自作多情！连左哥哥都时不时地来关心一下我，还命人送一些好玩儿的东西来哄我开心，他呢？哼！”叶云心很生气，抓起绣帕来乱揉乱扯，将绣帕当成了东方佑。

看着叶云心这么难受，郝光光愧疚感甚浓：“这事都怪我，害得你与冰块儿间起了嫌隙，若因为我坏了你们的姻缘，我……”

“不存在坏姻缘之说。”叶云心摇摇头，“韬哥哥承诺我嫁给东方哥哥就一定说到做到，我只是生气他对我不管不问的态度。”

郝光光稍稍松了口气。

叶云心吸了吸鼻子，将委屈藏起来后突然问：“你要嫁给韬哥哥了，为何不见你有多欢喜？”

郝光光一呆，她不好意思说是因为要解救叶云心，垂眸叹道：“从去了京城后发现还是叶氏山庄自由多了，这里的人也好，真要嫁的话，叶韬是个不错的选择。”

其实这话也并非全是郝光光宽慰叶云心的，她自己也是这样想的，叶韬虽然霸道还强行要了她，但郝光光在山上长大，对于贞操这东西不像一般女子那般视如性命，初夜没了她很气，但不会因此去寻死觅活。

除此之外实质性的伤害叶韬并没有给过她，他没有恶习，睡觉不会呼噜震天响、脚不会臭气熏天、不打女人、不会花街柳巷乱转……

仔细想想，叶韬优点也挺多的。

叶云心紧紧盯着郝光光的表情，盯得人发毛时挑眉了然地说道："我看出来了，你说得很勉强，而且面无喜色，两目无神，说你打心里愿意嫁给韬哥哥那是不可能的事！"

"告诉你也无妨，我是不情愿嫁给他。"

叶云心早就料到，听了没有感到惊讶，凑过去趴在她耳旁用非常小的声音问："你想不想逃？"

郝光光双眉猛地一挑，瞪过去怀疑地问："你什么意思？"

叶云心做贼似的在屋内瞄了瞄，没有回答郝光光的问题，站起身将房门打开往外探了探，见门口没人于是将门插上，依样画葫芦地将窗户也关紧了，随后神情有些激动地回来对郝光光再次问："你想不想逃走？别担心，我没有坑害你的意思。"

郝光光也不知是否变得谨慎了，没有正面回答叶云心的话，轻笑反问："目前这情形我如何逃？叶韬又不是傻子。"

叶云心有点着急，抓住郝光光的胳膊轻摇："可是我想逃！"

"什么？！"郝光光吓了一大跳，声音陡地拔高，被极度紧张的叶云心一把捂住嘴。

"嘘！你想将人引来吗？"叶云心瞪着郝光光警告。

郝光光眼睛睁得溜圆，双手用力将叶云心的手扒拉下来，小声问："你真想逃跑？"

"我是认真的！"叶云心神情严肃，看向郝光光的眼神中充满了信任，"被关这么久我想出去散心，而且、而且东方哥哥又那么冷淡……我难受。"

郝光光心咚咚跳起来，握住叶云心的手问："你确定？不怕你家人担心？"

"我会给家人留信，总之我若再继续待在庄中绝对会疯掉！"叶云心更激动，回握住郝光光双手的力道更大。

"上次我逃跑有那么多人帮忙才险些成功，这次就你和我两个人如何逃？"郝光光严肃提醒道，逃跑的意图自她再次回到叶氏山庄的地盘就没有停止过，可是一直寻不到机会。

叶云心安静下来，歪着头冲郝光光眨眨眼问："听说你很懂阵法？"

"问这个做什么？阵法我是会些。"

“你觉得后山上的阵法如何？”

郝光光有点明白叶云心的意图了，实话实说道：“上次见识过，时间太短没来得及研究，不过大体看了下，破阵不会太难。”

叶云心激动了，扯住郝光光的袖子道：“太好了，平时很少人去后山，找个机会避过巡视的人就成了。”

“怎么避开？据我所知叶氏山庄明卫暗卫极多，想逃跑没那么容易。”郝光光翻白眼道。

“这个不难，到时你与我一起，我知道一条通往后山的密道。”叶云心越说越开心，仿佛她们已经逃了出去，自由就在眼前一样。

郝光光闻言眉头为之舒展，杏眼亮晶晶：“若你能秘密带我去后山，我便能一炷香内带着你破阵逃出叶氏山庄！”

“好！”叶云心开心地拥抱了一下郝光光，然后两人交头接耳嘀咕起逃跑的相关准备事宜。

叶韬忙婚事，一连几日都很晚才回房，然后早上又早早出门。

碰面次数少正合郝光光心意，这样就不用担心她藏不住心事被叶韬发现什么来，虽然开心归开心，只是偶尔总会莫名地觉得空虚，有好几次郝光光自发呆中醒过神来时都很郁闷地发现自己刚刚想的人是叶韬。

一次两次没什么，当几日下来次数超过十次时郝光光开始坐立不安了，斥骂自己几次后开始越发地期盼逃跑那日的到来。

最开始叶韬便说过，带郝光光回叶氏山庄住一段时间，等定好日子一切准备就绪后再将郝光光送回京城魏家小住，十日后叶韬亲自去京城迎亲。

大喜之日越来越近，郝光光明日吃过早饭便要出发去京城了，叶韬亲自护送。

这日晚上叶韬终于在百忙之中抽出时间来与郝光光一同用了晚饭，席间叶韬像个老妈子似的对郝光光说着一切需要注意的琐事。

“知道知道，别啰唆了。”郝光光被念叨得耳朵快起趼子了，捂住耳朵抱怨。

叶韬停下叮嘱的话，定定看了郝光光一会儿，突然放下筷子猛地抱过郝光光趁她惊讶间俯首重重吻了下去。

“呜——”郝光光被偷袭个正着，羞恼地捶打着叶韬，无奈她越是不老实叶韬抱得越紧，力道差距过大，没多会儿郝光光便无力挣扎，被叶韬刻意的引导挑逗下不自觉地闭上了眼睛……

两人刚用过饭，口中还泛有饭菜余香，叶韬抱住郝光光将离别的不舍全部倾注到这一吻之中。

不知过了多久，在两人气息不稳差点儿要擦枪走火之际叶韬才放开郝光光。

“在京城乖乖等我娶你回家知不知道？”叶韬眼中火苗未熄，手指轻抚郝光光被吻肿的红唇地沙哑着嗓音道。

郝光光两颊红得像即将成熟的桃子，嘴唇红肿，气息不稳，双眼迷离，感觉跟做梦一样，听到叶韬的话只是下意识地点头。

郝光光这副模样看得叶韬差点儿把持不住，深呼吸几次好容易平息了部分身体上的冲动，为防失控，叶韬不敢再待下去，快速嘱咐了还在神游的郝光光几句话后便匆匆出了房间。

叶韬离开好一会儿后郝光光才醒过神来，一手抚着微微肿胀的唇，一手摸向怦怦乱跳的心口，想到刚刚自己在无意识中回吻了叶韬脸立刻烧起来，她发现到一件令她大为震惊的事，不知从何时开始她好像不那么讨厌叶韬的亲热了，否则她刚刚也不会被勾引得回吻过去。

刚刚叶韬说了什么？郝光光拧眉思索，他好像说了句什么“等他娶她回家”？

“娶她回家”四个字映入脑海就仿佛一粒石子投入河中搅乱了河面的平静，令郝光光的心中蓦地荡起几丝涟漪。

“不对、不对，不要胡思乱想。”郝光光猛地摇了几下头强迫自己清醒，不能去想那个吻，不能想那句令她莫名感动的话，更不能去想这些时日以来叶韬对她的照顾和温柔，她今晚是要与叶云心逃走的。

吃完最后剩下的两口饭，郝光光将如兰她们唤进来收拾桌子，漱完口后郝光光假意往床上一坐，手摸到了早就准备好的丝帕。

“哎呀，这是心心的丝帕，定是白天时忘了带走的。”郝光光望着白色丝帕惊讶道。

如兰走过来道：“奴婢给心心姑娘送还过去吧？”

郝光光摇摇头，站起身道：“还是我送过去吧，正好有话想问她。”语毕，抬起胳膊在衣服上闻了闻，嫌弃地道，“好浓的饭味，我要换件衣服后再过去。”

如兰不做他想，赶忙去拿干净衣物给郝光光换。

这几日郝光光早将要带走的东西准备好了，拿上几样首饰和自叶韬那里摸来的银票，其他招眼的东西一律不带。

郝光光与叶云心已经商量好，今晚吃过晚饭趁众人放松期间逃跑。

两人一致认为叶韬他们肯定是将精力放在郝光光回京城的路上还有在魏家居住的那几日，因为这两段时间郝光光最容易逃跑，任谁也不会想到她会想在出发前一日晚上逃跑。

是成是败就在此一举，走在去找叶云心的路上郝光光手心全是汗，此时她所有精力都放在逃跑这件事上，至于方才在屋内那一刹那涌起的悸动早被抛在了脑后……

原本因要办喜事而和乐的叶氏山庄突然气氛大变，所有人都受到了惊动，因为郝光光与叶云心失踪了。

“奴婢在外间等小姐时不知怎么的突然就睡着了，醒来后一意识到不对立刻就过来禀报了。”如兰额头上的汗一滴滴地往外冒。

如兰看丢了郝光光，过错甚大，僵着身子跪在地上一动不敢动。

叶韬狠狠瞪了如兰一眼，对一群闻讯赶来的侍卫们命令道：“挖地三尺也要将人给找出来！”

“是。”所有侍卫全部去找人了。

不多时，狼星来了。

“夫人去寻叶小姐时属下因不便进后宅便留在了院外守候，只两刻钟的工夫如兰姑娘便跑出来说夫人不见了。属下在附近寻找过，没有见到夫人及叶小姐的踪迹。”狼星单膝跪地，头垂得极低请罪，“属下没有看住夫人，请主上责罚。”

叶韬的脸黑了下来，双拳攥得咯吱直响，对跪在地上的狼星和如兰抛下句“给我跪着！”后飞速离开。

一个被人明中暗中都看着的人突然不见，寻了这么久还没寻到，八成是已经跑走了。

所有人都急着找人，困了累了都不敢停，不停祈祷郝光光被找到，否则他们就别想有好日子过！

寻了一个多时辰，没有找到人，几百个人战战兢兢地跪在地上，不敢看叶韬的脸色，寒冬腊月地上森凉，可是跪着的人一句怨言都不敢有，寒风瑟瑟中一大群人却在冒汗，叶韬越是不说话，众人便越是紧张害怕。

“糟了！”因没寻到人而脸色灰白的东方佑突然开口道。

“嗯？”叶韬用眼神询问。

东方佑望向叶韬，用传音术对叶韬说道：“主上可还记得几年前心心曾无意中撞见我们自密道里出来？”

叶韬闻言神色立变，一个闪身消失在众人面前，东方佑紧随其后施展轻功追了过去。

当年叶云心撞见他们时还不到十岁，这么多年过去没人再提过那条密道，叶韬他们都忘了这件事，而且谁也没想到叶云心会跟着逃跑！平时只防着郝光光一个人，结果忘了居然有“内奸”。

后山阵法还是前任庄主请高人设下的，极为高明，庄中只有叶韬、东方佑和左沉舟三人会破解，一般人一旦入内不是被乱箭射死便是被困在其中几日出不来，其危险程度可见一斑。

郝光光在阵法上的本事不小，现在一个多时辰过去，除非她们被迷惑住困在了里面，否则早已逃出了叶氏山庄，郝光光连叶韬他们只有所耳闻却不敢尝试的迷魂阵都会破，后山的阵法于她还算什么呢？

叶韬和东方佑很快便冲到了后山，站在阵法前，两人面色均很阴郁。

东方佑拿出火把将其燃着，道：“属下先进去探看。”

“我与你一道，走。”最后一个字说完叶韬便冲进了阵法之中，东方佑举着火把追了上去。

入夜，今晚月亮比较亮，东方佑举着火把其实是多余的，两人的目力完全能应付这等光线。

两人在阵法中巡视了一圈，最后去了出口处，看了一圈最后叶韬的目光定在了离出口位置最近的一棵大树上，树干上的一行字气得他一拳打过去，大树猛地摇摆了几下，惊起鸟雀无数。

东方佑举起火把去看，只见树干上用黑炭写下一行字：已走，敢虐待白马和八哥就是我儿子！心心代写。

“我出去找找。”东方佑道。

“去吧，务必将那两个丫头找回来！”叶韬咬着牙冷声道。

“是。”

叶韬瞪着树干上的一行放肆的字良久，最后眯着眼冷冷地道：“最好给我乖乖回来！”

叶氏山庄一片沉闷混乱之际，一处窄小街道的草丛处鬼鬼祟祟冒出两个人来。

“喂，你说他们会找到什么时候？”

“谁知道，你都已经留了信儿，知道咱们非歹人劫持，应该不会找很久吧。”郝光光小小声地回道。

两人都已经变了样子，头发乱糟糟，脸上抹着灰，穿着灰不溜丢的脏衣服，加上缩头缩脑的模样，黑暗中远远一望那就是俩小贼，走近一看是俩乞丐。

有马蹄声传来，两人神色一变，郝光光连忙给叶云心使了个眼色，叶云心嗖的一下钻入草丛后趴在那一动不敢动。

郝光光将头发胡乱抓了几下，抓成了蜘蛛网式，夜里寒风一吹，头发将脸全部盖住，猛一看跟女鬼没两样。

来的一拨人是叶氏山庄的，远远地见到路边趴着一个要饭花子，骑马走近后领头儿之人停下马在马背上喊道：“喂，小叫花，有没有看到两名姑娘从此地经过？”

郝光光闻言慢腾腾地自地上爬起来，摇摇晃晃地走向众人。

风吹得郝光光的头发四处飞，一股子饭馊臭味被风吹得袭向众人，光线暗点，众人只感觉是一个没有眼睛鼻子的长满了头发的小鬼“飘”过来。

此等情形有些恐怖，若非人多，胆子小的都得吓得尿裤子。

“大、大人，赏小的点儿吃食儿吧。”郝光光举着一只不知打哪儿找来的破碗哑着嗓子说道。

领头人嫌弃地牵着马往旁边躲了躲，不耐烦地道：“小叫花，我问你有无见到两名姑娘从此地路过？”

“见、见过，我若是告诉你们能得赏钱吗？”郝光光抬手企图拨开乱发，结果越拨越乱，一双被风吹得睁不太开的眼睛流着眼泪巴巴地望着领头人，表情要多呆就有多呆，让人看了一眼就不想再看第二眼。

“告诉我就有赏！敢胡说就小心你的脑袋！”

“不敢胡说，小的先前看到两名长得很好看的小姐路过，她们嘴里好像还说着什么赶紧跑，往那边去了。”郝光光随意指了个方向。

“走。”领头人立刻带着人向郝光光所指的方向行去。

“喂、喂，赏钱呢？！”郝光光在后面哑声大叫，还装模作样地追了几步。

“啐啐，王八羔子，说话不算话，与你家主子一个德行！活该被骗找不到人！”郝光光连啐了几口唾沫，将溅到嘴里的泥啐出去。

见人都走远了，叶云心小心翼翼地走出来，冲郝光光竖起拇指赞道：“你真厉害，几伙人都被你摆平了。”

“那是，本姑奶奶能屈能伸，会装孙子会要饭，还能将自己身上抹得跟刚从猪圈里钻出来似的臭！试问哪个女人会这么糟蹋自己？”郝光光捋了捋贴在脸上的头发自损道，声音恢复成自己的，但依然有些哑，为了逃跑，她将嗓子都弄哑了。

叶云心呵呵一笑，抬手在胳膊上脖子上使劲儿挠，边挠边抱怨：“草丛里又臭又脏，不知里面有什么，躲了一会儿就浑身不舒服。”

“我的大小姐，想离家出走可是要付出代价的。”郝光光拉住叶云心就走。

夜里寒冷，两人将带出来的衣服全穿在了身上，虽然外面的衣服破，里面的都是好的暖和的，两人身上均裹成了球状，衣服多致使身材起了变化，胖了两圈不止的两名“乞丐”没那么快被看穿，这也是为什么刚刚郝光光没有被那些人认出来的原因之一。

逃跑的路上，郝光光她们觉得总扮要饭花子早晚会被怀疑，于是没多久郝光光便扮成个身怀六甲的孕妇，叶云心扮成脸长着一颗大大媒婆痣的小白脸儿相公，然后不久后再换模样。

大概是老天保佑，又或是郝光光向来差到极点的霉运终于离她远去，总之自逃跑之后几日以来遇到数十次的搜寻之人都被她们机灵地骗过去了。

就这样，在离开叶氏山庄的地盘后两人每隔一两天便换身打扮，为方便赶路买了辆旧马车，就这么稀里糊涂地走远了。

两人商量了许多次，最后决定回郝光光以前居住的地方……

【第13章】热闹

回到生长了多年的山上，身心疲惫的郝光光她们终于放松了。

起初郝光光回到有相熟的善心邻居们的山上过得还很开心，可时间一久，心里总会感到空落落的，好像有重要的东西遗落在了不知名的地方。

“你又腰酸了？”刚串门子回来的叶云心见到郝光光轻扶腰的动作皱眉。

郝光光打了个哈欠，不在意地道：“大概是干了半天活累到了，好困，好想睡觉。”

叶云心眉头不自觉地皱起来，担忧地道：“你最近明明不缺觉，却总犯困，怎么回事？”

郝光光也觉得奇怪，想了会儿还是那个答案：“兴许是我过了一阵子好日子，将身子骨养得娇贵了吧。”

“或许吧。”叶云心点点头。

郝光光去睡觉了，叶云心端着装着脏衣服的盆子去河边洗衣服了。

几日的了解，她知道山上的几户人家基本都是当年郝大郎自外面“救”回来的，这些人或多或少都在外面受过气吃过苦，甚至有些人走投无路之下要自尽。

郝大郎将这些人自外面带回来全部安置在山上，这些人以前不管是富商还是当得不如意的大小官，总之来到这里生活一阵子后全部安下心当个普通农民，打猎的打猎，种地的种地，以前最为不齿的生活因没有钩心斗角又安全无忧而逐渐变成了享受。

若非被人带上来，普通人是别想上山的，山下被郝大郎设了阵法，山上的人有口诀可以出入无误。

在山上生活，一不用怕歹人上门，二不用怕小偷光顾，夜里睡觉敞开着门完全没事。

山上的生活比叶氏山庄要清苦多了，不过叶云心并没有嫌弃，不但不讨厌这里，还因为这里的邻居善良热心且有一个据说有治病美容疗效的温泉而感到心喜。

就是在初来山上两人一起泡温泉时她发现郝光光的守宫砂已经没了，原来韬哥哥真的“出手”了，这几日，每次想到这个，同为女人的叶云心都有些为好友愤愤不平。

这日，郝光光正在生火要烧炕，外面传来一道爽朗的男人声音：“光光丫头，大伯给你送鱼来了。”

郝光光闻言连忙放下手中的活迎出去，看到还在来人手中活蹦乱跳的大鱼，连忙摆手：“林大伯这鱼您留着吃呗，我与心心吃不了这么大的。”

“无妨，你出门在外这么久，哪有机会吃上这新鲜的活鱼，拿着。”说着，林大伯便将手中还挣扎着的鱼塞到郝光光手里。

冷不防被塞了个正着，郝光光刚要将鱼还回去，结果那条大鱼劲头大，尾巴甩得老高，泛着腥味的水星子溅得到处都是，其中许多飞到了郝光光脸上。

一股浓浓的鱼腥气息传来，郝光光一闻到这股味熟悉的恶心感再次上涌，扔掉鱼跑去一旁弯腰干呕起来，酸水自胃里一直涌到嘴中，难受极了。

“光光丫头！”林大伯吓了一跳，顾不得在地上滚来滚去的大鱼，急着要出门找大夫。

这时，林大娘提着一小篮子鸡蛋走过来，见郝光光在旁干呕，惊问：“怎么了这是？”

林大伯急急地将刚刚的事对自家婆娘说了一遍，说完后嚷嚷着要去出去找大夫。

有经验的林大娘拉住了风风火火要出门的男人，不确定地道：“听心心丫头说光光最近嗜睡，此时闻到鱼腥味就恶心，这症状怎么与我当年怀娃娃时一样？”

郝光光没听清林家夫妻俩的话，胃里翻滚得厉害，不停地干呕着。

“你这婆娘乱说什么话呢！”林大伯气得脸红脖子粗地训斥自家大嘴巴的婆娘。

林大娘几乎是话一出口就后悔了，一巴掌拍在嘴上讪笑道：“瞧我这张嘴，光光定是吃错东西了，孩子他爹快去请大夫！”

林大娘放下手中的鸡蛋，去厨房舀了一碗清水：“快漱漱口。”

郝光光难受死了，接过水漱了漱口，待将嘴里的异味都漱干净后长舒口气：“林大娘不要担心，光光没事了。”

不多时，林大伯风风火火地扯着一个花白胡须的老头儿进来了，喊道：“光光、光光，大夫来了。”

嗓门太大，将隔壁几家的人吸引过来好几个。

叶云心闻信儿奔了回来，拨开挡路的几个人跑进屋中，焦急地问道：“光光生病了？”

郝光光没想到惊动这么多人，不好意思地笑：“没事啦，就是吃坏了肚子而已。”

花白胡子大夫把了会儿脉，眼中闪过一丝惊讶，不确定地又把起脉来。

“我说钱老大夫，怎么把了这么久还没诊出光光是何症状，不会是医术突然失灵了吧？”堵在门口某个大嗓门儿等不及了开起玩笑来。

钱老大夫没理会，皱着眉把了会儿脉儿后不确定地问：“最近身体上都有何不适？”

见钱老大夫神色严肃，久久没说她是得了什么病，郝光光害怕了，收起笑恐惧地问：“钱伯伯，光光是否已经病入膏肓活不久了？”

众人闻言惊呼，纷纷说起“童言无忌”、“坏的不灵好的灵”这类话来。

叶云心吓得哇的一下哭出声来，扑上去抱住郝光光又惊又怕地喊道：“光光我们回去吧，韬哥哥一定会治好你的。”

郝光光木然，眼睛直直盯着钱老大夫。

见郝光光吓得面无血色，钱老大夫才意识到自己的迟疑吓坏了她，不自在咳嗽了一下，安抚道：“别怕，你这并非生病，只是……害喜了而已。”

平地一声雷，震得众人脑子嗡嗡的。

“钱老头儿！你胡说什么呢？光光丫头还没嫁人何来害喜一说？”

“光光丫头走，大叔带你下山去找个靠谱的大夫。”

“光光，钱老大夫说的是不是真的？若是真的话害你的男人是谁？说出来，大家伙儿拼了老命给你出气去！”

一下子乱成了一锅粥，因声音过大，又引来了不少人，询问声、斥骂声乱成一片。

“害喜？”叶云心瞪大眼睛望向钱大夫，见对方肯定地点头后惊得转头望向郝光光的肚子，仿佛那里藏着一只金蛋，颤抖着手指着那里问，“光光，这、这里可是韬哥哥的孩子？”

郝光光没听到叶云心的话，她吓傻了，抬手抚向扁平的肚子，愣愣地望着钱老大夫。

“什么韬哥哥？是那个可恶的男人欺负了光光是不是！”众人凶神恶煞地质问起叶云心来。

叶云心哪敢回答这个问题，低下头假装没听到。

“还用问？绝对是他！简直可恶透顶，占了光光的便宜却不负责，吃完就走像什么话！光光，快告诉大家伙儿那个什么韬的何许人也，我们给你讨公道去！”

“对，这口气不替光光出了我们对不起大郎的在天之灵！”

叶云心听不进去了，抬起头硬着头皮抗议：“才不是那样，韬哥哥都决定娶光光了，成亲的日子已经定好，结果光光逃了！”

“什么？”群情激奋的人闻言立刻傻眼。

“韬哥哥才不是那种不负责任的人，是光光对他有所误会，所以才出走，还有韬哥哥根本不知道光光有了他的宝宝。”叶云心胆子大起来了，双手握起小拳头捍卫起叶韬的名誉来。

众人望向一直呆愣着的郝光光确认：“光光，心心丫头说的可是真的？”

见这么多人关心她，受了惊吓的郝光光心里头略暖，突然间就感觉轻松了许多，望向个个面露担忧的人，不好意思地道：“心心说得没错，是我自己要逃的，算了算，婚期已经过去半个多月了。”

本来喧闹的屋子顿时变得安静起来，众人愣了。

过了会儿，不知是谁先说了句“光光不怕，你肚子里的孩子我们帮你养”后，众人又开始热闹起来，不再追问那个“不负责”的男人是谁，全开始安抚起郝光光来，个个都拍胸脯保证以后她和腹中的孩子就由他们全权照顾了。

“谢谢。”郝光光感动得眼泪都快流出来了，直到现在她都无法相信自己居然要当娘了，对未来她感到莫名的恐慌，根本没做好当娘的准备呢。

叶云心擦掉眼泪，神色复杂地望了会儿郝光光的肚子，随后抿起了唇低下头去掩去眸中的神色。

逃跑途中郝光光她们听到了各种叶氏山庄的流言，都是因为她突然的逃婚引起的，各种矛头都指向叶韬。

郝光光听得心惊肉跳，更不敢回叶氏山庄了，怕被叶韬剥皮抽筋。

路上还听说魏家不知立了什么大功，龙心大悦，给魏哲升了职。

后来听说魏家也在出人寻她，叶氏山庄和魏家两路人寻她们，这对郝光光她们增加了阻力，不过好在老天保佑，在无数次差点露馅儿的时刻都化险为夷，最后成功逃回了家乡。

总之，这次的事叶氏山庄大为丢脸，叶韬乃大家公认的美男子，是无数女子心目中的理想夫婿，结果却被一个名不见经传的女人嫌弃继而逃婚。

请帖发了数千份，最后婚礼没办成，叶韬面子里子大失，一下子成了全天下的笑柄，酒馆饭庄等地方总有人拿这个当谈资，一说到叶韬震怒的反应时全部是幸灾乐祸。

越是高高在上的人倒了霉，普通人士才越是高兴，这是诡异的攀比心理在作祟。

因郝光光闻不得腥味，最后那条鱼还是被林大伯两口子拿回去了，叶云心跑去吃鱼，郝光光则去了别人家吃清淡的饭食。

晚上睡觉时，叶云心问着一直默不作声的郝光光："光光你想过怎么办没？孩子不能生下来没爹呀。"

郝光光叹了口气，为难地道："这个以后再说吧，我也不知道该怎么办了。"

"韬哥哥若是知道这件事，他会杀了我的。"叶云心声音中带了哭音。

"别怕，是我自己想逃的，带上你只是顺便，他不会怎么你的。"郝光光安抚道。

"你不用安慰我了，密道的事是我泄露给你的，现在你有了宝宝我这可就是罪加一等啊！"叶云心抱紧郝光光，害怕极了。

这一晚两人都没睡好，郝光光是因为身体原因一直折腾后半夜困极了睡着的，而叶云心还在翻来覆去地想事情。

两人都日头大高时才起床，因郝光光怀了孕，左邻右里都不让她再烧火做饭了，挨个请她们去自家吃饭。

正好赶上年关，几户人家全杀鸡宰羊备年货，是以郝光光孕期内不用愁营养问题。

用过了早饭，叶云心心事重重的，做什么都没心思，最后强拉着本想明日再下山采买的大娘提前下山了，她对郝光光说要去买点东西。

结果叶云心很快就回来了，只买了支普通的金步摇，陪着她一起下山的大婶还笑着抱怨了一下。

"快过年了，你不要有事没事的都往山下跑。"郝光光望着叶云心手中那根"战利品"皱眉。

叶云心心虚，迅速将钗塞入袖子中，顾左右而言他："光光，今日天气真好，我们在院子里晒晒太阳吧。"

郝光光若有所思地看了会儿叶云心莫名带着心虚的脸，搬出两把椅子，道："坐吧。"

两人靠着椅背舒服地晒了会儿暖洋洋的太阳，叶云心状似无意地问道："光光，这么多日子以来你可有怀念过叶氏山庄的生活？"

郝光光闻言表情微微一僵，顿了一会儿在叶云心的偷瞄中叹口气道：

“有。”

“真的？”叶云心立刻来了精神，睁大眼睛欣喜地拉住郝光光的手准备长篇大论，结果还没等她开口，便被郝光光的下一句浇了个透心凉。

“想我的白马和小八哥了。”郝光光一脸委屈地望向叶云心。

叶云心嘴角抽搐，瞪着郝光光生闷气。

“别这样，其实不仅仅是想我的那两只宠物。”郝光光拍拍叶云心的手，在对方眼睛重新亮起来之际道，“还有点想子聪那孩子了。”

“只想他一个人？”叶云心不死心地继续追问。

郝光光莫名其妙地望过去：“你想让我想谁？”

“呃，你的丫鬟啦，庄里的丫头婆子啦，还有、还有韬哥哥……”叶云心说到最后一句时声音中带了点试探，拿眼角余光偷偷瞄着郝光光的表情。

眉头皱得更紧了，郝光光抽回自己的手，淡声道：“就知道你是这个目的，我既然逃的就是他，又岂会想他。”

叶云心闻言腮帮子鼓了起来，愤愤地道：“我只是随口问问而已。”

“心心，马上就要过年了，你是否想家了？”郝光光突然问道。

叶云心闻言眼圈止不住一红，连忙移开视线闷闷地回道：“怎么不想，长这么大第一次离家人这么远这么久。”

郝光光担忧了，侧着身子握住叶云心的手道：“怎么办，你若是想家要不捎个信儿让叶氏山庄的人护送你回去吧。”

“那你呢？”叶云心忍住泪意，重新望向郝光光，“我们一同出来，若是只有我一个人回去像什么话。”

“我不可能回去。”郝光光为难地望着叶云心，抿了抿唇说了个不影响和气的借口道，“我有孕在身，不便走远路。”

叶云心重新笑起来道：“若是在保证宝宝绝对没事的前提下，你能与我一起回去吗？光光，你就答应我吧，否则韬哥哥会掐死我的。”

“别自己吓自己了，有你祖父和东方佑在，叶韬怎么可能将你怎么样。”郝光光翻了个白眼，她现在也渐渐想通了，就算她一直不答应嫁给叶韬，叶韬也不可能真像他说的那样关叶云心一辈子。

“就算如你所说不会将我怎么样，但禁足、抄书、被骂等肯定少不了，说不定韬哥哥一怒就把我扔进地牢里了！”叶云心越说越害怕，仿佛已经处在阴冷潮湿的地牢里一样。

“无聊。”郝光光干脆闭上眼，不想再继续这个话题。

叶云心心思乱得很，频频望向眯眼享受阳光的郝光光，忍不住摇了摇郝光光的胳膊道：“光光，你难道要躲韬哥哥一辈子吗？你肚子里的孩子怎么办。”

“以后的事以后再说，目前我只想睡觉。”晒了一会儿太阳，郝光光又困了。

“光光，拜托你好好儿想一想以后吧，韬哥哥条件很好，而且待你明显好了许多，若知你怀了宝宝，他会待你更好的。”叶云心不死心地建议着。

郝光光一直没反应，在叶云心以为她睡着了时，听到一句：“不要再提叶韬了，既然逃出来就不会自己回去。”

叶云心泄气了，肩膀无力地垮下来，还有一日不到的时间，她是说服不了郝光光了。

郝光光没有睡着，她在思考着叶云心说的话，有些事没有说不代表不存在，出来这么久她确实想叶氏山庄了，那里的人待她不错，怎么可能一点儿不想？

她说不想叶韬，其实到底想不想她自己也说不清了，逃跑途中顾不得想，只是一门心思想怎么做能不被捉到，听到有人提叶韬吓都要吓死了，哪里还有闲心去想风花雪月之事？

现在她们回到了山上，安全有了保障后闲暇时就忍不住开始胡思乱想。

郝光光不知怎么回事，明明是很讨厌叶韬的，讨厌到连想一想他都不愿，可是现在她没事做时就会发愣，愣多久、因何而愣她不记得，只是每次回过神来时她都能清楚地知道自己方才是在想着叶韬。

霸道的、狡猾的、强势的、自私的、温柔的……

总之叶韬所有的表情她都记得清清楚楚，甚至回忆的很多场景中叶韬说过的话她都记得一字不差。

而她想的最多的一幕则是逃亡当晚叶韬抱着她的那个火热一吻，一想到那一幕就心发慌脸发热。

有次还被叶云心发现了，她好容易才搪塞过去。

听山上一对姐妹花说若是一个女人时不时地总想一个男人，尤其还想得脸红心跳的话那就是动心了。

难道自己对叶韬动心了？郝光光不止一次地这样问自己，结果都没得到答案，与其说没得到，不如说是不想承认，若叶韬自开始时就对她好不欺负她，说不定她不会像现在这般排斥这个令她备受打击的事实。

叶云心这日很老实，没有到处跑拉着人聊天，而是一直陪着郝光光。

郝光光虽然脑子不是很灵光，但叶云心的表现实在太过特殊，忍不住开始怀疑对方是否在打鬼主意，不过想想又觉得没事，只要她不下山，一百个叶韬加起来也奈何她不得。

“光光，那些阵法的出入方式你真的不能教我？”叶云心不死心地问着不知问了多少遍的问题。

“不能，除非你抛弃以前的家，发誓以后的大半辈子以这里为家。”郝光光还是那个答案。

“小气鬼！”叶云心不高兴地嘟哝着。

次日，叶云心顶着一双黑眼圈无精打采地发呆，有好几次郝光光叫她都听不到。

好容易熬过中午，吃完饭后叶云心说要陪人下山，她要买件过年穿的新衣服，郝光光嘱咐了几句注意安全便让她下山了。

在家里无所事事的郝光光拿着笔练这两日叶云心教她写的字，打算宝宝生下来时她已经会写很多字，并且写得端正，不能害宝宝因有个不会写字的娘丢脸不是？

练字时郝光光眼皮总在跳，踏实不下心来，总感觉像是有事要发生似的。

大概过了半个时辰，郝光光坐得腰酸，正要站起身走两步，突然见到与叶云心一起出去的大娘慌慌张张地闯进来，大呼：“光光，不好了，心心不见了。”

“什么？”郝光光闻言一惊，立刻站起身。

“哎哟，光光你小心身子。”大娘扶住快步走过来的郝光光，担忧地道。

“心心怎么了？大娘您快说。”郝光光急得浑身发颤，怪不得先前眼皮直跳。

“就是我们原本在集市上买东西来着，心心说店里闷去门口站会儿，结果就这么一会儿工夫，她就不见了！”大娘歉疚极了。

“我们下山去找！”郝光光害怕了，叶云心随她离开叶氏山庄，若是出了什么事，她可以提头去见叶云心家人了！

下了山，郝光光骑上驴子往集市的方向走，一边走一边祈祷叶云心不要有事。

“不会是最近新冒出来的这些人做的吧？”大娘忧虑地说道。

“什么？”郝光光刚一下山也感觉到了附近多了许多不明人士，突然间涌上一股不好的预感。

“前几日就这样了，山下面多了许多人，因感觉不出歹意大家也没将他们当回事，大郎的阵法厉害，不怕他们上山。”大娘有点后悔刚刚没多叫几个人下山，光顾着担心郝光光的身子，将这事忘了。

郝光光略微紧张地打量了几眼附近的人，不好的预感更浓，若非叶云心走丢了，她是绝对不会下山的！只要不下山，不管是哪位大人物来，都别想近得她的身！

临近集市时，大娘还在和郝光光说着话，说着说着后背突然被一粒小石子重重打了下。哎哟一声，怒目回头，结果身后没人，若非后背上还存留着尖锐的疼痛感，她都要怀疑是自己出现幻觉了。

“哪个小兔崽子拿石子打人，杀千刀的！”大娘用手揉着发疼的后背骂道，回过头要对叶云心抱怨几句，结果回过头发现，哪里还有光光的影子……

郝光光醒来时，发现自己正躺在一张柔软的床上，而非自己家里那个略硬却暖融融的土炕。

“醒来了。”低沉平和的男声，听在郝光光耳中，心猛地一沉。

“原来真的是你。”郝光光皱着眉坐起身，没好气地扫了眼脸色比她还难看的叶韬。

良久，叶韬眉头越锁越紧，淡声道：“下人已经传完信，不必担心你的那些邻居。”

郝光光闻言松了口气，只是一想到他不负责任的行为就来气，板起脸来瞪向叶韬：“暗中将人劫走，是想吓死谁呢！大娘若是一时想不开，有个什么你担待得起吗！”

叶韬闻言泛有红血丝的双眼涌过一道冷光，嘲讽道：“你在我的地盘上失踪，可有想过我的心情？你既无情，我为何要为你的那些邻居着想？命人去传信已经算是仁至义尽了！”

话语中包含的火气极浓，可想而知郝光光的逃跑令他多气，是以这一刻没有温情，没有甜言蜜语，有的只是熊熊的怒火还有极度的不满。

郝光光这人是吃软不吃硬，叶韬的话太冷硬，她听了后脾气立刻就上来了，收起心虚和紧张，大声道：“你这么凶做什么？怎么不想想是谁将我击昏的？现在我脖子还疼呢！”

闻言，叶韬冷淡的双眼中蓦地滑过一丝歉疚，略微狼狈地别开眼，咳了声稍稍放缓语调：“我当时不知、不知你……”

“不知我怀了宝宝，所以你就可以想敲就敲想打就打？你这样的人如何能让人心甘情愿嫁你！”郝光光越说越生气，大概是觉得自己肚子里有个护身符在，叶韬不会将她怎么样，于是胆子便大了起来。

叶韬眉又拧了起来，不悦地道：“若你不一而再再而三地逃跑，我会那样对你吗？若非心心及时告诉我这件事，真有个什么……哼！”

“果然是她出卖的我！”虽在下山时就怀疑了，但真确定后还是很气恼，被朋友出卖的感觉相当不痛快，郝光光一生气便死死地瞪着叶韬，两人就像个赌气的孩子般以眼神较劲，谁也不示弱，最后还是郝光光败退，移开视线轻揉酸涩的眼。

“宝宝可还好？”叶韬的视线慢慢地移向郝光光的腹部，自进房后一直含有的恼怒及冷淡逐渐淡化，眼神渐暖。

抬头不经意间，郝光光看到了难得露出温柔的叶韬，心蓦地跳乱了一拍。

她记忆中的叶韬都是冷淡的、霸道的，有时即使是对她笑也是怀着各种目的的，而此时他脸上的温柔却是发自内心，眸中的笑意暖暖的，这是郝光光第一次见到这样的叶韬。

他不自觉间露出的表情虽然不是因为她，但不可否认，真正温柔起来的叶韬是会令女人动心的，郝光光觉得自己顽固如城墙的心防好像塌陷了一个角……

愣神的工夫，一抬眼间撞到郝光光颇为专注的视线，叶韬不确定地眨了下眼再次望去，郝光光已经移开视线了，害得他弄不清刚刚那种类似“动心”的注视是真的存在，还是他这阵子太累太乏导致出现幻觉了。

“宝宝可有折腾你？最近身子如何？”见郝光光发呆，叶韬又问了一遍。这些问题之前已经反复问过叶云心，也请了大夫给睡着的郝光光把过脉，但他还是不放心，他没忘记前妻就是因为难产，最后身体大伤没活几年便去了。

郝光光的心跳还没平缓，此时被叶韬关心的语气一问，顿时很没骨气地咕哝着：“除了偶尔闻到油腻味或腥味有孕吐反应，其他还好。”

先前沉闷的气氛有所改善，难得两人都心平气和下来，为了这难得的平和气氛，谁也没再胡乱发脾气，因郝光光此时身体状况特殊，叶韬只得选择将怒气埋藏在心底，等孩子生下来后再找她算这笔账。

见叶韬不再生气，郝光光一直提着的心放了下来，以为他是因为宝宝不会再跟她算账了，不禁庆幸起来，叶韬真要大发雷霆，她可招架不住。

盯着郝光光既气又惧的表情看了一会儿，猜到她此时必是生气却又因为惧意而忍着脾气，叶韬叹了口气，挨着郝光光坐下，拉过她的双手握住，然后慢慢揉搓起来，仿佛要通过这个动作来传达自己的忧心和思念，也想让她知道他虽然气她的逃跑，但这在对她思念与对她此时身体的担心前根本不算什么。

郝光光脸顿时通红一片，试了几次都没能将手抽回来，最后放弃了，对自己说连孩子都有了，摸个手就让他摸去吧，又不会掉块儿肉。

过了好一会儿，大概是摸够了，叶韬放下郝光光的手，双臂一伸将娇小的郝光光揽进怀内，下巴抵在郝光光的头顶，一手轻托郝光光的后腰，一手揉捏着郝光光泛酸的后脖颈，喟叹道："我终于找到你了。"

叶韬的声音中包含了太多复杂的情绪，郝光光听着莫名地感到心酸，本就软化了几分的心此时全软了下来，不知是否是因为王大婶说的那样怀孕的女人容易感动，反正她此时是硬不起心来了。

揉得差不多时，大手慢慢移到郝光光的腹部，轻抚着正孕育着他孩子的地方轻声道："光光，既然有了孩子我们尽快赶回去，趁早将亲事办了，免得孩子生下来被人笑话。"

郝光光对于礼教这玩意儿所知甚浅，因为山上的人对这些东西看得很轻，听叶韬说孩子会被笑话心一跳，推开叶韬焦急地问："孩子会被笑话？"

"自然，这事也怪我当时太大意，以为只一次不会那么巧有宝宝。"叶韬睁眼说着瞎话，摆出一副歉疚的面孔轻抚郝光光担忧焦急的脸道，"既然孩子来了，就尽快将亲事办了，孩子生下来时就放消息出去说是早产，不能让外人知道宝宝在你还没有嫁过来时就有了，这对你对宝宝的名声都很有影响。"

"我、我都不知道这些事。"郝光光要哭了，头一次因为自己逃跑的行为感到自责，若是因为自己的任性害得孩子以后被众人耻笑，她还有什么资格当宝宝的娘了？

见郝光光要哭，叶韬心里闷笑，表情却很郑重地道："有些人，尤其是那些自视甚高的文人对礼教之事看得更为严重，所以这次你乖些，随我回去，过了年就尽快将亲事办了，上次没办成，令叶氏山庄成了笑话，这次时间有限，不能再像上次准备得那般隆重，只能委屈你和孩子了。"

郝光光哪里还敢说不，她自己的名声可以不在乎，但宝宝的不能不在乎，连忙点头："那我们快些回去成亲，不能让宝宝被人笑话。"

叶韬得偿所愿，眼中泛起得逞的笑意："别急，来时我已想好，要去岳父岳母的坟上祭拜下，向他们正式提亲。你不是说过魏家的人没资格左右你的亲事吗？岳父岳母总有资格了吧？"

“嗯嗯。”郝光光笑了，叶韬总算做了件令她高兴的事，尊重她的爹娘就等于是尊重她，如此郝光光还有什么不满？

“你先睡会儿，我们明日一早用过饭便去。”叶韬扶着郝光光躺下，给她盖好被子，恋恋地看着郝光光的腹部道，“开始不知你有了身孕，幸亏带你回来时没出什么差错，否则……”

叶韬只要尊重她，态度温柔点，郝光光其实不会动不动就闹情绪。躺在床上，心情颇好地道：“知道害怕就好，反正你要记得我此时身子特殊，若是你胡乱发脾气或动手动脚吓到了我，可要小心宝宝会‘不高兴’呢！”

“……”这难道就是传说中的“挟天子以令诸侯”？叶韬抚额。

两人没吵起来，令一直提心吊胆关注着屋内情形的几人松了口气。

叶韬来了，东方佑也来了，下午郝光光在房内休息时，听丫头笑说叶云心在躲着东方佑，具体怎么回事郝光光也没心思去想，自己的事她还操不过来心呢，哪有心思管前不久刚“出卖”过她的人的事。

一觉过后，郝光光多了两件新买来的衣衫，手感柔软，衣料比她此时穿在身上的要好得多，样式较为宽松，正适合孕妇穿。

“夫人，这是主上命人买回来的酸梅。”小丫鬟捧着一小罐酸梅过来说道。

郝光光怀孕的事除了她山上那些邻居，知道的人不超过五个，除了叶韬、东方佑、叶云心外，就只有这个小丫头了，这些人在被叶韬严厉命令后绝对会守口如瓶，至于那名请来为郝光光把脉的老郎中根本不识得叶韬，对郝光光也不熟悉，于是不用担心。

听到酸梅，郝光光眼睛一亮，嘴里立刻冒起酸水来，忙道：“快拿来。”

丫头闻言赶忙将酸梅递上去，不忘为叶韬说好话：“这是主上千叮咛万嘱咐要买来的东西，附近的酸梅质量主上看不上眼，侍卫骑马跑了大半日才从邻县买回来的，这味道闻着就诱人，夫人尝尝看。”

郝光光这几日在山上时胃里一不舒服就会吃些酸梅，都是从集市上买的，她对吃的东西并不挑剔，能止住恶心感就好。

捏起一枚颗粒饱满腌制得酸香味十足的酸梅放进嘴中，可口的酸甜味道瞬间在口中蔓延开来，享受得郝光光像只花猫一样眯起双眼，抱着酸梅罐子不撒手了，开始一颗一颗地往嘴里丢，不知是酸梅的甜味起了作用，还是叶韬的心意使然，总之郝光光吃得心里都跟着甜起来了，大呼好吃。

郝光光因为时不时地孕吐反应，近来胃口变得不太好，一整日吃不了多少东西，此时吃了几十颗酸梅，不但将恶心感压了下去，还开了胃，摸着肚子道：“有吃的没？我饿了。”

“有、有，夫人稍等。”小丫头匆匆出了房间。

叶韬估计又有事忙，郝光光就没想着要等他一起用饭，此时离晚饭的时间还早，她要先吃些填填肚子，自己饿着不打紧，饿着宝宝可不行。

郝光光对肚子中这个还没有多少存在感的孩子日渐上心，尤其在与叶韬“和解”后对肚子里的这位“大人物”更是喜欢起来，想到这个孩子说不定比叶子聪还漂亮，就喜得咧嘴直乐，像个傻瓜似的。

现在这处院子是叶韬的产业，只是不像北方的那些别院那么大，因为南方这边生意方面涉及得少，所以目前他们落脚的地方只是一间看起来不太起眼的小别院，下人也不多，这还是当初叶韬命东方佑调查郝光光身世时临时在这里购置的小别院，谁想目前派上了用场。

叶韬特地命令厨房的人准备着适合孕妇吃的清淡有营养的饭菜，只要郝光光喊饿，厨房能随时将饭菜端上来。

吃完了饭，郝光光摸着肚子满足叹息时，听小丫鬟说：“夫人，心心姑娘求见。”

郝光光眉微微一拧，摆了摆手道：“不见。”

小丫鬟出去传话，郝光光隐约听到叶云心在叹气，不知是否听错，好像叹息中还夹杂着一丝哽咽。

“唉。”对于叶云心，目前郝光光除了叹息也不知道该有什么反应好。

叶韬带人出去采买了一些东西，回来时正好是吃饭时间，进房见到郝光光抱着酸梅吃得正欢，眉眼间不自觉地一暖，问：“怎的没用饭？”

郝光光摸了摸鼓鼓的肚皮回道：“刚吃过。”

屋子里还泛着没完全淡去的饭菜香，叶韬让丫鬟端些饭菜上来，然后走过去在床边坐下，看着郝光光抱着的酸梅罐笑问：“喜欢吃？”

“嗯，喜欢。”比她前些日子吃的口感好多了，今晚难得吃了很多饭都没有反胃，全是这个酸得恰到好处的酸梅的功劳。

叶韬笑了，笑容在脸上慢慢荡开，宛如轻风吹散了云彩，他脸上的疲惫被笑容取代，好心情地道：“喜欢吃的话回山庄有吃不完的酸梅，那些比你现在吃的还要好。”

“真的？”郝光光挑眉问。

“真的。”叶韬点头，拿起床头摆着的帕子轻轻擦拭着郝光光的嘴角，

"山庄吃的用的应有尽有，家中的婆子们都有经验，照顾起你和宝宝来我也放心。"

"我们什么时候出发？"

"明日下午，明日一早我们先去拜祭你的父母，再向山上那些邻居辞行后就出发。"刚刚他买了许多东西，就是送给山上那些人的见面礼，也可以说是郝光光的聘礼了。

听叶云心说山上的这些人都是打心眼里关心照顾光光的，于是他改变了主意，不准备将聘礼送去魏家便宜那些"狼"了，而是送给山上这些拿郝光光当亲生女儿对待的和善邻居，他们比魏家要有资格得多。

时间匆忙，聘礼所需的东西一时准备不全，于是就由其他的东西代替，例如上等布料、茶叶酒水、米面还有鸡鸭鱼肉等这些虽俗但却实用的年货。

"没几日就要过年了，路程很赶，我这样……"郝光光有些担忧，她在山上被大娘大婶们灌输了许多孕妇需要知道的知识，其中之一便是不能有激烈的肢体运动，骑马一颠一跛的也不安全。

郝光光的嘴角擦干净后叶韬将帕子往床头一丢，道："你坐马车，无须担心，马车铺得很厚实，我们挑平坦的路走，速度会适当，尽量赶在年关之前回去。"

"哦。"郝光光放心了，有叶韬在，她什么事都不需要操心，虽然他缺点多多，但办事效率高、能力强这个优点她是不会否认的。

饭菜上来了，叶韬去吃饭，郝光光就吃酸梅，两人谁都没再开口，屋内安静异常，气氛却是极为融洽和谐。

晚上，如先前在叶氏山庄一样，叶韬抱着郝光光睡，若有哪点不同，便是他的动作变得很小心，唯恐一个不注意碰到她的腹部，并非第一次当爹，他知道女人怀孕初期胎还不稳，要时刻注意着才行。

有叶韬在，郝光光心中莫名地多了许多安全感，快睡着时她主动揽住叶韬的腰，选了个舒服的姿势窝在他的怀中沉沉睡去。

郝光光难得的主动令叶韬身子一僵，好久之后他像是要确定什么似的在黑暗中观察郝光光的眉眼，无奈匀称的呼吸声已经传来，表明某人已经睡着。

叶韬摇头轻笑，更加珍视地揽紧怀中的女人一同入眠。

一大早，叶韬便带着郝光光上山了，山上的阵法令叶韬相当佩服，阵法看似平常，但若非会口诀，走错一步都会被困住，想悄悄记下上山的方法，但就如叶云心说的那样，想记住出入方式太难，单凭口诀还不能做到出入自如，以叶韬对阵法的了解，这口诀之中尚有关键之处，需掌握了它才成，只是这一点究竟是哪一方面却很难猜测得到。

这阵法比叶氏山庄的要高明，叶韬看着如迷雾森林般的阵法，头一次打心底佩服一个人，能布出这等复杂的阵法，并且在树上动了手脚令他人无法用火攻，就凭这两点便知郝光光的爹并非一般人物。

到了山上，叶韬先带着两名随从将“见面礼”又名“聘礼”挨家挨户地送去，郝光光带着他认人，叶韬对这些善良友好的人很礼貌，没有摆他庄主的架子，面对长辈时也会随着郝光光叫一声大叔或伯伯。

每户人家都送了许多礼物，有小孩子的人家叶韬还会出手阔绰地送他们金锞子。

因叶韬出手大方，虽身份显赫但对他们却礼貌有加，而且最重要的一点是很在意郝光光，如此，本来对他存有偏见的众人渐渐地对“宝宝的爹”放下了成见。

所谓不看僧面看佛面，就冲这一大堆的礼物也不好再给人冷脸不是?

分完了东西，叶韬不敢再耽搁，带着郝光光去了郝大郎夫妇的坟前上香，而那些热情好客的邻居们则全部奔回家开始操起菜刀使出十八般手艺做起拿手饭菜来。

郝大郎夫妇的坟在山腰处，两座坟紧挨着，坟周围有深扎进土里的大石头挡着，当初选位置的时候就看中这一点，即使下大雨也不用怕坟头受损，自回到山上后郝光光有空没空的都会来这里坐坐，坟周围被收拾得干干净净的。

叶韬拎着两壶酒，郝光光拿着一篮子的糕点和水果，将水果糕点摆在坟前点上香后，两人跪在坟前冲坟头磕了三个头。

郝光光说道：“爹、娘，这个是叶韬，我、我腹中孩子的爹，我们就要成亲了。先前是女儿不懂事逃了婚，这次不会再逃，女儿马上就要嫁为人妇，以后会收敛不知天高地厚的性子，您二老在天有灵就放心吧。”

叶韬往酒杯里倒满了酒，举起来朗声道：“岳父、岳母，先前是小婿疏忽没有前来拜见，小婿有错，遂自罚三杯。”

说完后，叶韬将手中的酒一饮而尽，然后满酒再喝掉，三杯过后，叶韬一脸郑重地道：“小婿以前对光光不好，以后不会再犯，小婿定竭尽所能照顾光光母子，不会再让她受半分委屈。光光嫁进叶家，岳父、岳母尽管放心，小婿会以岳父为榜样，此生不纳妾，待光光始终如一。”

叶韬在坟前保证了许多，郝光光也说了许多话，最后两人合伙将带来的酒都一杯杯地倒在坟前孝敬郝大郎了。

“别跪太久，小心身子。”说完要说的话，叶韬站起身动作轻柔地将郝光光扶起来，看了看日头道，“晌午了，我们回去吧。”

“嗯。”郝光光笑了，叶韬刚刚在坟前说的那些话她听了很受用，相信爹娘听了也会开心，女婿虽然缺点多多，但好在懂得尊重他们的女儿了。

叶韬扶着郝光光转身离开，这时，坟边新长出来的一株小树苗突然无风自动起来，轻轻地摇曳着，仿佛是正冲叶韬和郝光光挥手告别……

中午叶韬等人都在郝光光的院子里吃的饭，一堆人挤在院子里热闹极了，叶韬自小什么美味没吃过？但这一次却吃得格外开心，因为自这些饭菜中他尝出了热情与真心。

这顿饭宾主尽欢，几位好酒的大叔拉着叶韬拼起酒来，越喝他们对叶韬印象越好，最后几人全喝趴下了，叶韬还不见醉意，如此酒量顿时令所有爷们儿，包括奶还没断干净的男娃子都对其肃然起敬，直呼这才是真爷们儿!

热闹过后免不了离别，众人依依不舍地将叶韬他们送至山脚下，几位大娘拉着郝光光的手，眼眶红红的，一遍又一遍地嘱咐她要好好儿照顾自己，嫁了人后要做个好妻子云云。

郝光光上了马车，红着眼睛与一众关心她的邻居道别。

拜别众人后，叶韬上了马车，将抹眼泪的郝光光拉进怀中安抚：“哭什么，又不是这辈子都见不到了，别的女子嫁人后三五年都不见得能回娘家一次，我许你一年陪你回来一次还不满意？”

“满意，就是忍不住想哭。”嫁人后一切都变得不一样了，郝光光难免会有些彷徨。

“别哭了，小心宝宝笑话你。”叶韬抬手为郝光光擦去眼角的泪珠，觉得自己像是在照顾爱哭的女儿，念头一起立时冒了一身鸡皮疙瘩。

郝光光怕影响了肚中的孩子，拼命止住泪意。

回去的途中还算顺利，果真如叶韬保证的那样，马车很舒服，挑的路也很平坦，郝光光累了就躺马车上歇歇，有酸梅在，反胃了就吃几颗。

宝宝这几日倒是挺体贴，没有因为不停地赶路而折腾郝光光。郝光光累了就喊一声让马车停下来，下地走几步松缓下筋骨。

那个小丫鬟没有随郝光光同行，而是留在了别院，路上没有带丫鬟，于是侍候郝光光的活计便落到了“戴罪之身”的叶云心身上。

快回到叶氏山庄的某个晚上，叶韬如往常一样上马车睡觉。

郝光光心事重重，望着不停赶路却一直精神抖擞的叶韬发呆。

不知是以前没仔细看过他的脸还是因为其他，总觉得叶韬最近好像越来越好看，越来越有男性魅力，看着就觉得赏心悦目，看得她都快忘了自己半日来担心的事了。

“有心事？”叶韬察觉到郝光光不对劲，开口询问。

“嗯。”郝光光想起正事眉头轻皱，倾身抓住他的胳膊问，“我与心心逃跑的事，你迁怒了庄上其他人没有？”

叶韬何等精明，郝光光话一出口他便知道了她在烦恼什么，俊眉一扬，似笑非笑：“广发请帖，在所有人都接到喜帖后新娘子突然逃了，换成你，你会是什么感觉？嗯？”

郝光光理亏，心虚地松开抓着叶韬胳膊的手，感觉到叶韬灼人的视线一直徘徊在她的脸上，莫名地感觉到不自在，纠结了片刻，深吸一口气对上叶韬意味不明的视线继续问：“你是否将他们都处罚了？”

叶韬看了眼郝光光，没回答她的问题，将叠好的褥子拿过来一一铺好。

“你倒是说话啊！”郝光光抄起叶韬脱下放好的披风向他的头上扔去。

叶韬手随意一伸接住了外套，清冷的目光在郝光光身上淡淡一扫，成功将郝光光脸上的锐气吓去几分。

郝光光强迫自己忽略因叶韬的冷眼而加速的心跳，腹诽着叶韬的喜怒无常，这几日他对她很是迁就，迁就得令她忘了他“恶性”的一面。

见郝光光老实了，脱好衣服的叶韬钻进被窝漫不经心地道：“你担心庄内下人们会迁怒你？”

郝光光没好意思点头，只是眉眼间的焦虑算是回答了叶韬的话。

叶韬轻轻一笑，伸手轻轻一带将郝光光揽入怀中，一边脱起她衣服一边道：“你觉得我像是那么没有分寸之人？”

“你的意思是说没有惩罚他们喽？”郝光光一扫先前的烦闷，双眼亮晶晶地望向叶韬。

钩了钩郝光光的鼻子，叶韬看着她惊喜的模样好笑地摇头道：“现在知道着急了？当初逃跑时怎么就不长点脑子多想想后果？”

那是逃跑时就没想过要回来！郝光光当然不敢这么回答他，见叶韬一直不说到重点上，急得腮帮子鼓起来：“好了，我错了，向你道歉还不行？叶大人您就行行好告诉我吧！”

叶韬不再逗郝光光，收起玩笑正色道：“你所担心的事我早就考虑到了，只是让他们辛苦些不停地出来寻你而已，伤筋动骨的惩罚倒是没有，不用担心他们会记恨你。”

郝光光闻言松了口气，嘴角刚向上扬起一点，就因叶韬的接下来的话而顿住。

“虽没有滥罚无辜，但看守不利的人自不能轻易放过。”叶韬趁着郝光光提心吊胆的工夫快速将她的外衣都脱掉，然后搂着她一同躺下来。

“什么意思？你说清楚点。”郝光光刚放下的心再次提了起来。

“如兰她们被赶去洗衣房做事了。”将她们每人打了五十大板的事隐去没说，“你房中的丫鬟已经换了人，若是你再逃跑，那这三个丫鬟可就没有如兰她们幸运了。”

狼星被罚得最狠，不过叶韬没有说，他知道郝光光素来对狼星无好感，说了说不定她还会高兴。

“什么？如兰她们被赶去了洗衣房？”郝光光大惊。

“哼，有意见？”叶韬闭上眼，马车在行驶，躺在行驶中的马车内睡意来得更快。

郝光光老老实实地窝在叶韬怀内，攥住他的手轻轻摇了摇小声提议道：“我已经乖乖随你回去了，可不可以将她们再调回来？”

“说出去的话有如泼出去的水，将她们调回来我可还有威信在？”叶韬断然拒绝。

“这都是我一个人的错，跟她们没关的。”

“没看住你就是她们失职，我养她们这群失职的奴才有何用！”叶韬声音冷了下来。

郝光光见状咽下要求情的话，唯恐惹怒了叶韬会给如兰她们带来更坏的下场。

马车缓缓行驶，叶韬没多久便睡着了，郝光光想到如兰她们就愧疚得难以入睡，暗自想着回去后给她们送去些银钱补偿她们，待什么时候叶韬不气了再偷偷将她们自洗衣房调出来。

一路辛苦，叶韬一行人终于在腊月二十九下午回到了叶氏山庄。

叶氏山庄布置得很有过年的气氛，庄内挂满了大红灯笼，人人脸上都挂着笑。

郝光光回去后还没等休息一下，老管家便带人呈上魏家送来的年礼给她过目，都是送给她的，一件厚实的貂皮大衣还有几样最近流行的新款首饰。

收到魏哲送来的礼品，郝光光有些诧异，她失踪期间魏家也一直在派人寻她，只是因为没有像叶云心那样的“内应”，所以她被叶韬先找到而已。

叶韬找到她后给魏哲的人送去了口信，那些人想拜访郝光光无果后便打道回府了。

“主上有事要忙，让夫人先行休息，老奴就不打搅了。”老管家说完后就要退出去，叶韬已经发话，自今日起要改口称郝光光为夫人。

郝光光立刻叫住老管家，在对方询问的视线中一脸歉意地道：“这次我出门连累了心心，害你们担心着急。”

“心心那丫头是什么性子，老奴可了解得很，她当时留的信上已经说明是自愿离家出走的，与任何人无关。”老管家脸上带了丝微笑，安慰道，“夫人无须自责，老奴一家人心中亮堂得很，没有人责怪夫人。”

老管家这么一说郝光光反倒更不自在了，站起身郑重地对老管家抱了下拳道：“叶总管无须为我开脱，总之这次的事是我有错在先，这声抱歉您就收下吧，看在我的面子上，回去后也别再太责怪心心。”

老管家慌忙回了郝光光一礼，紧张地道：“哪有主子向奴才行礼的道理，真是折杀老奴了。”

“应该的，应该的。”

叶管家走后，新来的三个丫鬟侍候郝光光洗了个澡，换好衣服准备将郝光光扶床上去歇着时，叶子聪院内的丫鬟战战兢兢地拎着鸟笼过来，进房后因害怕而结结巴巴地道：“夫、夫人，少主让、让奴婢将八哥还、还回来。”

已经掀开被子要躺下的郝光光闻言回过头，目光在接触到丫鬟手中的鸟笼后怒火陡生，杏眼怒瞪：“叶子聪呢？！”

胆小的丫鬟吓得扑通一声跪下来，手一抖，鸟笼子滚落在地。

小八哥就着笼子在地上滚了两圈，定下身子后撑起眩晕的身体，扑腾两下翅膀伤心地叫起来：“我的毛，我的毛。”

郝光光等人惊讶地看着鸟笼内的小八哥，只见平日里有事没事就梳理自己羽毛臭美极了的八哥身上的毛都被剪光，成了一只丑丑的秃鸟……

“将叶子聪带来！”郝光光怒火噌噌往上蹿。

正打着哆嗦的小丫鬟闻言更害怕了，嘴唇一扁，眼泪开始在眼眶中打转：“夫、夫人，少主说他、他没空。”

“什么？”

“夫、夫人饶命！”小丫鬟慌得就要磕头，被郝光光阻止住了。

“你怕什么啊，我又没生你气。”郝光光无奈，将小丫鬟拉起来，为防再吓哭人家，放缓语气道，“子聪都说什么了？”

看郝光光不再发火，小丫鬟松了口气，抹掉眼泪道：“少主说‘告诉那个动不动就逃跑的女人，有事让她亲自来见本少爷’！奴婢没有不敬的意思，这是少主的原话。”

郝光光听得眉心直抽，咬了咬牙，最后在小丫鬟小心翼翼的目光下道：“将这个包袱带回去分给你们院中的丫头们，里面有些小玩意儿，哪个婆子有小孙子的话，就将小玩意儿送给她们。”

这包袱里的东西是特地给叶子聪准备的，都是南方的土特产，郝光光觉得小孩子应该会喜欢的就挑方便携带的买了些，然后还有一些孩子们感兴趣的玩具，本来打算休息过后就给叶子聪送过去，现在她改变主意了。

小丫鬟望过去，一见到里面的东西就知是怎么回事了，犹豫着不敢拿。

“怎么了？”郝光光挑了挑眉，小丫鬟吓得连忙拿过包袱，对郝光光千恩万谢之后匆匆离开了。

就在郝光光气得要死之时，叶韬走了进来，问：“怎么了？刚刚子聪房里的丫头匆匆忙忙地来做什么？”

郝光光将手中的鸟笼子往前一送，抱怨道：“还能是什么？看看你儿子做的好事！”

叶韬在瞧清楚鸟笼子里无精打采的八哥后，嘴角抽搐了两下，抬手掩唇轻轻一咳。

“还笑！如果被剪光毛的是你的‘闪电’，看你还能不能笑得出来！”闪电是叶韬最喜欢的那匹号称能日行千里的黑马，就是这次寻郝光光时骑的那匹。

叶韬摆了摆手，让屋内的三个丫鬟都下去，给自己倒了杯茶，拿起茶杯轻抿一口道：“气什么？当时你逃跑时不是留下一句话吗？可还记得？”

郝光光当然没那么快忘，白了叶韬一眼：“你提那事做什么？”

“你不是说敢欺负你的宠物就是你儿子吗？如你所愿，不久后子聪就是你儿子了。”

“你！”郝光光在叶韬对面坐下，瞪着他威胁道，“他虐待我的宠物，我就要虐待他出气！”

叶韬一点儿不放在心上，笑意不减，目光在郝光光的肚子上徘徊着：“无妨，你虐待子聪，到时他就虐待你儿子出气。”

“我说正经的呢！”郝光光突然想起一件事，眨了眨眼一脸正经地问，“你说，我们成亲后我就是子聪的后娘了，天下间后娘与继子间很少有相处得好的，你就不怕我借机虐待你儿子？”

叶韬收起玩笑的表情，俊眸与郝光光对视，良久，问出一句话：“你会吗？”

郝光光被问得一愣，下意识地回答：“当然不会。”

暖暖的笑意在眼底滑过，叶韬望着郝光光，嘴角一勾：“我的眼光自是不会太差。”

闻言，郝光光得意一挑眉：“你这是在变相地夸奖我吗？”

“夸你？嗯，如你这般‘单纯’的女人并不多。”叶韬强忍笑说道。

见郝光光柳眉要竖起来，叶韬赶忙转移话题：“累了吧？躺床上去休息。”

“哼，本来是要休息的，结果都被你儿子气得不困了。”郝光光回头看了眼忧郁得趴在鸟笼里的八哥，恨不得将叶子聪揪过来揍一顿屁股。

叶韬看了眼因剔了毛而变得相当诡异的秃八哥，嘴角又抽搐了下，别开眼：“他为何这么做你清楚得很，你让他生气，他反过来就气一气你，很公平。”

“公平什么？”

“好了，去休息吧，想怎么出气你自己决定，不过事后要哄哄他，难得那孩子喜欢你，没有像以前那样闹离家出走或是绝食抗议。”叶韬喝完了茶站起身要出去。

郝光光不平衡了，嗔怒：“我也生气了，他怎么不哄哄我来？”

“都要当娘的人了还这般孩子气，你若是觉得自己比子聪小，就让他哄你无妨。”叶韬似笑非笑地看了眼郝光光。

叶韬就说不出让她听起来顺耳的话来！嘟哝着：“我就要欺负你儿子，让你笑话我！”

本是自己说着过嘴瘾的话，谁想叶韬耳朵尖，出房门前嘴角微扬：“随你欺负，‘逆境’里长大的孩子早熟，前途不用人操心。”

郝光光猛地回过头去，结果叶韬已经离开了，气恼地啐了一口嘀咕着：“说得好听，如果真欺负了，瞧你急不急！”

“欺负！出气！”小八哥见叶韬走了，胆子大起来，站起身冲郝光光大声叫起来。

“你也觉得我应该欺负一下子聪对不对？”郝光光提起鸟笼与八哥对视。

“主人，我的毛毛……”八哥在笼子里伤心地乱跳。

“唉，都怪我，毛没了就没了，以后就在我屋子里待着吧，没了毛出去会冻死。”郝光光无奈地说道。

晚上叶韬留话说将叶子聪叫来，要一家三口一起吃这顿饭。

叶子聪来时表情有点别扭，碍于叶韬在不敢太放肆，唤了声爹爹后不情不愿地冲郝光光叫了声娘。

“乖。”郝光光眯起眼睛来看着叶子聪笑，笑得叶子聪心中直发毛。

“都坐下来好好儿吃饭，要过年了，都高兴点儿。”叶韬警告身旁两个心中各打着小九九的人。

叶子聪闻言赶忙点头：“子聪知道了，爹爹。”

叶韬满意地点点头，随后微含压力的视线望向郝光光。

“知道了。”郝光光无奈地翻了个白眼，她还没幼稚到跟个孩子没完没了，算账的事不急在一时。

叶子聪在叶韬面前很会来事，一口一个娘叫得脆声极了，给郝光光夹菜也特别殷勤，只是夹的都是她不爱吃的罢了。

郝光光也不甘示弱，猛夹叶子聪不爱吃的辣的往他碗里送，笑眯眯地道：“乖儿子，多吃些，早早长大好迷死无数大姑娘小媳妇。”

叶韬与叶子聪闻言眼皮子抽了抽，都没搭理不正经的郝光光。

席间，三人吃得快饱时，叶韬突然说道：“子聪，我与你娘马上成亲，不久后你就能多个弟弟妹妹了。”

叶子聪垂眸，哦了一声。

郝光光多看了他几眼，忍不住问：“子聪，你是喜欢弟弟还是妹妹？”

偷偷扫了眼不动声色的叶韬，叶子聪抿了抿唇小声说道：“弟弟。”

“为什么？小男孩不是都希望有个妹妹吗？”郝光光好奇地问。

妹妹又不能欺负，欺负起弟弟来才不会愧疚！叶子聪如是想着。

见叶子聪没有对自己即将有个弟弟或妹妹而不高兴，叶韬眉宇间舒展开来，破天荒地给叶子聪夹了道他今晚吃得最多的一道菜，道：“多吃点。”

叶子聪惊喜地抬起头，望着叶韬的眼中闪烁着耀眼的光辉，眸中的喜意毫不掩饰地流露出来，看得叶韬一愣。

“谢谢爹爹！爹爹您也快点吃。”叶子聪高兴地吃起叶韬夹过的饭菜来，郝光光夹过来的辣菜被冷落到一边。

郝光光看着叶子聪喜得什么似的模样，母性又开始泛滥。几乎是立刻便骂自己犯贱，每次被叶子聪欺负过后用不了多久就心软，可怜的八哥，她对不起它，叶子聪刚刚受宠若惊的表情令本来要为它报仇的心突然淡去了大半。

自叶子聪来后就一直缩在笼子里大气都不敢喘一口的小八哥见主人与叶子聪有说有笑的，神情顿时更为忧郁了……

过了除夕，每人都长了一岁，郝光光已经十七岁，叶子聪七岁。

过完年，众人开始着手准备成亲事宜，其实也不麻烦，因为之前已经准备好，由于叶韬定在年初六成亲，时间太过紧急，是以这次要请的人不多，除了相近的亲戚朋友外，离得远些的和关系不太近的人都不准备请。

年初四时魏哲风尘仆仆地赶来，带了许多东西，称作为郝光光的义兄，算是她的娘家人，她的大喜之日即将来临，他来给他送嫁妆来了。

总共有两马车，一共八个箱子，布料首饰等东西不少，还有字画古董等物，压箱金和银票这些该有的东西也有，算算一共大概得有上千两银子，这些东西非一日两日就能准备齐全的，看来早在一个多月前刚定下日子时就已经着手准备了。

女子嫁人嫁妆越多在婆家才有面子，郝光光没了爹娘她没有嫁妆，这次魏哲带东西算是解了她的尴尬。

“谢谢。”再次见面，原本有的不自在也因魏哲这次解了她的燃眉之急而消失无踪。

魏哲神色复杂地看着模样变得成熟了些许的郝光光，淡淡笑道：“谢什么，这都是身为兄长应该做的，为兄先前愧对于你，若在妹妹出嫁时还不备份嫁妆就太说不过去了。”

“大过年的，义兄还亲自过来给光光添妆，这份心意光光很感动，以前的事就别再提了，光光已经不记得了。”郝光光笑着说道，眼中满是真诚。

魏哲深深地看了郝光光一眼，觉得这个妹妹有哪里变得不太一样了。

魏哲来此，叶氏山庄自是要好好儿款待，因初六就是郝光光的大喜之日，于是他留了下来。

这是郝光光第二次穿上喜服出嫁，心情却全然不同，头一次嫁给白小三她毫无感觉，只是想完成郝大郎交代的任务，而这次她嫁给叶韬心情却颇为愉悦。

叶韬说过，以后她若是处理不来庄内的事务也无妨，这么多年来庄上没有女主还不是照样过来了？

她有空时就跟在管事婆子身边慢慢学着一些处理事务的方式，等了解了就适当处理一些，叶韬说身为女主人不能所有事都不管，会被笑。

没什么压力，也没有公婆需要她晨昏定省，有个别扭的继子也非难事，毕竟他没有坏心，对她也没有敌意，这个孩子只是需要父爱母爱而已，平时多哄哄便是了。

梳妆完毕，天刚亮，郝光光由喜婆背着出了房门去坐花轿，而后坐在花轿内一路敲敲打打地往叶氏山庄前进。

马上就由"郝姑娘"变成"叶郝氏"了，以后自由的日子变少，责任多起来，她不能再像以前那样没心没肺地生活，有遗憾有无奈，但更多的则是对不同生活的期待。

接亲队伍在几条街上都绕了一圈，引得无数百姓出来看热闹，一个时辰后队伍才到回到叶氏山庄。

叶韬一身红衣，风神俊朗，眉目含笑的模样令一众围观的小媳妇们看了直脸红心跳。

"光光，来。"叶韬在花轿前站定，对着轿内的新娘子伸出手去。

郝光光坐轿子坐得晕头转向，其间干呕过几次，好在声音都被外面唢呐和锣鼓的声音盖了过去，她也没有真的吐出来，于是没有人发现异常之处。

走出花轿，将手递向叶韬，手被叶韬温暖充满安全感的大手握住，郝光光疲惫焦躁的心蓦地安稳下来，有叶韬在，她只负责依赖就好。

将红绸一边递到郝光光手中，叶韬攥着另外一端引着新娘慢慢往庄内走，正门口有个火盆，郝光光对这些驾轻就熟，迈过火盆，随着叶韬在众人的欢呼喜悦声中走去了办喜宴的正厅。

杨氏前一天便到了，此时正一脸含笑地坐在主座上，身旁坐着她的现任丈夫苏尚书。

苏尚书身材有些发福，五官端正，当官久了的人脸上不自觉地会带着令人无法忽视的威严，只有在望向妻子杨氏时眉眼间才会流露出暖意来。

"一拜天地！"

叶韬与郝光光面向门外一齐弯腰鞠躬。

"二拜高堂！"

两人转过身，对着苏尚书和杨氏一拜。

"夫妻对拜！"

叶韬脸上笑意加深，与遮着喜帕的郝光光面对面，弯腰互相拜了拜。

“礼成，送入洞房！”

终于完事，一直提着心的郝光光松了口气，攥着红绸一端离开热闹的大厅进了喜房。

“新郎官很快就来了，别出了差错让新郎官笑话。”喜婆唠叨着。

过了大约小半个时辰，新郎官带着一干亲友过来看新娘子。

叶韬拿秤杆挑起喜帕，郝光光的脸立时露了出来，围过来看热闹的人愣了一下，随后鼓掌欢呼，纷纷大叫着：“新娘子真好看。”

叶韬眼中闪过一丝惊艳，上了妆的郝光光今日格外姣美，颊上的胭脂衬托得她的脸蛋白里透红，细细描绘的嘴唇红得恰到好处，娇艳欲滴地邀人品尝。

郝光光被众人起哄得有点飘飘然，虽然自小就被人夸好看夸到大，但像今日这般一群人大呼着她好看的事还实属头一遭，被叶韬灼热的目光看得不好意思地低下头，心怦怦跳个不停，今日叶韬比以往任何一个时刻都要英俊迷人，看得她的心中有如揣了只小鹿。

看完了新娘子，亲友们离开了，喜娘张罗着叶韬和郝光光吃饭。

一会儿让郝光光吃饺子问生不生，一会儿让一对新人喝交杯酒，又催促丫鬟去铺床，枣子花生什么的都在褥子底下放好，整个喜房就属喜婆最热闹，一张嘴就没闲着过。

过了好一会儿，终于所有礼仪按规矩都做完了，喜娘领了赏钱，喜滋滋地领着丫鬟们出了喜房，关上门，将一对新人留在房内。

“终于安静了。”郝光光感叹道。

叶韬拉着郝光光坐在床上，灼热的视线流连在她的脸上，性感薄唇缓缓勾起：“光光，我们终于是名正言顺的夫妻了。”

郝光光看着叶韬深邃得仿佛能勾人心魄的俊眸，顿觉满身心的疲惫消去了大半，觉得一整天的疲乏不算什么，有这么一个英俊并且正努力学着对她好的男人当丈夫，她其实一点儿都不亏。

“我快累瘫了，以后再也不成亲了！”郝光光强迫自己别过视线，故作正经地感慨道。

叶韬点了下郝光光的鼻子，佯怒道：“你以后没有机会再嫁人了！”

“霸道！”郝光光瞪了叶韬一眼，瞪完后扑哧笑了，眼角眉梢全是笑意，使得本就因上了妆更显娇美的脸蛋顿时更添几分魅力，看得叶韬眸中的颜色立时深了几分。

“这一日你辛苦了。”叶韬的声音带了几分喑哑，望着郝光光的眼底似有火苗在燃烧，危险性十足。

扑通扑通，郝光光心跳得更厉害了，不自在地往一旁挪了挪，动作虽然细小，但哪里能躲得过叶韬敏锐的视线。

“想躲哪里去？”叶韬手臂一捞，轻松将要躲的郝光光捞回怀中。

叶韬身上有淡淡的酒味，闻到这股酒味，郝光光觉得自己晕乎乎的要醉了。

“臭死了，一边去！”郝光光涨红着脸推搡叶韬，感受到叶韬拂到她脸上的热气，心跳得更快了，仿佛被扔进了沸水池里，整个人都烫了起来。

“你的心跳得好……”叶韬用比先前更为暗哑更具诱惑力的声音说着，音尾消失在郝光光躲闪倔犟的红唇中。

上次他们这般亲吻是郝光光要离开叶氏山庄那晚，叶韬突然拉住她给了她一个火热强势的吻，时至今日时间已经过去两个月，时间不算短，其间两人心境上又发生了或多或少的变化，于是感觉自也不同。

身体紧紧相贴，呼吸拂在彼此的脸上，郝光光脑子早已经不会转了，随着叶韬灵活霸道的舌尖起起落落。

“嗯——”叶韬强迫自己自即将沦陷的深渊中挣脱出来，离开郝光光的唇，额头抵着她的额头喘息着。

快窒息的郝光光一得以自由呼吸，赶紧大口大口地呼吸。

过了好一会儿，心跳不那么快时郝光光瞧了眼外面的天色道：“天还大亮呢，你出去陪客人喝酒吧。”

“新娘子劝新婚丈夫去喝酒，就不怕洞房花烛夜进行不了？”叶韬挑了挑眉，促狭地看着郝光光。

“你！”郝光光杏眼一瞪，站起身便将自进了喜房就不正经的叶韬往外推，“大色狼！就知道想那事，我有宝宝了还有什么洞房花烛啊，你尽管喝去，醉死了才好。”

砰的一下，房门在叶韬的面前毫不留情地关上，被赶出房外的叶韬摇头苦笑，新婚之日被新娘子赶出喜房的男人他怕是头一个吧。

不过倒没生气，反倒还有一丝丝的窃喜，郝光光此等放肆的行为分明是因为害羞。

晚上又赶来很多人来吃酒席，郝光光听说这次来的几个人与叶韬关系不错，一直在灌他酒，最后被魏哲这个“大舅子”挡了一大部分，酒席散后叶韬没怎么样，代喝了大半酒的魏哲已经醉得不省人事。

“光光，我们洞房。”叶韬回房草草梳洗一番后便搂着郝光光一同倒在床上。

“你说过没经我同意不会强迫我的！”郝光光红着脸牢牢抓住伸进她贴身小衣内的大手。

“什么时候？”微醉的叶韬拧起眉来思索。

“就、就在京城那次。”

“哦。”叶韬想起来了，好笑地捏了捏郝光光的脸，“那次我说的是‘婚前’，婚前我没有逾矩。”

这次轮到郝光光愣住了，恼羞成怒道：“你骗人！”

“我指天发誓没有骗你，当时我确确实实说的是‘婚前’！”叶韬扯过被子盖住两人，两手开始不老实起来。

“流氓！你别碰着孩子。”郝光光又羞又怒。

叶韬挫败地瞪着郝光光，咬牙切齿地道：“这个孩子可真会磨人。”

最后除了吻几下摸几下，叶韬什么也没做成，一双眼睛狼光直冒，却为了宝宝只能忍着。

“睡吧，我困了。”叶韬安抚了下生闷气的郝光光后闭上眼睡了，祈祷着日子快点过，等到宝宝出生并且孩儿他娘做完了月子才能肆无忌惮。

新婚后的郝光光日子过得与以前并没太大不同，白日郝光光若累了可以随时休息，有空时便跟着管事婆子学一些管事经验，然后练练字逗逗鸟，日子过得还算轻闲。

因不知打哪儿听来说女人怀孕期间若常笑的话孩子生出来也爱笑，于是郝光光便一直拣开心的事去想，一整天大部分时间都是笑着的，就算与叶韬生气也不敢气太久，唯恐生个“气脸”宝宝出来。

出了正月，大概在农历二月中旬，马上要迎来春天之时叶韬终于松口，同意求了无数次的东方佑，批准了他与叶云心的婚事，不过在成亲之前叶云心还是要闭门思过，成亲前半个月才能解禁。

对于叶云心当初用密道带郝光光逃走的行为，叶韬是动了真怒。

按说东方佑的婚事叶韬没有权利去干涉，毕竟他非东方佑的父母，但是由于当初东方佑曾背着叶韬偷偷助郝光光逃走，后来心存愧疚之下对叶韬保证说以后自己的婚事必须征求他的同意，否则就不成亲。

叶云心跟随郝光光逃跑的事吓到了东方佑，不敢再腼腆，回到叶氏山庄便向叶云心的父母提亲。

东方佑的人品可信，轻易便征得了叶总管等人的同意，只是叶韬那里困难了些。

求了快两个月，总算功夫不负有心人，求成功了，五个月后便是他与叶云心的大喜之日。

郝光光怀孕三个月开始，不再有孕吐反应，胃口变得大好，饭量增大，每顿必吃两碗饭，平时点心糕点什么的还不能少。

尤其叶氏山庄的伙食特别好，厨房每日变着花样地给郝光光准备既营养又好吃的饭菜，郝光光很郁闷地发现自己胖了一大圈。

由于婚前便怀孕的事要保密，叶韬放出消息说郝光光刚怀孕一个月左右，就是说这个宝宝是洞房花烛夜来的。

郝光光的状态不太像是刚怀孕，不过因不同的孕妇怀孕的反应不同，众人也没乱猜疑。

每日郝光光都照着镜子捏着自己脸上多出来的肉叹气，但叹气归叹气，见到饭菜上桌就会将自己的体形忘到天上去，照吃不误。

自宝宝有胎动后，叶韬与郝光光每晚的乐趣便是等着宝宝与他们打招呼，只有在这个时候两人才会像个傻瓜似的笑个没完。

叶子聪往郝光光房里跑的次数日渐增多，不为别的，他也喜欢摸郝光光的肚子等小弟弟或小妹妹与他打招呼。

叶子聪并不一定每次来都能赶上胎动，赶不上时就急得抓耳挠腮，只能吓唬八哥转移注意力，最后自然是被挺着肚子的郝光光拿鸡毛掸子赶走。若是正好能碰上郝光光胎动时就惊喜地直叫，那模样比他老子还要傻几分。

因为这个孩子，叶韬不敢随意动怒或威胁郝光光，而郝光光为了怕孩子以后长得难看平时也不敢大呼小叫的，就算生气也强迫自己立刻气消。

因怀孕腿肿经常夜里抽筋，叶韬会不厌其烦地给郝光光按摩双腿，经常一按就是半宿，郝光光都将这些看在眼里，感动在心中，遂平时因某些事不满时只要想到叶韬温柔地给她按摩双腿的画面，再大的气都会立时消去大半。

久而久之，两人感情升温，争吵少了，因为有了共同的期待，两人就算没有甜蜜一般，但也比众人预期得要好很多。

叶云心这次一关便被关了半年，因为有解禁后就立刻嫁给东方佑的喜讯支撑着才没有被关得疯掉，她出来后郝光光的肚子已经大得像个大西瓜了。

八个多月的大肚子，对外只说是七个月不到，于是不明内情的丫头婆子们常常看着郝光光“大得离谱”的肚子说这里定是两个娃娃，每每听到类似言论郝光光就心虚不已。

“光光，昨晚我爹抱回来的西瓜都没有你的肚子鼓溜。”终于出了房间的叶云心跑来郝光光房里，看到变得肉乎乎的郝光光和她的大肚子吓了好大一跳。

郝光光扁扁嘴，低头看了眼自己的肚子哼道：“少嫌弃我宝贝闺女，等你成亲后怀了孕，肚子绝不会比我这个小！”

还没成亲的叶云心哪里禁得住这等玩笑，立刻臊了个大红脸，一跺脚娇嗔了句“光光，你欺负人家”后羞得捂住脸就逃走了。

由于东方佑身份高，他的婚事很受重视，叶韬亲自主持，外面来了许多人前来道贺，热闹极了，为弥补先前自己婚事的草率，叶韬特意将东方佑的婚事办得很隆重。

郝光光挺着个八个多月的大肚子，想帮忙都不成，被叶韬强行命令不得出房门，怕外面来吃喜酒的人多无意中碰到她。

于是，好友成亲，郝光光不但不能帮忙，连看她拜堂都不能，别提多郁闷了。

转眼又过去了一个半月，火热的夏季即将过去，凉爽的秋季即将来临，怀孕近十个月的郝光光临盆之日将近，叶韬担惊受怕，将庄内事务很不厚道地全推给左沉舟和成亲不久的东方佑，害得人家小夫妻少了许多亲热时间他也不觉得愧疚。

某日，风和日丽的午后，郝光光吃下一块枣糕，起身要去床上躺会儿时，肚子突然传来一阵抽痛。

一刻钟后，丫鬟如颜自郝光光房里奔出来大呼：“夫人要生了！”

“什么？！”院子里的丫头婆子听到信儿后立刻扔下手中活计，传信的传信，烧水的烧水，唤产婆的唤产婆。

虽郝光光已经足月，但众人却认为她刚怀八个月出头，以为是早产，每人脸上都带着惊慌。

一时间，叶氏山庄因为郝光光临盆的事陷入了一片忙碌惶恐之中……

郝光光自小身体就很好，上山下山游水爬树没少做过，甚至打架都没少打过，比起娇生惯养的千金们她自是结实了许多，生孩子这种事从来没担心过。

“好好儿的，怎么就早产了呢？”如颜等人一边焦急地拿出早就做好的小衣服。

听到丫鬟们嘀咕的话，郝光光心虚得直捂脸，所有人都在忙活，也没人注意到她在“害羞”。

叶韬听到消息早早便赶了回来，在外间焦急等待。

阵痛开始密集时已经到了子时，郝光光疼得满身是汗，难受了大半日孩子终于有要出来的迹象了。

“快去端些粥来喂夫人吃下去。”产婆吩咐道。

丫鬟们闻言立刻出去端饭菜，生孩子要有足够的体力，厨房的人在孩子没生出来之前是不敢休息的。

“怎么还没生出来？”叶韬坐不住了，在屋子里来回转悠，脑子里一直闪烁着当初叶子聪出生时的惊险画面，同样是到了夜里孩子还没有生出来，郝光光难受的呻吟声越来越频繁，他哪里还放心得下来。

“里面的人听着，关键时刻保大人！若有个闪失你们别想活着走出这叶氏山庄！”叶韬越想越心惊，跑到门前拍着房门对里面吼。

“我的天啊！”被强行拖着不让回房睡觉的左沉舟猛地拍了下额头，冲过去将他拉离门口的位置警告道，“大嫂在里面生孩子，你这般大吼大叫的，害她受惊没事都变成有事了！”

关心则乱的叶韬被左沉舟一提醒顿时吓出一身冷汗，不敢再乱出声，推开左沉舟坐回椅子上，置于桌上的拳头攥得青筋直冒，郝光光每呼痛一声他的身体便更僵一分。

叶云心和东方佑也在，郝光光生孩子，按理左沉舟与东方佑没必要一直在这里等，只是叶韬不让他们走，他担惊受怕的时候肯定不会放他们回房睡舒服觉去，好兄弟就是要“有难同当”！

“庄主真是太紧张夫人了。”两个接生婆僵笑着，擦了把被叶韬吓出的冷汗后继续给郝光光接生。

“哪家不重视子孙后代的？庄主如此在乎夫人，夫人你可要坚持住了！”

郝光光没力气说话，不知是下身突然传来尖锐的痛闹的，还是因为叶韬吼的话，总之原本干涩的眼睛突然湿润起来。

这个孩子怀着时没怎么折腾郝光光，但是生产时着实害得一干人提心吊胆了很久。

郝光光疼了大半天加一宿，最终在天即将亮时才生出来，孩子一落地，郝光光便虚脱得睡了过去，与周公对弈之前她听产婆如释重负地说了句母女平安。

原来真的是女儿，郝光光嘴角轻轻扬起一抹笑，随后便沉沉睡了过去。

“终于生了，恭喜你喜得贵女。哎哟不行了，困死了，我要去睡觉。”左沉舟拍了拍叶韬的肩膀，打着哈欠离开了。

叶云心捶着酸痛的肩膀，顶着一双熊猫眼走到叶韬身前道：“光光母女平安，恭喜韬哥哥这下儿女双全了。”

东方佑看着疲惫不堪的叶云心，眼中布满心疼，对依然傻站着的叶韬道：“我们先回去休息了。”

“都去休息吧。”叶韬摆了摆手，终于自提心吊胆中回过神来的叶韬抹了把脸后大步迈进了产房。

屋内丫鬟们在收拾凌乱的房间，产婆领完赏钱回家睡觉了。

叶韬在郝光光累及昏睡过去的床边轻轻坐下，看着床上躺着的一大一小两个女人舍不得眨眼。

如颜如玉她们见叶韬进来，放下手中的活计轻轻出了房间。

叶韬静静地看着郝光光的睡颜，良久后伸出手去想触碰她的脸，无奈手在颤，中途撤了回来。

此时手颤动得幅度小了许多，刚刚产婆抱着婴儿出来给他看时他没有抱，怕颤抖的胳膊使不上力摔到了宝宝。

“光光……”叶韬有些后怕地看着郝光光，半天加一宿的等待差点儿将他逼疯，并非第一次当爹，但恐惧却一点儿都不少。

慢慢俯下身，珍重宝贝地在紧闭着眼睡觉的女儿脸上轻轻亲了口，孩子刚出生，脸皱巴巴的一点儿都不漂亮，也看不出像谁来，身形比起其他足月的宝宝显得略微瘦小些，就是因为这样，才没有引起他人怀疑。不过很精神，刚落地时哭声很响亮，听着声音便知这是个很健康并且有朝气的孩子。

太久没睡，又因担惊受怕，此时的叶韬哪里还有平时俊逸潇洒的一面，整个人显得又疲惫又邋遢，实在熬不住，脱下靴子放下床幔陪着妻子女儿在宽敞的大床上一同入眠。

这一觉叶韬睡得有些沉，但并不踏实，他梦到前妻生叶子聪血崩的情景，初得儿子的喜悦最终被恐惧取代，虽然时间已经过去了七年之久，但当时恐怖的画面还深刻地印在叶韬的记忆里。

梦境中的叶韬隐约知道自己是在做梦，但又不是很肯定，因为那一声声痛苦的呻吟太过真实，叶韬等不及了，不顾众人反对大力推开产房的门冲进去，只见产房内的床上大片大片的血，产婆一脸恐慌地道：“不好了，夫人血崩！”

“雅儿。”叶韬奔到床前呼唤着进入弥留状态的妻子，叶子聪的娘亲乳名叫雅儿。

苍白虚弱的女子勉强睁开双眼，对着担忧的丈夫安抚地笑了笑。

画面突然一变，雅儿的脸一下子变成了郝光光的，只见郝光光双眼紧闭，一动不动地躺在床上，身下全是血，鲜红的血流得满床都是，然后弥漫到地上，血流在地上“滴答滴答”的声音特别清晰，传入叶韬的耳中有如催命的恶鬼。

“光光……”僵立在床前的叶韬混乱了，弄不清床上的女子究竟是谁，但心中的恐惧却升到了最高点，想去摸一摸床上的人但手却动不了，急得他满身是汗，对着逐渐停止呼吸的女子大喊起来，“郝光光，你给我醒来！”

“哇。”一声婴儿的哭声在耳边响起，梦境中的叶韬还在大喊着郝光光的名字，产婆将满是血的婴儿抱起来说道：“是个千金。”

婴孩哭声甚响，可叶韬顾不得去看孩子，看到郝光光头一歪咽气的画面他瞬间呆住，仿佛灵魂都已经飞离了身体追着她去了。

“光光……”叶韬腿一软跪坐在地上，喃喃地唤着郝光光的名字，眼泪突然流了下来，心痛得像是有只手在狠狠地捏一般，痛得他喘不过气来，他无法接受那个浑身充满朝气动不动就与他唱反调的女人就这般没了。

“我在这，你醒醒。”一只柔软无力的手在拍他的脸。

这声音好熟悉，叶韬有点蒙。

“快醒！”这次改拍为捏，可惜使不上力道，就像在给他挠痒痒。

“光光！”不知哪里来的力气，叶韬终于挣脱了魔障倏地坐起来，冷汗一滴滴往下流，看到床幔，混乱的意识终于归位，意识到刚刚那撕心裂肺的情景是在做梦，现实中郝光光和女儿都是平平安安的。

感恩与庆幸突然淹没了叶韬，没有什么比郝光光母女平安更令他高兴的事了。

“哇。”宝宝的哭声还在继续。

“你做什么梦了？鬼吼鬼叫的，看都将女儿吵醒了。”郝光光虚弱地抱怨道，她也是被叶韬吵醒的，叶韬喊出的声响太大太恐怖，吓得她现在心还跳得厉害。

见郝光光也醒了，叶韬如释重负地擦了把脸上的汗，深吸一口气道：“幸亏是个梦。宝宝怎么了？是饿了还是尿了？”

郝光光也担心，但此时她浑身虚弱无力无法抱起宝宝来，焦急地道：“将刘妈妈叫进来看看吧？”

“不用。”叶韬手忙脚乱地掀开宝宝身上裹着的衣物，手往宝宝身下一探，了然地笑起来，“是尿了。”

“叫如颜她们进来换尿布吧。”郝光光心疼地看着哭得小脸皱成一团的女儿。

“我来。”叶韬自床头取过装着干净尿布的包裹，拿出一件干爽的叠好，动作笨拙地给哇哇大哭的女儿换上，尿布换得他又出了许多汗，扔掉脏了的尿布，将宝宝重新用舒适暖和的衣料包裹好小心地放在郝光光怀里，笑着道，“你来抱抱她吧，这小家伙真精神。”

换好尿布后宝宝抽泣了几下后又睡着了，不及巴掌大的小脸儿还泛着一丝丝委屈，仿佛在控诉着爹娘的后知后觉。

“好可爱。”郝光光新奇地打量着这个与她血脉相连的小小人儿，折腾了她一天一宿才出来的宝宝，当时疼得厉害时她甚至想放弃，不想要这个怀胎十月的孩子了，结果现在看着紧贴着她熟睡的宝宝只觉得心柔软得一塌糊涂，先前疼得死去活来的场景仿佛已是上辈子的事。

“光光，你辛苦了。”叶韬挨着她们躺下来，说出这句早就想说的话。

郝光光突然感觉很窝心，叶韬这句话包含了很多复杂的情绪，她居然听懂了。抿唇微笑，那难耐痛苦的生产之苦还有一个月的坐月子的烦闷，与丈夫的感激体贴和健康可爱的女儿相比根本就微不足道了。

“你刚刚梦到什么了，喊得那么痛苦？”郝光光太累，刚问完便闭上眼睛轻揽着宝宝睡着了。

刚才那个噩梦叶韬回想一下都觉得心惊胆战，后怕地握住郝光光的手舍不得放开，梦里因失去郝光光那绝望沉痛的感觉还深刻地印在脑海中，那种对生活无望想抛弃一切换回她一条命的感觉尤为强烈。

感谢那个梦，否则他还意识不到郝光光对他的重要性，也无法如此时这般深刻地觉得妻女都安然睡在身边是多么幸福的一件事。

“光光，你一定要好好儿的。”叶韬在心中祈祷道，郝光光固然不温柔不体贴，也没有什么才华，但是她能带给自己他人无法给予的轻松与欢乐，有这点就够了。

郝光光“早产”的事着实令庄上众人吓得不轻，好在最后母女平安，虽说早产，但听说宝宝挺健康，一点儿都不比足月生产的孩子弱，于是乎众人纷纷说小姐福大命大，有佛祖保佑才得以在早产的情况下还能活泼健康。

叶韬请了两个奶娘来给宝宝喂奶，郝光光在休息了五日后身子终于不那么疼了，偶尔会自己喂宝宝奶。

某日，叶韬在房中陪郝光光她们母女待着，叶子聪来了。

叶韬给女儿起了个名字叫叶子茜，叶子聪来时她正吃饱了奶在睡觉。

叶子聪胳膊肘儿抵在床边凑上前看着皮肤泛黄小脸皱巴巴的妹妹，左看右看上看下看了好一会儿，眉头倏地紧皱起来。

坐在床上的郝光光看到叶子聪的反应觉得奇怪，纳闷地问："怎么了？"

叶子聪抿了抿唇，拿眼角余光扫了眼叶韬，见爹爹脸上挂着笑，于是胆子大了起来，指着睡得正香的叶子茜用些许质疑的语气问郝光光："她真的是我妹妹吗？"

郝光光闻言挑了挑眉，莫名其妙地道："她当然是你妹妹了。"

扁了扁嘴，叶子聪皱着眉头又看了眼瘦瘦小小黄巴巴的妹妹，失望地道："好丑。"

郝光光不高兴了，柳眉一竖怒道："你说谁丑了？我闺女漂亮着呢！"

叶子聪鄙夷地瞟了郝光光一眼，望向一直没出声的叶韬，问："爹爹，您觉得妹妹丑不丑？"

还没等叶韬开口说话，叶子聪又不知死活地说了句："这么丑，爹爹，她其实不是我亲妹妹吧？"

这话其实只是小孩子无意识乱抱怨的一句话，但是听在大人耳中就成了另外一个意思。

叶韬闻言含着笑的脸立刻冷了下来，抬起巴掌冲叶子聪的肩膀拍去："胡说什么？滚出去！"

突然挨了打的叶子聪蒙了，不明白笑着的父亲怎么突然就翻了脸。

郝光光见状扯了下叶韬的袖子，责怪道："小孩子说错话而已，跟他计较什么？"

叶韬不悦的表情没有因为郝光光的话而好转，瞪着一脸问号的叶子聪："还愣着什么？回你的房间去！"

看了眼生气的叶韬，又看了看正瞪着叶韬抱怨的郝光光，叶子聪紧抿着唇站起身跑了出去。

叶子聪气呼呼地往回走，边走边委屈地抹泪，他也没说错，妹妹明明很丑嘛，与他想象的精雕玉琢的小奶娃完全不一样。

"哭什么呢？来与左叔叔说说谁欺负你了。"左沉舟迎面走来，看到叶子聪诧异了一下。

见到一向疼爱自己的左沉舟，叶子聪更委屈了，扑到他怀里猛哭，哭完后禁不住对方追问，遂将方才自己因说了实话而被叶韬骂出来的事详细说了遍，说完后望着神情有些古怪的左沉舟问道："左叔叔评评理，子聪被骂得很无辜对不对？"

忍了忍，最后没忍住，在叶子聪控诉委屈的注视下，左沉舟很不给面子地仰天大笑起来，笑完后上气不接下气地指着气得脸色铁青的叶子聪说道："你、你那话可是在影射你老子戴绿帽，他没一、一脚将你踹出来算不错了。"

叶子聪想不明白，愤愤地瞪着幸灾乐祸的左沉舟："妹妹长得丑与绿帽有何关系？"

左沉舟擦掉眼角笑出来的眼泪，同情地拍了拍被"冤枉"了的叶子聪，语重心长地道："孩子，你还小，长大后就明白了，以后不许再随便说子茜丑或不是你妹妹，再有下次你爹可不是赶你出来那么简单了！"

交代完要说的话，左沉舟离开了，留下叶子聪一个人奋力地思考着说实话与戴绿帽两者间究竟有什么关系……

坐月子的一个月郝光光深刻地体会到了叶云心被禁足时的痛苦，明白为何当初刚一解禁叶云心就崩溃得说要离家出走，这种无聊且毫无自由可言的"牢笼"生活她真不想再尝试第二次。

一个月后，像小耗子一般大的叶子茜长大了一丁点儿，皮肤白了一些，比起刚出生时要好看，叶子聪隔不了几日就过来看看，虽说还不是很满意，但起码不会再抱怨妹妹难看了。

出了月子，郝光光最先做的事便是让人准备好大一桶水泡澡，屋子里热气腾腾的，绝对不会着凉，泡在浴桶里泡得直犯困都舍不得出来。

郝光光舒服得眯起眼昏昏欲睡，哪里知道她这副毫无防备赤身裸体洗浴的模样都被某只"狼"纳入了眼底……

郝光光只是泡久了困极眯着了，突然被一阵大动作惊醒，睁开眼发现自己正在叶韬怀中，他的身体火热。

"你什么时候进来的？！"郝光光羞窘地往后缩。

叶韬没回答，扣住郝光光的手腕一拉将她拉回怀中，双臂锁住不老实的人低下头狠狠吻了上去。

"唔唔——"郝光光被吻了个正着，叶韬狂暴的欲望铺天盖地袭来，令她毫无招架之力。

在浴桶里郝光光被叶韬“吃”得连渣子都不剩，此时才深深明白，男人不能憋太久，太久之后一旦爆发起来那是相当可怕的！

一宿不知被折腾了多少次，她还真没睡着，每次过后累得她闭上眼想休息，结果都在即将睡着之时又被叶韬弄醒。

天快亮时叶韬才放过她，郝光光终于得以休息时闭着眼欲哭无泪地想幸亏她因怀孕加坐月子长了许多肉，若还按以前那苗条纤细的身段，被无耻可恶的叶韬这么折腾一宿怕是十天半个月都下不了床了。

第二日一早，一宿没睡的叶韬神清气爽地出门了，而郝光光则蔫得起不来床，顶着一身可疑的红点点窝在床上窘得不敢见人，连丫鬟来要给郝光光简单清洗下都被一口拒绝。

“臭男人，老色鬼！”郝光光捂着滚烫的脸窝在被子里不停说叶韬坏话。

下午时，叶云心来找郝光光，看到郝光光的样子，就一直暧昧地冲着被子里的人笑。

“笑笑笑，再笑踹你出去！”郝光光恼羞成怒。

“踹呀，只是你现在还有‘力气’吗？”叶云心掩嘴笑得有恃无恐。

“有男人给你撑腰就胆子壮了是不是？不知是谁因‘身子乏’连续几日没来找我。”郝光光不甘示弱地取笑回去。

叶云心闻言脸一红，抬手拍向郝光光嗔道：“好了，我不取笑你了行不行？”

郝光光白了叶云心一眼，然后望向她的肚子挑眉坏笑：“就是为了有他你前阵子才一直‘乏’对吧？”

“你！你太坏了，韬哥哥怎么不管管你这张嘴！”叶云心臊得捂住脸呻吟起来。

“是你先挑起的话茬儿，还怪我嘴巴坏。”

“好啦，我错了，光光大人有大量不要和我一般见识了吧？”叶云心脸皮与郝光光比还是薄了些，只得示弱。

“算你识相。”郝光光说完后便打了个哈欠，晚上一宿没睡，就上午补了半天觉，现在又困了。

叶云心见状了然一笑，调侃的话不敢再出口，起身道：“你困了先睡吧，我明日再来寻你。”

“好吧。”

“对了，听佑哥哥说你最近在忙着画新阵法的图纸？”叶云心刚走出几步突然想起这件事，于是忍不住问道。

“是呀，反正无事可做，叶韬说我身为女主人要对山庄多上点儿心。”郝光光说着说着眼睛就闭了起来，睡意渐浓。

叶云心笑了笑，说了句“这对大家来说都是好事，若是一举镇住外面的人想必韬哥哥会很有面子”后便离开了。

郝光光嫁进叶氏山庄的事引起过不大不小的轰动，尤其她还逃过婚，等再回来后在大过年的就急急成了亲，宾客都没有请多少，几番作为想让人不注意她都难。

其实这次郝光光“早产”的事已经有些人怀疑了，怀孕时肚子很大结果却并非双胞胎，如此叶韬成亲这么急的原因自然而然就猜到了，只是大家都心里明白，没人有那个胆子说出来而已。

不只外面，就连叶氏山庄也有些人对郝光光能嫁给叶韬做正妻这件事颇有微词，在他们眼中，就算叶韬已经成过亲有了一子，但他的身份和外貌能力都摆在那里，怎么说配得起他的女人得是德才出众的大家闺秀，谁想叶韬无视了不知多少有才有貌的女子们的芳心，最后娶了个没才又不温柔贤惠的野丫头。

不过，不利于郝光光的流言就算外面再传得风风雨雨，郝光光本人却一直没听说。

所谓天下没有不透风的墙，叶韬护得再好，还是有些“漏网之鱼”，郝光光是自庄里一个四五岁的小男孩口中听说的“无才无德无势的她配不起叶韬”的流言，震怒非常，在她喜欢上叶韬之后哪里还能容忍得了别人如此贬低她？

为防叶韬流言听得多了也会认为她一无是处配不起他，于是郝光光下定决心要让人对她刮目相看，这才有了刚刚叶云心所提的那个阵法的事。

郝光光一天没出房门，在床上睡了一天，晚上叶韬回去后看到还窝在床上没精神的郝光光，难得良心发现自我检讨了一番，很体贴地抱郝光光去餐桌旁用饭，还抱她去浴桶，若非郝光光抗拒得厉害，他绝对会体贴到底亲自帮她洗。

看郝光光一直没什么精神，叶韬难得自我反省了番，最后忍不住道：“看你比以前胖了许多，谁想是‘中看不中用’。”

郝光光拿枕头冲叶韬在胳膊上不停地打，边打边骂：“敢嫌弃我胖，也不说说这是谁害的！”

郝光光现在没力气，打起人来也不痛不痒，在她打得气喘吁吁之时叶韬抢过枕头扔到远处的软榻上，随后将气得脸通红的郝光光压在身下警告道：“看来你还很有力气，要不今晚咱们再‘奋斗一宿’？”

这句话威力十足，还想继续撒泼的郝光光顿时蔫了，闭紧嘴在心里将他从头骂到脚。

见威胁起了作用，叶韬捏了捏郝光光因生气更显鼓溜溜的脸，躺回她身侧准备睡觉。

过了很久叶韬睡着了，睡了一天此时毫无睡意的郝光光瞪着一双气愤的眼望着床幔，心里暗暗想着不能再胖下去，都被叶韬嫌弃胖了，再这样下去她岂不是要地位不保？

绝不能让外面那些削尖脑袋想顶替她位置的女人如意！郝光光愤愤地想着。

女为悦己者容，郝光光从来没想过自己有一天会在意某个男人对她的看法，今晚叶韬无意识的一句话着实害她苦闷了，虽没异想天开到要当叶韬眼中最美丽的女人，但起码不能是个胖子兼丑女！

郝光光难得为一件事这般上心，往后的日子她不再甩开膀子猛吃了，哪怕因喂奶后很容易饿都忍着，吃饭就吃个六分饱，甜点吃得少了，在房里画图纸画累了就跑去外面遛弯。

美食当前要控制食欲虽然辛苦，但半个月后郝光光见到成效了，她腰上的肉少了一圈，双下巴消了。

某日晚上亲热过后，叶韬搂着郝光光的腰皱了皱眉问：“你是不是瘦了？”

一听叶韬“夸”她瘦了，郝光光大喜，得意扬扬地瞟了叶韬一眼：“我天生丽质，先前胖是因为生孩子，坐完月子自然要慢慢瘦回去。”

叶韬皱起眉：“丫鬟说你最近饭量减了许多，难道是为了瘦故意的？”

“故意不故意很重要吗？我现在是不是比前阵子好看了？”郝光光一直记着那晚叶韬“嫌弃”她胖的那句话，好容易盼到叶韬发现她瘦了，当然要趁这个机会将里子面子全赚回来。

看着郝光光亮晶晶含着期盼的杏眼，叶韬眉头拧得更紧了，抿唇道：“胡闹！肉乎乎的有什么不好？起码比你现在好看多了！”

“你！”想听的话没听着，反倒更被“嫌弃”了，郝光光怒极，脑子一热想也没想便抬起脚一脚蹬在叶韬肚子上怒道，“你到底想怎样？老娘胖了你嫌弃，瘦了时还嫌弃！”

叶韬捂着被踹疼的肚子，眼中逐渐凝聚风暴，一个翻身猛地压住气呼呼的郝光光，怒极反笑："很好，敢踹我了，既然这么有精力，今晚就别睡了吧！"

轰的一下，郝光光意识到情况不妙，立刻收起怒火小心翼翼地看着眼中闪着危险的叶韬，怯怯地道："大、大爷，小的一时糊涂，您别跟小的一般见识了呗？"

"晚了！"语毕，叶韬吻住郝光光大呼小叫的唇，开始了"奋斗一宿"这等光荣而伟大的任务。

花了不短的时间，郝光光终于将新的阵法图全部画完。

此阵法是郝大郎的看家本领，是最为复杂的阵法之一，其难破解程度并不亚于当初那个迷魂阵，郝光光为了争脸将老爹千叮咛万嘱咐不到万不得已不许透露的阵法拿了出来。

当初郝光光娘家那里的阵法便令叶韬惊艳佩服了许久，这次拿着郝光光画的图纸再听着她的解说叶韬觉得虽说这个阵法不见得就能比那里的强，但起码比起叶氏山庄里有的阵法要高明得多，自己那个"神偷"岳父还真是有本事的人，怪不得能将天下第一美人的心偷走。

叶韬拿着图纸与左沉舟和东方佑商量了一番，随后便开始着手布置新阵法的事宜。

郝光光很气愤自己被人说"一无是处"，于是就想做点什么事惩罚一下没事乱嚼舌根的丫头婆子们。

以前郝光光从来没用过自己的特长去做些什么，好容易要学以致用一番，结果只是为了给自己争面子，不知道郝大郎知道的话会不会生气。

"叫梅园的杨婆子和秋水园的李婆子过来一趟，我有话与她们说。"郝光光让院子里的丫鬟去叫人，待丫鬟一走她立刻忙碌起来，将事先就准备好的树枝还有砖头石块等物围着院子门口里侧的树木和花草挨个摆弄起来。

"叫你们嘴巴不老实，不是看不起我吗，这次就让你们瞧瞧我是不是一无是处！"郝光光挺着还没瘦下去的圆滚腰身，如一个陀螺般围着一棵大槐树不停插插挪挪的，摆弄了大概有一刻钟的时间，终于摆出一个比较简单但能轻而易举困住人的小小阵法来。

"夫人，奴婢将她们带来了。"丫鬟带着人来后没见到郝光光，纳闷地向前走，结果不知怎么的，走个几步眼前的景色突然变了个模样。

"怎么回事？这里是哪儿？"跟在丫鬟身后的两名婆子见她们突然置身于

一个没有出路的密闭空间里，来时的路已经找不到，周身全是花草树木，正好赶上阴天，没有太阳，她们连哪里是东哪里是北都不知道。

“我们莫非是被困在阵法里了？”其中一个婆子突然想起了郝光光最近在画阵法图的事，惊呼道。

“还算不太笨，这是我刚随便摆出来的小阵法，你们若是‘不笨’，有点‘可取之处’的话相信很快就会走出来了。”郝光光幸灾乐祸的声音在不远处响起，她将这两名婆子私底下嘲笑过她的话加重了语气。

“夫人……”两名婆子闻言脸色大变，这是她们曾私底下说过郝光光的话，怎么传到她耳朵里去了？

“夫人息怒，奴婢知错了，以后再不敢乱说话。”在阵法里乱转一气都找不到出口，想拔掉一根树枝找出路，结果明明看着树枝在那里，可伸出手去却摸个空，虚虚实实太难分辨，于是找不到出路就只能在这里困着，婆子急得大声告罪。

另一名婆子见识到了阵法的厉害，虽然郝光光说这只是她摆着玩的小阵法，但对她们来说这就是了不得的大阵法了！跟着另一婆子一起开口求饶：“夫人，放奴婢们出去吧，夫人聪明伶俐，与主上天上一对、地上一双……”

困在阵法里的人看不到外面的情景，可是在外面的人却能看到里面的人，郝光光双臂环胸好整以暇地看着两名婆子的狼狈之相，没有心软地立刻放她们出来。

“本夫人累了，回房休息，你们二位就凭着自己的‘聪明和本事’走出来吧。”郝光光说完跃进阵中将吓傻的丫鬟拉出阵来，速度快得让两个婆子傻眼。

“夫人，她们怎么办？”被拉出阵来的丫鬟转忧为喜，指着还在阵里乱转悠的两个婆子问道。

“不用理她们，你该做什么就做什么。提醒你一句，若是想将她们带出来，可要事先想想自己会不会进去后就出不来了。”郝光光警告地看着善良的小丫鬟。

丫鬟闻言立刻摇头，连忙保证：“奴婢不会的！”

郝光光心情不错地回房了，说过她坏话的人不少，只是她只调查出来了这么两个，于是算她们倒霉，经过这次她突然想到了教训不听话的下人的好办法，不用体罚就能让他们记住教训！

一整天，庄内都在谈论着一件事，那就是夫人将两个碎嘴的婆子困阵法里了，眼瞅着困了大半天，现在天都黑了，两个婆子都没出来，看来她们是将夫人惹火了，要困她们久点。

这大半天的，饿点渴点倒是问题不大，关键是人有三急，万一谁被屎尿憋得紧了却没地方解决，那可比被套麻袋狠揍一顿还难受，毕竟她们不能就地解决，她们看外面是什么都看不到，可是外面的人看她们却是看得清楚，真要当人的面脱了裤子那可有伤风化。

晚上叶韬回来了，笑着问起这事时，郝光光才终于“大人不计小人过”，将被困得要多狼狈有多狼狈的两个婆子放了出来。

“夫、夫人。”两个婆子抖着腿敬畏地望着笑得一脸花儿的郝光光，她们腿抖并非怕，而是憋了大半天，快尿裤子了。

“行了，知道长记性就好了，走吧。”郝光光挥挥手，怜悯地对着快憋哭了的两人说道。

“谢谢夫人！”一得令，两名婆子使出这辈子都没有过的速度嗖的一下跑远了。

这只是一出小事而已，但因为是郝光光自嫁进门以来第一次这么“严重”地惩罚下人，是以这件事被一传十、十传百的，闹得庄内所有人都听说了此事，因为这件事令他们对郝光光改观了，不再觉得她性子软好欺负，而且随便堆起来的一个小小阵法都能差点儿“憋”死两个婆子，若是她认真设个阵法困人那还得了？

郝光光这次的小以惩戒起了超乎预料的作用，下人们再见到郝光光时虽也还像以前那样礼貌有加，但是望向她的眼光里多了几分以前没有的敬重，尤其在得知她新画出来的阵法图赢得了叶韬及左沉舟他们的大力赞赏后，更是觉得这样的女主人并非一无是处了。

她能帮助叶韬令叶氏山庄更安全，而且最重要的是，她能让叶韬开怀地笑，就这一点，其他女人都做不到。

事情过去后没两日，郝光光便开始忙着处理后山换新阵法的事情了，以往她总是山庄内最闲的，而现在她忙得很，阵法因为复杂，是以必须要由她这个设计阵法的人做指挥才成，正好她对管理庄内的大小琐事没兴趣，而阵法上的事她的兴趣却不是一点半点。

若说设计阵法起初只是想出口恶气的话，那到后来就完全变成了兴致所在，郝光光从来没像现在这般觉得自己重要过，尤其在指挥众人搬石头、移树或在树上安装箭矢装机关时，感受到一个个人对她投来佩服的目光，郝光光心花怒放，得意得尾巴快翘到天上去，当然她即使心中再美也没敢在人前表露出来，只等晚上回房后对着叶韬得意。

有时忙活累了，为防技艺生疏，她便又时不时地摆几个小阵法逗逗偷懒或背后说人闲话的丫头婆子。

对于丫头婆子郝光光还是手下留情的，而对那些个不屑听令于她这个女主子话的男家仆或侍卫，她教训起来可是一点儿都不会心软。

有次一名侍卫喝高了，吹起牛皮说他对阵法一事有点研究，还嘲笑郝光光一个女人能有什么本事，摆出的阵法定是小孩儿过家家，也就能骗骗那些个什么都不懂的丫头婆子罢了。

这话不知被哪个多事的下人告密，传到了郝光光耳朵里，然后这名侍卫倒霉了，郝光光特地花了半日时间摆了个稍微复杂点的阵法，结果吹牛皮的侍卫傻眼了，进去后哪里还出得来？急得满头大汗，无论怎么求饶怎么说好话都没用，结果被困了一天一宿。

等郝光光终于“想起”来这件事去放人时，一群尾随而去准备看热闹的人好笑地发现又饿又渴的侍卫披头散发地瘫坐在地上，而离他不远处还有他的排泄物……

曾不服管教或轻视过郝光光的下人们在吃过亏后再不敢对郝光光不敬，因几次小小惩戒令庄内的下人们对郝光光这个女主人言听计从，是打心里服她这个人，而非叶韬正妻这个身份。

凭着对阵法精通这一点受到了很多人的佩服及尊敬，于是渐渐地，郝光光变得自信起来，女人一变得自信，即便容貌一般都会令人感到迷人，何况本身长得就很不错的郝光光了。

叶氏山庄的人都发现，最近他们的夫人变得更漂亮了，举手投足间不仅女人味十足，还很有女主人的架势了。

为了山庄的安全及利益，郝光光与叶韬两人经常会一起探讨布置阵法的事，有商有量的，这般一交流，一个觉得对方并非一无是处，一个觉得对方比自己想象得还要有本事。

一来二去的，互讽的次数少了，因对方在自己心中形象有所改观，于是两口子之间感情突飞猛进。

一边布置新阵法一边毁去旧阵法是件大工程，因这里涉及好多移植树木及机关问题，于是等阵法全部以旧换新后，时间已经过去近半年之久，叶子茜已经十个月大了。

叶子茜在又宽又大的架子床上爬来爬去，肉乎乎的小手撑在床上，仰着头，用那双乌溜溜的黑眼珠望着叶韬和郝光光笑。

叶子茜越长越好看，小脸白净异常，眼睛遗传了外婆和母亲，是一双很漂亮的杏眼，五官有五分像叶韬，两分像郝光光，脸形有一点点郝光光的娘亲魏氏的影子。

女儿越大郝光光越觉得像魏氏，经常望着叶子茜的脸发呆，暗自感叹着这个女儿长大后怕是比她还像魏氏，这样也好，像魏氏的话模样定是万里挑一，也算弥补了自己长得不太像娘的遗憾。

“茜茜又尿了。”叶韬无奈，每次女儿尿裤子后都会用一双无辜的大眼睛傻乎乎地冲他们卖乖，对着这张好看又肉乎乎的小脸，让人想说她都舍不得。

“我来换。”郝光光拿过一旁干净的裤子要给正无辜地对他们笑的女儿换下，结果小裤子被叶韬拿了过去。

“我来吧。”叶韬动作熟练地给女儿换下湿掉的裤子，事后无奈地点点因穿上干爽衣服舒服得直笑的叶子茜，“这么大了还尿裤子，你哥哥这么大时都不尿了。”

叶子茜嘻嘻笑，一点儿都不在意被爹爹笑话，将右手大拇指塞进嘴里吸得啧啧有声。

听叶韬提叶子聪，郝光光上前将叶子茜抱过来道：“你今日还没去看子聪吧？”

“不急。”叶韬看着与自己长得很像的女儿笑。

郝光光白了叶韬一眼，伸手去推他催促道：“快去，什么不急。”

“唉，我这就去。”叶韬无奈摇头，捏了捏女儿软软嫩嫩的脸颊后出了房间，郝光光的行为他了解，不想他因为女儿而冷落了子聪，那是他的儿子就算冷落又能冷落到哪里去？

女孩子要娇养所以他可以尽情地宠她陪她，而男孩子若是这么宠的话难保不会宠出个二世祖来，这就是他对两个孩子态度不同的原因，可惜郝光光不懂他的用心良苦，只是单纯地不想他这个当父亲的偏心太厉害。

叶子聪已经九岁，身高已到叶韬腰际，早熟的他此时看起来更是像小大人似的。

“爹爹。”见到叶韬进来，叶子聪放下手中的书站起身。

“嗯，最近功夫练得如何？”文与武比起来叶韬更重视叶子聪的武艺，当初就是叶子聪什么都学得快唯独功夫不行，这才起了要夺甲子草的念头，对于他们这些远离官场的人来说，才学这等东西只要过得去就好，没人指望叶子聪去考状元。

“三天前佑叔叔教的一套拳法子聪已经学会，佑叔叔说明日起再教我一套掌法。”很快便学会拳法的叶子聪并没有流露出得意来，此时的他已经基本能做到喜怒不外露。

“三天。”叶韬眉头微拧，看着越长越像自己的叶子聪，“我以为你两日就能练好。”

叶子聪闻言立刻低下头，惭愧地道：“子聪下次一定努力！”

叶韬对叶子聪的反应比较满意，眉头松开，指着一旁的椅子：“坐吧。”

“是。”

“本想吃过晚饭再过来，无奈禁不住你娘催。”问过了叶子聪的练功进度，叶韬开口提起了琐事。

听叶韬提及郝光光，叶子聪眼中快速闪过一道笑意，点头应了声。

叶韬望着叶子聪若有所思：“你会因为爹爹疼妹妹甚于你而心生不平吗？”

叶子聪连忙正色道：“子聪不会！”

“为何？”

“妹妹小，爹爹自是要多加疼爱些，子聪已经长大，岂能整日黏在父母身边撒娇？”

“好！”叶韬笑了，难得夸奖道，“真不愧是我的儿子。”

父子两人又挑一些有的没的说了一会儿，一刻钟后叶韬起身，临走时突然问：“子聪，你觉得你娘……怎么样？”

叶子聪错愕了一下，坦然道：“娘很可爱。”说完后意识到这样说长辈不合适，于是赶紧改口，“娘人很好，对子聪也好。”

叶韬仔细看了看叶子聪的表情，见他眼神真挚，知他并非说谎，于是放心了，嘴角微扬：“她呀，不知是真傻还是假傻。”

见父亲笑，叶子聪也笑起来，郝光光这个继母当得委实“失职”了些，不但不揽权不贪小便宜，还总将叶韬往他这里赶，让他们父子交流感情，因为她的不断催促，叶韬不再像以前那般冷落他了。

郝光光面对他时还与以前一样，该笑时还笑，气极了依然会拿鸡毛掸子到处追着他打，他们娘儿俩相处得很自然，不知情的人还以为他们是亲母子，哪里会往继母继子方面想。

“你接着看书吧。”叶韬说完后转身要走。

“爹爹。”叶韬走至门口时，叶子聪突然叫住了他。

“嗯？”叶韬回头。

“那个……”叶子聪表情有些犹豫，还有些害怕，最后因为太想知道答案，于是鼓足勇气问道，“爹爹，子聪知道您现在与娘恩爱无比，但、但是子聪想知道我娘亲她、她……”

叶子聪口中的“娘亲”自然是她的生母。

看儿子问得极其忐忑，叶韬心中蓦地一软，天下大多失了亲娘的孩子都是敏感脆弱的，叶子聪也不例外，哪怕郝光光这个继母一点儿都没有虐待他。

“我知你想问什么，我心中一直有个角落是留给你娘亲的，她是个好女人，我不会有了你娘就将你生母忘了。”

叶子聪早熟的脸上闻言立刻散发出孩童纯粹耀眼的喜悦来，大声道：“谢谢爹，子聪知道了。”

叶韬点点头，出了房门。站在房门口望着天上的太阳，心里默念着：雅儿，我会好好儿待子聪，光光也会，你在天上就安心吧。

几年的夫妻之情岂会说忘就忘，叶子聪的生母会一直在叶韬心目中留有一个特殊的位置，只是那段感情已经过去，过去的一切就当它是名贵的古玩放在安静的角落好好珍藏，偶尔想看了就翻出来看看，毕竟人活在世最重要的是现在。

叶子聪的生母他固然不能无情地说忘就忘，但是他明确地知道这辈子会令他心起波澜、会令他为之笑为之怒、恨不能时时刻刻能看到、能将他的心塞得满满的人是郝光光，除她别无他人。

某日，郝光光闲着无聊抱着刚睡醒的女儿去找叶云心。

叶云心马上就要临盆，肚子挺得极大，不方便出门，郝光光一有空便过来看看，陪叶云心谈谈心。

叶云心靠在床头，双手抚着自己的大肚子听郝光光逗弄叶子茜的话语，嘴角噙着笑意，喜悦地想着过不久她也能像郝光光一样对自己的孩子轻声细语或抱怨宝宝调皮了。

“光光你最近可风光着呢，听说下人们谈到你个个都小心翼翼的，唯恐哪句话惹得你不高兴被困阵里出不来。”叶云心见到郝光光立刻调侃起来，对于自己因身体原因无法与郝光光一起“整人”感到遗憾。

“怎么，你没参与觉得可惜了？”郝光光挑挑眉打趣道。

“真不愧是我的好姐妹，我想什么你都猜得出来。”叶云心毫不掩饰自己的遗憾，摸着圆滚滚的大肚子可怜巴巴地望着郝光光。

“你想玩，那就赶紧将孩子生下来，等再有人不老实时我定叫上你一起整他如何？”

“光光你真好！”叶云心笑了起来，私底下就她们两人时她就直呼她光光，有外人在她才随着叫夫人。

“我自己整人着实无聊了些，有你陪着肯定更好玩儿。”郝光光眨着一双邪恶的大眼奸笑着，她这话若是被外面那些下人们听到不知要吐血几升。

“对，肯定非常好玩儿！”叶云心大力点头。

叶子茜见自己的娘笑，也傻傻地咧起嘴来跟着笑，笑得哈喇子流得满下巴都是。

“啊，对了，我想起一件事。”叶云心惊呼完后就开始拿眼角瞄着郝光光捂嘴偷笑。

郝光光见状直觉不是好事，翻了个白眼在白白胖胖的闺女脸上香了口，不屑地道：“不管你想起什么事，本人都没兴趣听。”

“真的没兴趣？是关于你口中那什么白小三和王蝎子的也不想听？”叶云心挑眉问道。

“白小三？王蝎子？”郝光光张大嘴讶然地望向叶云心，这两个人已经快淡出她的记忆，若非叶云心提起她都快忘了还有这么两号人物了。

“想听了？”叶云心露出得逞的笑，抚着肚皮得意地道，“这是自佑哥哥那里听来的，我知你肯定不知道，韬哥哥才不会告诉你关于你‘前夫’的事！”

“你不说我也能猜到一些，不会是白小三不老实惹怒叶韬了吧？”郝光光不甚在意地笑笑。

“什么时候变聪明了？真是的。”叶云心懊恼地卷了卷发丝，嘟起嘴来道，“这事其实过去大半年了，是佑哥哥不小心说漏了嘴我才问出来的。”

半年前白小三跑来叶氏山庄的地盘上徘徊过，他之所以来是因为听说叶韬成亲了，而新娘子经某些人的描述他越来越觉得像是郝光光，当初因为王家招婿的事他知道郝光光与叶韬认识。

男人一般都有些劣根性，白小三虽然休了郝光光，对她的后半生的生活完全不关心，但她再嫁后若他不知道就罢了，知道了自是不痛快，他不要了的女人最好为他守身一辈子，若是嫁给别人还过得幸福那是对他莫大的污辱！

于是白小三在家里待不住了，趁着虽有美丽外貌但实则厉害凶悍无比的妻子回娘家期间，一个人偷偷前往北方来查探情况。

到了叶氏山庄附近后便到处寻人打探叶韬再婚妻子的名姓和长相，虽没问出来闺名，但叶氏山庄新任主母姓郝且是个活泼娇美女子的事倒是打听到了，不用说这绝对是郝光光！

几经试探，发现外面的人无人知道郝光光以前成过亲，只知她是叶韬自南方带回来的，与魏家关系比较近，是魏哲的义妹。

白小三不知是哪根筋不对劲了，觉得叶韬如此大的人物定是不愿意被人知道妻子曾经嫁过人而且被休过，因为他丢不起这个脸！

于是便想要威胁叶韬，最好敲一笔钱，这时的白小三早忘了当初曾被叶韬收拾过的事了，只想着自己婚姻不痛快，也不能让郝光光痛快地与别的男人恩恩爱爱丢他脸。

叶氏山庄势力不小，自白小三踏足这里打探起郝光光的事时起便有人去报信了，叶韬知道后交代手下按兵不动，看看白小三的目的再做打算。

结果，白小三等不及了开始假借醉酒逢人便说郝光光很像被他休了的前妻，他是想借由此事引起叶韬的注意，他只是说的“很像”，若叶韬“识相”的话大方点，那这“很像”就是他眼花看错了，而若是叶韬一点儿表示没有，那“很像”就变成了“是”。

其实白小三胆子并不大，也知如此做得罪了叶氏山庄对他没有半分好处，可是他走投无路了，自从王蝎子嫁过来后白家的生意便开始走下坡路。

当初他参加王家举办的选婿大会不但是为了美人，还为了王家的财势去的，谁想王家已经是空壳子！

与这样的人联了姻白家不但半点儿好处没得着，被王蝎子暗中一使坏，白家的财物受损严重，又因名下产业几处遭了暗算亏损了许多，导致白家目前也快成了空壳子，他不想白家在他的手上败落，于是便想出了这么一个损人利己的馊主意。

“叶韬怎么做的？”郝光光想笑，为白小三无耻兼天真可笑的作为感到鄙夷。

“佑哥哥说了，白小三以前就拿你被休的事不老实过，当初给过他一点儿教训，谁想这次又来，以韬哥哥的性子哪里可能轻饶他？白小三的下场据说挺凄惨。”

“什么下场？再次被打得半死不活扔回去吗？”郝光光毫无同情心地问。

“算是吧，听说是将他的舌头割了大半截然后双手打残，不能说也不能动笔了。”叶云心打了个哆嗦，因为映入脑海中的是恐怖画面。

郝光光吓了一跳，呆愣住。

“怎么？你不会觉得韬哥哥这么做残忍吧？韬哥哥是什么人，哪里能容忍得了有人一而再地挑衅，再说挑衅的还不是别人，是你‘前夫’！”叶云心对郝光光反应有点儿不满。

“你这么说是什么意思？”郝光光眨了眨眼，对叶云心的语气感到莫名其妙。

“刚还夸你聪明了，其实还是很笨！”叶云心恨铁不成钢地说道，稍稍坐直身子哼道，“佑哥哥说了，就算你对你的前夫没有半点感情甚至是讨厌的，但是他曾经与你拜过堂，韬哥哥这么骄傲的男人又岂会像面对平常人那样面对白小三？尤其是这个不长眼的男人还屡次前来威胁，换谁谁不生气？”

“呃。”郝光光闻言不自觉点点头，确实是这样，不过她还是不高兴，拧眉不悦道，“怎么就在意我曾经拜过堂？他以前也拜过堂！我都没嫌弃他，他凭什么嫌弃我？”

叶云心若非身体不便，真想冲过去捶郝光光两下，咬牙忍耐地道：“你没抓到重点！我的意思并非是说韬哥哥嫌弃你，他对你有多好难道你不知道？什么时候嫌弃过你了？”

郝光光被瞪得有些发懵，讪讪地道：“不是这个意思，那你是什么意思？”

“还能是什么意思，当然是韬哥哥重视你喜爱你，在吃醋罢了！”

“啊！”郝光光傻了，蓦地，一抹红云悄悄袭上脸颊，原本平稳的心跳加速跳动起来。

“笨死你了！我累了，肚子里的孩子在折腾我。”叶云心乏了，躺回床上要睡觉。

“那你休息，我回去了。”郝光光还没完全从刚才的“惊讶”中回过神来，神思不属地抱着正搂着她脖子咬她耳朵的叶子茜离开。

成亲这么久以来，郝光光能感觉得到叶韬对她的心意，但是他一直没有亲口说过，她不能肯定，这次听叶云心这个旁观者一点化，郝光光立刻有豁然开朗之感，叶韬从来没有对她提过白小三再次挑衅的事，难道真如叶云心所说的那样是因为他在吃醋？不想对她说关于她前夫的事？

一整日，郝光光都在思索这件事，一边想一边笑，脸上红晕褪了又现，现了又褪，丫鬟们见了知她是因为想到叶韬才如此，于是个个在背地里偷着乐。

晚上，叶韬回了房，两人躺在床上。

黑暗中，郝光光睁着眼问身旁的男人：“叶韬，你喜不喜欢我？”

叶韬沉默，就在郝光光以为他不会回答时不悦地道：“乱问什么？睡觉！”

“哼，你不回答就当你是喜欢我，你不高兴了就当你被我说中恼羞成怒了。嘿嘿。”郝光光眯起眼来笑得跟偷了腥的猫一样。

“有空想这些莫名其妙的东西，不如我们做点别的。”叶韬声音带了些微的不自然，拉过郝光光开始脱起她的衣服来。

“喂，干什么，我在说正事呢。”郝光光羞窘得直躲。

“给子聪和子茜生个弟弟妹妹才是正事！”

“你还没说你喜欢我呢！不说我就不让你碰！”郝光光拿出撒手锏。

叶韬的动作顿了顿，最后不太情愿地说：“我……不讨厌你。”

“不讨厌！说一句你喜欢我会掉块肉是怎么的？”郝光光不满，要叶韬这种自大的男人说甜蜜的话简直比登天还难，“不讨厌你”这种话算是他极限了吧？

叶韬突然就怒了，快速脱去郝光光的衣服紧紧压住她不满道：“你也没对我说过喜欢这两个字！”

“你！”郝光光气笑了，拍了叶韬的肩膀一下骂道，“你还是不是男人？居然在意这种事。”

“嗯？我是不是男人你还不了解？”叶韬拉过郝光光的手放到自己某个灼热的部位威胁道。

郝光光脸腾的一下红透了，气得不知要说什么。

叶韬的双手开始在郝光光身上点火，边点边道：“说你喜欢我！”

“我不讨厌你。”郝光光恶作剧地拿刚刚叶韬对她说的话还了回去。

叶韬动作一顿，随后在郝光光又瘦了许多的腰上一捏。

“啊！”郝光光禁不住痒笑了起来，边笑边求饶，“别捏别捏，我说还不行。”

“说！”

郝光光擦掉笑出的眼泪，不满地道：“你说，我有多久没想过逃跑了？”

“多久？”叶韬想了想回道，“自成亲后就没有过吧？”

“哼，如此你还执著于那个答案吗？”郝光光红着脸嗔道，她既然一直没有想过逃跑，难道不能说明什么吗？

叶韬豁然开朗，眼中闪过浓浓的笑意，他知道郝光光的话所表达的意思，他们两个人自最初的针锋相对互看不顺眼到现在的和平相处着实不容易，因初相识时种种的不愉快，又因两人骄傲的性子使然，谁都很难先说出“喜欢你”这三个字来，更别提“爱”了。

“我明白了。”叶韬的声音极其温柔，手上力道也放轻了，在郝光光额头上吻了一下道，“光光，我们再生个孩子吧？”

“生孩子很辛苦的，还是不要了吧？”

“不行，你再生个孩子，我就说你想听的那句话。”叶韬开始诱惑。

“真的？”

“真的。”

听叶韬告白绝对是人生一大乐事，郝光光禁不住诱惑最终点头答应了：“你要说到做到，否则我就逃跑！”

“你敢！”叶韬一个挺身冲进了郝光光体内。

“嗯——你看我敢不敢！”

“敢逃跑我就让子聪将你那只八哥喂猫！”语毕为了给叶家“开枝散叶”，叶韬开始卖力起来。

郝光光来不及抗议，身体上传来的强烈快感瞬间占据了她的思绪，想说的话早忘到天边去了……

叶韬这日没出门，在书房里处理事务。

没多会儿，左沉舟进来了。

“箫剑山庄那边有什么风声传出来吗？”叶韬停下笔望向看起来心情颇好的左沉舟。

“箫任那只小狐狸背后、大腿各中两箭，此时正在庄内养伤呢。箫剑山庄的人对外称他们少庄主外出办事时遇袭，被谁所袭他们则一问三不知，只推说这事只有少主知道。”左沉舟说完后突然笑了，看向眉宇间同样闪现悦色的叶韬，“箫任小狐狸宁愿称自己路上被袭都不愿让人知道自己是擅闯叶氏山庄受的伤，他这个自称年青一代阵法技能最强的人这下踢到铁板了，输给比他还小几岁的女人手上，看来一年半载内，那自尊心特强的骄傲家伙不敢再来叶氏山庄了。”

箫剑山庄是武林中的后起之秀，在江湖上有一定的地位，但是比起叶氏山庄来势力和根基都相差很远。

箫老庄主只有一子，这个儿子就是箫任，自小便对阵法机关有着极大的兴趣，学得也快，在他二十二岁之后便开始到处挑战各大家族及山庄的阵法，听说哪家阵法厉害他便去哪里。

一年下来被他破解的阵法无数，着实令很多武林大家头疼不已，因自出江湖以来还没败过，于是更加助长了箫任的气焰，扬言没有他箫任破解不了的阵！

自南方闯到北方，他连京中的将军府都闯过，因只是试了阵法最后留下“此阵不过尔尔”的话，并没有伤人，也没有损及一草一木，是以京中的大官们虽气他，但也不好将没有犯法的箫任抓进牢。

最后慕名来到了叶氏山庄，没换之前的阵法箫任便闯过，虽然用了很长时间，最后胳膊上中了一箭，但还是被他成功地破解了阵法，留下“此阵不过尔尔”的字条。

这件事令叶韬等人非常恼火，先前郝光光就曾轻而易举地破了阵与叶云心逃跑了，后来又被一个年轻小伙子破了阵，叶氏山庄的脸面都丢光了！

正好这事发生不久，因被瞒着不知道箫任闯阵一事的郝光光为了证明自己开始设计全新的阵法来，阴错阳差之下等于是解了叶氏山庄的燃眉之急。

时隔大半年，箫任在听说了叶氏山庄换新阵法的事后再度光临了，只是这次他没讨得好去，被复杂诡异的阵法机关困得差点儿没出去，连阵中心都没走到便被角度刁钻、令人防不胜防的羽箭射中，虽靠着上佳的身手打落了无数的箭支，但在狼狈逃走途中还是没能躲过所有的箭……

“总算一雪前耻了，这下看箫剑山庄的人还敢不敢笑话我们天下第一庄！”左沉舟得意极了，若是身后有只尾巴，怕是早就翘天上去了。

叶韬嘴角轻扬，开口道：“箫小狐狸脸皮薄，我们就卖他一个面子不将这事泄露出去吧。”

“为何？这可正是大振我们叶氏山庄威名的机会。”左沉舟诧异挑眉，突然想到了什么，恍然道，“你如此做是保护夫人，不想将她推到风口浪尖上去吧？”

叶韬但笑不语，虽说已经很多人知道新的阵法出自郝光光的妙手，但这倒还不会引来什么麻烦，而若是搅和得无数人怨怼不已的箫任败在郝光光之手的消息传出去，那对郝光光而言并非是好事，他想让她无忧无虑地在山庄内生活，不想被全天下的人惦记着而不能再过舒心自在的日子。

看着笑容突然变得温柔起来的叶韬，左沉舟鄙夷地撇嘴：“真是个体贴妻子的好男人，以前怎么没发现你还有这潜质？”

“你很闲？”叶韬收起笑，剑眉一挑，俊眸扫向左沉舟。

左沉舟见状顿觉不妙，起身就要走。

“站住。”叶韬不紧不慢地出声，看着极不情愿但还是站住了的左沉舟，起身指着堆积成山的书案道，“你来处理这些账务吧。”

“你就不怕我心不甘在账务上做手脚？”左沉舟望着几十个账本眉头皱得死紧。

“不怕，我信得过你。”叶韬一脸轻松地走过来，拍拍左沉舟的肩膀调侃道，“谁让我们三兄弟就你一个人还没成家？不帮忙多做点事怎么成。”

“你！”被“孤立”了的左沉舟愤愤地瞪了叶韬一眼，垮着脸走向书案，这下整整一天他怕是别想休息了。

在叶韬将要走出书房时，左沉舟突然开口唤道：“庄主。”

“什么事？”叶韬回头问。

左沉舟磨着墨，收起不满的情绪，颇为正经地道：“夫人是个好女人，她配得上你。”

闻言，叶韬错愕了下，随即眼中立刻泛起笑来，嘴角上扬，心满意足地道：“我知道。”

叶韬笑得太幸福，令左沉舟这个“孤家寡人”看着感觉颇不是滋味，强忍着心中快溢出来的羡慕说道：“以前总觉得夫人既非绝色又非才女，本来身世高贵但却因不能与魏家相认，于是与普通百姓没什么不同。我时常想，就这么一个有点缺心眼、欺软怕硬的普通到不能再普通的女人怎么就入得你的眼了？”

“现在可是改观了？”叶韬好笑地摇头，感情的事又岂是道理能解释得明白的。

左沉舟点了点头，颇为感慨地道：“这次箫任的事让我明白，夫人有能力助你更好地打理叶氏山庄，不仅我这样想，东方那小子亦是这样想的。”

郝光光被夸，比夸自己还高兴，叶韬心情一好说了句令左沉舟嘴角猛抽搐的话来。

“这样想是对的，否则惹怒她，将你们一个个困进阵里看谁还敢不服！”叶韬说完后哈哈大笑，他很少这样笑，这次是心情太好所致。

“你这个重色轻友的家伙！”左沉舟后悔自己叫住叶韬说这些话了，铁青着脸翻起账本来，不再理会某个被爱情冲昏头的大傻瓜。

叶韬笑够了，最后望着亲如兄弟的好友认真地说道：“我会娶光光纯粹是喜欢她这个人，简简单单的、不要心机，很可爱。与她在一起我感到快乐，这比什么都重要，就算她一辈子都不识字、不懂阵法也学不会管理庄内事务都不要紧。我还是会喜欢她一辈子，因为只有她才会给我带来快乐和满足，这是其他女人所做不到的。”

叶韬说完后不理会被他突如其来的剖心之语惊住的左沉舟，推门出了书房，对着郝光光不好意思表白出口的话，当着好兄弟的面终于说了出来。

看向蔚蓝的天空，叶韬觉得自己此时的心情就与这没有半片云彩的天空一般晴朗，想起郝光光和叶子茜母女，神色蓦地转柔。

女人的姿色、才学、智慧等等在他心目中没有那么重要，彼此间心灵上的契合、在一起时会感到快乐幸福才是真的重要！

番外一

在郝光光没有用阵法完全镇住那群人时，她配不上叶韬的流言不知怎么的传到了魏哲的耳朵里，自然气得不轻，在他眼中，郝光光是单纯乐观的，是非常美好的姑娘，结果被人传得样样配不上叶韬，心中极为不忿。

郝光光的才学和性格他左右不了，但是她的地位魏家人是可以改善的，于是魏哲思虑过后将郝光光“无权无势”不配叶韬的流言说给魏相夫妇听了。

不能认下郝光光这个外孙女一直是魏相夫妇的心病，此时听说外孙女在叶氏山庄被下人瞧不起，自然不高兴，既然魏哲义妹这个身份在外人眼中那么不起眼，那与整个魏家都扯上点关系总行了吧？

于是老两口商量了下，最后决定让魏夫人，也就是魏哲的娘认郝光光为干女儿，这样比光魏哲认下这个义妹要正式得多。

魏夫人对郝光光没什么感觉，不过看公婆还有儿子对她这么上心，于是也就从了他们的心愿决定认下郝光光这个干女儿了。

魏夫人的干女儿，就等于是魏相夫妇的干外孙女，为了给郝光光争一口气，魏相在与叶韬商量过并且得到了郝光光的同意后，将这件事传播得广为人知，最后连得过叶韬好处并且还想一直得好处的皇帝都掺和了一脚，亲自拟旨，极其正式地宣布郝光光是魏夫人的干女儿、魏相的干外孙女。

因为郝光光不怎么像魏大小姐，是以皇帝见过她后并没有起疑，连为何魏家这么重视郝光光也以为他们是想抓牢叶氏山庄这条大肥鱼的原因。

虽然还是魏哲的义妹，但是因皇帝下了旨认做魏夫人的干女儿后意义大为不同，她的娘家就是相府，这次再也没有人敢说郝光光无权无势了，甚至有不少人都开始倒戈说叶韬的身份配不起郝光光了……

郝光光与魏家认了干亲后很久，这件事辗转传到了白家耳中，为数不多的几个知道叶韬妻子其实就是郝光光的人——白小三和他爹娘，三个人悔得肠子都青了，本以为当初休的是父母双亡一无是处的孤女，谁想却是个能光宗耀祖庇佑祖孙三代的大金蛋啊！

郝光光自认了干娘后与魏家的走动勤了许多，每隔几个月不是她去魏家小住一两日，便是魏哲或魏老夫人抽空去叶氏山庄看看她，与娘家人来往密切，有如此的大靠山在，郝光光在叶氏山庄地位几乎与叶韬并齐了，没有一个人再敢惹她不高兴，当然怕被她使阵法困得尿裤子也是一方面。

娘家位高权重，又擅长阵法，这两项优势直接压过了郝光光并非才女又非淑女这两样缺点，再没人敢道她的是非，连以前很不服她、一直倾慕叶韬的女人们也不得不心服口服了，不提阵法不阵法的事，光郝光光娘家人的地位她们就没有一个人及得上！

番外二

时光如梭，转眼间，郝光光已经嫁进叶氏山庄五年了，产有一子一女，女儿叶子茜已经四岁半，儿子叶子熙三岁出头。

叶子茜就像个小公主，被全庄的人捧在手心里宠着，就连因早熟不喜与人过于黏糊的叶子聪都对这个妹妹宠爱有加。

叶子熙长得极像郝光光，与她起码有六分相似，不管是哭是笑还是皱眉头，连神情都特别像，虽也是个极俊俏的小奶娃，但比起他那对模样出挑的哥哥姐姐来则稍微逊了一筹。

叶子茜自打会走时就特别喜欢追着叶子聪跑，一口一个“得得”叫得甭提多欢了，后来长大口齿清晰后才改为哥哥，她喜欢黏叶子聪，虽然自己就是个牛皮糖总缠着叶子聪，但却对与她缠功不相上下的弟弟叶子熙很没有耐心，总会嫌他烦人。

场景一：

“姐姐，吃糖糖。”叶子熙迈着小短腿努力地跟在跑去找叶子聪的姐姐身后，巴巴地举着手里的糖讨好着。

叶子茜停下来回头，看到弟弟手中的棉花糖，不自觉地咽了咽口水，强忍馋意一扭头哼道："我是姐姐，才不吃糖！"

"糖糖好吃。"叶子熙无视姐姐的冷脸，扑过去想抱住叶子茜，结果力道太大，而叶子茜因只长他一岁力道有限，没撑住，于是乎姐弟两人一同跌倒在地，摔了个四仰八叉。

叶子茜摔得哎哟直叫，而一点没摔疼的叶子熙觉得这样挺好玩，笑嘻嘻地将手中的棉花糖塞进正张大嘴叫的姐姐嘴中热情地道："姐姐吃糖糖。"

"啊——呜。"被堵住了嘴，那软软的棉花糖其中一小丝钻入了叶子茜嗓子眼里卡住了，咳得她眼泪鼻涕直流，好容易喘过这口气后俏脸已经憋得通红，气得一双杏眼瞪得极圆，结果叶子熙还老大不客气地爬起身一屁股坐在叶子茜的肚子上专心地吃起糖来。

感情是拿她当软垫了！气上加气，叶子茜火了，一把推开坐疼她肚子的胖弟弟，然后抓过不明所以的叶子熙将他压在自己腿上，抬起巴掌"啪啪"地打起他的屁股来，掌掌用力。

"哇——"叶子熙糖掉在了地上，屁股挨了揍，委屈得哇哇大哭。

就在叶子茜打得不亦乐乎之际，郝光光突然闻声寻了来，看到宝贝儿子被揍，连忙奔过来喝道："子茜，住手！"

叶子茜一惊，看到正怒瞪着她奔过来的娘亲，吓得放下正哭鼻子的弟弟，连滚带爬地站起身撒丫子跑开了。

"你怎么当姐姐的？居然打弟弟！"郝光光生气地冲跑远的女儿大吼，本想追上去揍叶子茜一顿教育她要懂得爱护幼弟，无奈儿子哭得太委屈，心疼得她顾不得去管叶子茜，连忙将哭个不停的儿子抱起来哄道，"熙熙乖，不哭不哭了，等会儿娘亲帮你揍姐姐替你出气去。"

郝光光无论怎么哄都不管用，小家伙一直哭，急得她以为儿子屁股被打肿了，连忙脱掉叶子熙的裤子去看他光溜溜的小屁股，白白嫩嫩的不但没肿也不见红，于是纳闷了："熙熙怎么了？是屁股很疼？"

叶子熙摇头，搂住郝光光的脖子将眼泪鼻涕全擦在她衣服上，眼泪跟断了线的珠子似的流个不停。

"那是怎么了？告诉娘亲你哪里痛。"

"不、不痛。"叶子熙抽泣着。

"不痛你还哭？"郝光光不明所以。

叶子熙委屈地抿抿唇，转过头指着掉在地上脏掉的棉花糖哭："糖、糖掉了。”

郝光光一看，只见吃了一半的糖掉在地上，挨着地的白色糖身沾了土，风一吹，棉花糖在地上滚了几下，于是整个糖身全脏了。

“脏掉就脏掉，娘亲再给你买一个就是了。”

“真的？”叶子熙立刻止住眼泪，一双乌溜溜的眼睛眨也不眨地望着郝光光。

“真的。”郝光光点头。

“好耶，好耶！”叶子熙高兴地原地跳了两下，揽紧郝光光的脖子催促道，“娘亲，买糖糖去。”

“好。”郝光光无奈地抱起终于破涕为笑的儿子往回走，看着叶子熙美滋滋的小脸忍不住问，“刚刚姐姐打你痛不痛？”

“不痛，姐姐在与熙熙玩。”

“那你还哭得那么厉害？”

“糖掉了。”叶子熙理所当然地回道。

郝光光好笑地点了点儿子的鼻子：“挨了打还认为人家在与你玩，糖掉地上了反而哭得惊天动地，你这孩子真是……唉。”

“嘻嘻，糖糖，买糖糖。”叶子熙在郝光光怀中欢乐地颠着小屁股随娘亲去买糖了。

场景二：

叶子聪正在练功房练剑，一招一式敏捷锐气，已长成少年的叶子聪眼神含了几分冷厉，舞动宝剑的身姿轻灵潇洒，无论是近看还是远看，人和剑都是那么俊逸迷人，叶子茜最喜欢做的事便是坐在小板凳上一脸崇拜地看着兄长练剑。

只是今日叶子茜没来，来的是刚过完四岁生日、手里拿着冰糖葫芦吃得正欢的叶子熙。

“哥哥好棒！”叶子聪练完了剑，拿手巾擦汗时冷不防听到一直当他观众的弟弟拍了句马屁。

“又吃糖！”这个弟弟一日不吃甜的都不行，叶子聪无奈了。

“哥哥吃。”叶子熙扑过去抱住叶子聪的大腿，将糖葫芦举得高高的，满眼期待地望着叶子聪。

糖葫芦是黏的，一不小心蹭在了叶子聪身上。

叶子聪低头看着自己胸前被蹭出的一道糖印子，眉头立时皱起，推开叶子熙不悦道："把我衣服弄脏了，你离我远点儿。"

叶子熙愣了一下，一点儿没恼，以为叶子聪在与他玩，嘻嘻笑着又黏了过去抱住叶子聪的腿再次开口说道："哥哥，吃糖葫芦。"

"我不喜欢吃。"叶子聪皱眉看着与郝光光几乎一个模子刻出来的弟弟，手突然有些痒。

两次被拒绝，叶子熙不高兴了，委屈地扁起小嘴："不吃就不吃，熙熙自己吃。"

"整天吃糖，除了糖你还知道什么！"终于还是没忍住，叶子聪伸出手在叶子熙的脸上捏来捏去，边捏边乐，时不时地被郝光光拿着鸡毛掸子追着打，这次趁四下无人他就欺负她儿子出气，谁让她儿子长得跟她一样的。

"疼、疼。"被捏痛了的叶子熙头向后仰躲开不良兄长的贼手，揉着发疼的小脸儿抱怨道，"除了糖糖，熙熙还喜欢吃奶奶。"

"你！"叶子聪差点儿呛到，深吸一口气又重重捏了下弟弟肉乎乎的小脸，"这么大还想吃奶，羞不羞。"

"不羞，熙熙就想吃奶奶。"叶子熙咬了一口糖葫芦边吃边道。

"想吃回去找娘要去。"叶子聪想回去换衣服，迈开步子带着叶子熙出练功房。

"哼。"叶子熙嘟着小嘴，一脸委屈地说道，"娘亲给爹爹吃奶奶，不给熙熙吃奶奶。"

走在前头的叶子聪闻言一个趔趄差点儿摔跟头，稳住身形后转过身瞪起眼睛严厉喝道："胡说什么？屁股又痒痒了吧？！"

叶子熙怯怯地退一步，眼眶瞬间红了，小小声道："熙熙没胡说，爹好凶，打熙熙屁屁了。"

闻言，叶子聪的表情瞬息万变，像打翻了的调色盘一样，脸又红又烫，蹲下身捂住口出惊人之语的弟弟的嘴警告道："以后不许再说这些话！听到没有？"

叶子熙不明所以，但看哥哥这么凶，胆怯心起，哪里敢不从，连忙点头。

"你若是再说被别人听到，爹爹知道后不但打你屁屁，还不给你吃糖糖！"叶子聪涨红着脸继续威胁。

一听没有糖吃，叶子熙睁大眼睛，惶恐地道："熙熙知道了，不会说爹爹不让熙熙吃娘亲奶奶的话了。"

他指的并非这句，只是那话他实在说不出口，叶子聪深吸几口气，瞪着一脸茫然的弟弟不知说什么才好，最后无奈地叹了口气，捏着叶子熙的小脸道："但愿你说到做到，否则我也打你屁屁！"

叶子熙不怕打屁屁，一点儿反应没有。

叶子聪见状双臂环胸，挑起眉恶意一笑："打完屁屁后将你的糖糖全部扔掉！"

"啊，哥哥别扔糖糖，熙熙听话。"叶子熙吓得立刻冲上前抱住叶子聪的大腿大声求饶，一不小心糖葫芦的糖汁又蹭到了叶子聪的衣服上。

"你！"叶子聪气得牙齿紧咬，狠狠瞪了不知自己做错事的叶子熙一眼，抢过还没吃完的糖葫芦转身就走。

"哇——"被抢了糖葫芦的叶子熙放声大哭。

叶子聪不理会大哭的弟弟，出了练功房后便将糖葫芦扔掉，听着身后某个小娃娃惊天动地的哭声，叶子聪摸着下巴想这次不知多久后郝光光会拿着鸡毛掸子来找他算账。

嗯，不要紧，郝光光欺负他，他就欺负叶子熙，母债子偿嘛，弟弟就是用来欺负的。

幸亏弟弟不像妹妹似的模样酷似他们那严厉的爹爹，否则他想欺负叶子熙时面对像爹爹的脸哪里还敢欺负得下去……